ABHANDLUNGEN
DER AKADEMIE DER WISSENSCHAFTEN DER DDR
Abteilung Mathematik — Naturwissenschaften — Technik

Jahrgang 1981 · Nr. 6 N

Statistische Nachrichtentheorie und ihre Anwendungen

Vorträge
gehalten auf dem 2. Internationalen Seminar
— SNT 80 — in Schnett (Thüringen), DDR

12.—16. April 1980

Herausgegeben von
Prof. Dr. sc. Volker Kempe und
Dr. Norbert Ahlbehrendt

Akademie der Wissenschaften der DDR
Zentralinstitut für Kybernetik und
Informationsprozesse

Mit 46 Abbildungen und 2 Tabellen

AKADEMIE-VERLAG · BERLIN 1981

Herausgegeben im Auftrag des Präsidenten
der Akademie der Wissenschaften der DDR
von Vizepräsident Prof. Dr. Heinrich Scheel

Erschienen im Akademie-Verlag, DDR — 1080 Berlin, Leipziger Straße 3–4

Lizenznummer: 202·100/70/81
Gesamtherstellung: VEB Kongreß- und Werbedruck Oberlungwitz
Bestellnummer: 762 950 0 (2001/81/6N) · LSV 3535
Printed in GDR
DDR 35,– M
ISSN 0138–1059

Vorwort

In Fortsetzung des 1. Internationalen Seminars über Statistische Nachrichtentheorie und ihre Anwendungen 1977 in Puschtschino/UdSSR wurde vom 12. bis 16. April 1980 das

2. Internationale Seminar über Statistische Nachrichtentheorie und ihre Anwendungen - SNT 80 -

in Schnett im Thüringer Wald durchgeführt.

Das Seminar wurde vom Zentralinstitut für Kybernetik und Informationsprozesse der AdW der DDR und der Technischen Hochschule Ilmenau, Sektion Informationstechnik und theoretische Elektrotechnik, organisiert.

Zur Vorbereitung des Seminars wurden vom Internationalen Programmkomitee - SNT 80 - die inhaltlichen Schwerpunkte festgelegt und 29 Übersichtsvorträge ausgewählt.

80 Wissenschaftler aus der Volksrepublik Bulgarien, der DDR, der Volksrepublik Polen, der Tschechoslowakischen Volksrepublik, der UdSSR und der Ungarischen Volksrepublik trafen sich in angeregten Diskussionen zu den Übersichtsvorträgen führender Spezialisten aus den Mitgliedsstaaten des RGW, die die wichtigsten Entwicklungsrichtungen der Statistischen Nachrichtentheorie behandelten. Einmütig war der Wunsch aller Teilnehmer, diese Seminare im 3-Jahresrhythmus fortzusetzen und den Übersichtscharakter zu den wichtigsten Entwicklungsrichtungen der Statistischen Nachrichtentheorie und ihre Anwendungen beizubehalten und - wie in Schnett mit den Kommunikationsnetzwerken vorgezeichnet - gegebenenfalls durch ausgewählte thematische Schwerpunkte zu ergänzen.

Der vorliegende Band enthält 25 der gehaltenen Vorträge, die von den Autoren nachträglich für diese Publikation sorgfältig präpariert wurden. Vier Manuskripte lagen bei Redaktionsschluß nicht vor. Leider ist es nicht möglich, die vielfältigen und interessanten Diskussionsbeiträge im Rahmen dieser Publikation widerzugeben. In seinem Anliegen schließt der vorliegende Band an das von einem sowjetischen Autorenkollektiv unter Leitung von B. R. Lewin verfaßte Buch

"Статистическя теория связи и ее практические приложения",

издательство "Связь", Москва 1979

an, in dem die Ergebnisse des ersten Seminars von Puschtschino in stark überarbeiteter und systematischer Form dargelegt wurden.

Entsprechend den thematischen Schwerpunkten des - SNT 80 - ist der vorliegende Band in vier Kapitel gegliedert.

Im ersten Kapitel werden Fragen der Analyse stochastischer Systeme behandelt. Es wird eine neue Methode zur Approximation eines stochastischen Systems, das durch eine endliche Menge von Zufallsgrößen beschrieben wird, durch eine Menge von unabhängigen bzw. schwach abhängigen Untersystemen vorgestellt. In einem weiteren Beitrag werden Methoden von Funktionalreihenentwicklungen zur Analyse nichtlinearer, dynamischer, stochastischer Systeme systematisiert. Der dritte Beitrag ist der statischen Analyse von Synchronisationssystemen mit Hilfe von MARKOV-Prozessen bzw. -Ketten gewidmet. Engen Anwendungsbezug haben die letzten beiden Abschnitte des ersten Kapitels. Es wird gezeigt, wie die Qualität von Fernmeldekanälen meßtechnisch durch entsprechende Modellierung der stochastischen Signale erfaßt werden kann. Im Beitrag zu Lichtleiterübertragungssystemen wird zur Optimierung des Empfängers der Zusammenhang zwischen der Fehlerwahrscheinlichkeit und den Signal- bzw. Schaltungsparametern analysiert.

Das zweite Kapitel ist den Nachrichten- und Rechnernetzwerken gewidmet. Hier werden Fragen der Überlastung von Nachrichtennetzen und Methoden ihrer Beherrschung, grundlegende Probleme des Entwurfs von Kommunikationsnetzwerken und Möglichkeiten des Informationsschutzes, speziell in der EDVA, dargelegt. Zu Systemen mit Mehrfachzugriff werden in den einzelnen Beiträgen Methoden der Effektivitätserhöhung von Systemen mit zufälligem Zugriff beschrieben, die erreichbare Empfangsqualität von Paketen bei Interferenzstörungen untersucht, die gebräuchlichsten Zugriffsregeln für Netze mit schleifenförmigen Strukturen vermittelt und breitbandige asynchrone Netzwerke betrachtet.

Kapitel 3 behandelt Probleme der Kodierung. Hier werden Fragen der Wellenformkodierung von Analogsignalen und Kodierungsverfahren für Radarimpulse diskutiert, theoretische und experimentelle Untersuchungen zur Verbesserung des Fehlerverhaltens bei Einzel- und Burst-Fehlern durchgeführt und die praktische Verwendung einfacher Kodierungsmittel für die Situations- bzw. Zustandserkennung erörtert. Ein weiterer Beitrag gibt einen Überblick über die Entwicklung des Entropiebegriffes in der Informationstheorie.

Natürlicherweise spielten auch beim 2. Seminar Probleme der Synthese von stochastischen Systemen bzw. Verfahren des Signalempfanges und der -verarbeitung eine zentrale Rolle. Die entsprechenden Vorträge enthält Kapitel 4.
Anliegen des ersten Beitrages ist es, Probleme der allgemeinen Informationsverarbeitung darzulegen und die sich aus der Verbindung der Theorie der Störfestigkeit mit der Informationstheorie ergebende Verknüpfung der Störfestigkeit mit der Informationsredundanz herauszustellen.

Auf mögliche Wege zur Überwindung von a priori-Unkenntnis beim Auffinden eines im Rauschen eingebetteten Signals, wie gleichmäßig mächtige Algorithmen, nichtparametrische Verfahren, adaptive Methoden und Verwendung des Prinzips der asymptotischen Optimalität wird im zweiten Beitrag eingegangen.

In zwei weiteren Vorträgen werden asymptotisch optimale Kriterien und rekursive Algorithmen der Signalerkennung (bei korreliertem Rauschen) diskutiert. Weitere Beiträge setzen sich mit dem Problem der gleichzeitigen optimalen statistischen Entscheidung und Schätzung sowie der Schätzung von Kanalparametern auf der Grundlage der Statistik wiederholter Übertragungen bei fehlerhaftem Empfang auseinander.

Der das Kapitel 4 abschließende Beitrag beinhaltet Kanäle mit industriellem Impulsrauschen. Betrachtet wird das Problem des Optimalempfangs in derartigen Kanälen, und es wird ein einfaches stochastisches Modell zur Approximation industrieller Störsignale vorgestellt.

Wir möchten an dieser Stelle allen, die zum Gelingen des - SNT 80 - und zum Erscheinen dieses Bandes beigetragen haben, danken und der Hoffnung Ausdruck verleihen, daß die ersten beiden Seminare über Statistische Nachrichtentheorie und ihre Anwendungen ihre Fortsetzung finden und zur Tradition der auf diesem volkswirtschaftlich wichtigen Gebiet tätigen Wissenschaftler werden.

Berlin, im Oktober 1980

Volker Kempe
Norbert Ahlbehrendt

Kapitel 1

Analyse stochastischer Systeme

APPROXIMATION OF A STOCHASTIC SYSTEM BY A SET OF WEEKLY MUTUALLY DEPENDENT SUBSYSTEMS

Albert Perez*

1. Dependence tightness and decomposition of a stochastic system . . . .
2. Approximation of a stochastic system and dependence tightness loss . . . .
3. Approximating procedures for minimizing the dependence tightness loss under given constraints . . . .
4. References . . . .

1. Dependence tightness and decomposition of a stochastic system

The aim of this paper is to present a procedure suitable for approximating a complex stochastic system by a set of mutually independent or at least weekly mutually dependent subsystems.

The stochastic systems we consider are represented by a finite set of *general* (i. e. not necessarily real) random variables

$$A = \{\xi_1, \xi_2, \ldots, \xi_n\} \tag{1}$$

more or less mutually dependent.

As a *measure of mutual dependence* for such a set of random variables we use, similarly as in our paper [1], the relative entropy (divergence) of Shannon's type of the joint probability measure P_A of the set A of random variables with respect to the corresponding product probability measure $P_1 x P_2 x \ldots x P_n$ of their marginals,

$$I(\xi_1, \ldots, \xi_n) \equiv I(P_A) \equiv H(P_A, P_1 x \ldots x P_n) =: \\ =: \int \log \frac{dP_A}{d(P_1 x \ldots x P_n)} \, dP_A \, , \tag{2}$$

* Institute of Information Theory and Automation - Czechoslovak Academy of Sciences, Pod vodárenskou věží 4, 182 08 Prague 8, Czechoslovakia

provided that P_A is absolutely continuous with respect to $P_1 \times \ldots \times P_n$. Otherwise, this entropy is defined to be equal to $+\infty$. We call it *dependence tightness* (d.t.) of the set A of random variables.

It represents a natural generalization of the S. Watanabe's "multivariate correlation" as introduced in [2] for measuring the mutual dependence of a set of *discrete* random variables.

From the well-known properties of the *relative* or *generalized entropy* [3] we immediately derive the following properties of the d.t.

(i) The d.t. is non-negative and equals zero iff the random variables concerned are mutually independent.

(ii) As in the case of mutual information (which may be considered to be the d.t. of a pair of random variables), the d.t. of a set of random variables, resulting from the initial random variables $\xi_1, \xi_2, \ldots, \xi_n$ by their individual transformation or equivalently by reducing their corresponding σ-algebras, is smaller than or equal to $I(\xi_1, \xi_2, \ldots, \xi_n)$ with equality obtained iff the reduced Cartesian-product σ-algebra is *sufficient* (in the sense of mathematical statistics) with respect to the pair of measures $(P_A, P_1 \times \ldots \times P_n)$. Thus, in particular, one-to-one transformations of the random variables conserve their d.t.

(iii) In the same context, the d.t. may be arbitrarily approximated by Watanabe's multivariate correlations of the set of suitably discretized initial random variables.

A *decomposition* of a stochastic system into subsystems corresponds to a partition of the respective set A of random variables into disjoint subsets $G_1, G_2, \ldots, G_k$ $(\bigcup_{i=1}^{k} G_i = A)$.

It holds

$$\begin{aligned} I(\xi_1, \ldots, \xi_n) &\equiv I(A) = \\ &= I(G_1) + \ldots + I(G_k) + I(G_1, G_2, \ldots, G_k) = \qquad (3) \\ &= I(G_1) + \ldots + I(G_k) + \sum_{j=2}^{k} I([G_1, \ldots, G_{j-1}], G_j), \end{aligned}$$

where by $G_1, \ldots, G_k$ we also denote the *vector* random variables having their components in $G_1, \ldots, G_k$, respectively. In other words,

(iv) The d.t. of the original system (resp. set of random variables) is equal to the sum of the d.t.'s of the subsystems it was decomposed (resp. subsets of random variables it was partitioned) *plus* the d.t. between subsystems.

2. Approximation of a stochastic system and dependence tightness loss

By approximating the original system by the above set of subsystems taken as independent (*memoryless subsystem structure approximation*) there arises a *loss of d.t.* equal to the d.t. $I(G_1,\ldots,G_k)$ between subsystems. One may see (as in [4] - [6]) that *the smaller is this loss the smaller are the negative consequences of the approximation*. Thus, if there are not interesting memoryless subsystem structure approximations with enough small loss of d.t. (smaller than the given $\varepsilon>0$, i. e. *ε-admissible simplifications*, in the terminology of [1]) and enough large k one must retain in the approximation some d.t. between the subsystems in the decomposition applied.

In general, any approximation of the original stochastic system A may be described by its decomposition in some k subsystems $G_1,\ldots,G_k$ and by a sequence of $k-1$ subsets $F_1,F_2,\ldots,F_{k-1}$ of the set A such that, for some permutation $G_{i_1},\ldots,G_{i_k}$ of the sequence $G_1,\ldots,G_k$ it holds

$$F_1 \subset G_{i_1}, F_2 \subset G_{i_1} \cup G_{i_2}, \ldots, F_{k-1} \subset G_{i_1} \cup \ldots \cup G_{i_{k-1}}. \tag{4}$$

The probability measure $\overline{P}_A$ of the simplified stochastic system (i.e. with simplified dependence structure) is then that generated in an obvious way by:

$$P_{G_{i_1}}, P_{G_{i_2}|F_1}, \ldots, P_{G_{i_k}|F_{k-1}},$$

while the original probability measure P_A is correspondingly generated by:

$$P_{G_{i_1}}, P_{G_{i_2}|G_{i_1}}, P_{G_{i_3}|G_{i_1} \cup G_{i_2}}, \ldots, P_{G_{i_k}|G_{i_1} \cup \ldots \cup G_{i_{k-1}}}.$$

Here by $P_{E|F}$ we denote the conditional probability measures of the vector random variable having its components in the subset E

of A given the values of the vector random variable having its components in the subset F of A.

The d.t. $I(\overline{P}_A)$ of the approximating system is given by

$$I(\overline{P}_A) = I(G_1)+\ldots+I(G_k) + + I(F_1,G_{i_2})+\ldots+I(F_{k-1},G_{i_k}). \tag{5}$$

Thus, the d.t. loss corresponding to the approximation is (cf. (3) and (5))

$$I(P_A) - I(\overline{P}_A) = H(P_A,\overline{P}_A) = = \sum_{j=2}^{k} [I([G_{i_1},\ldots,G_{i_{j-1}}],G_{i_j}) - I(F_{j-1},G_{i_j})]. \tag{6}$$

A *memoryless subsystem structure approximation* is obtained if we take

$$F_1 = \emptyset,\ldots, \quad F_{k-1} = \emptyset \tag{7}$$

and, thus,

$$I(\overline{P}_A) = I(G_1)+\ldots+I(G_k). \tag{8}$$

A *Markov (first order) subsystem structure approximation* is obtained if we take

$$F_1 = G_{i_1},\ldots, \quad F_{k-1} = G_{i_{k-1}} \tag{9}$$

and thus

$$I(\overline{P}_A) = [I(G_1)+\ldots+I(G_k)] + + [I(G_{i_1},G_{i_2})+\ldots+I(G_{i_{k-1}},G_{i_k})]. \tag{10}$$

For a given decomposition $(G_1,\ldots,G_k)$ it is then desirable to take such a permutation $G_{i_1},\ldots,G_{i_k}$ that the corresponding d.t. loss $H(P_A,\overline{P}_A)$ (cf. (6)) is *minimal*.[1)]

---

1) Let us remark, that as a consequence, this minimization requires to know only information quantities concerning the simplified dependence structure of the stochastic system considered. But for judging on the ε-admissibility of an approximation one needs of course to know the dependence tightness of the original system too.

3. Approximating procedures for minimizing the dependence tightness loss under given constraints

For doing this it is possible to proceed approximately as follows:

For every $i_1=1,2,\ldots,k$, take $i_2 \neq i_1$ such that $I(G_{i_1},G_{i_2}) = \max_{j \neq i_1} I(G_{i_1},G_j)$; further take i_3 such that $I(G_{i_2},G_{i_3}) = \max_{j \neq i_1,i_2} (G_{i_2},G_j)$, and so on. Let

$$S(i_1) = I(G_{i_1},G_{i_2})+\ldots+I(G_{i_{k-1}},G_{i_k}) \tag{11}$$

and take I_1 such that

$$S(I_1) = \max_{i_1=1,\ldots,k} S(i_1). \tag{12}$$

The loss minimizing permutation is then approximated by $G_{I_1},\ldots,G_{I_k}$ constructed as above.

However, the main question: how to exactly choose the d.t. loss minimizing memoryless subsystem structure approximation $G_1,\ldots,G_k$ for n exceeding 10, remains open. In the sequel we shall first indicate an approximate method which may be useful in searching for subsystem structures maximizing $I(G_1)+\ldots+I(G_k)$ for different k's provided that n does not exceed about 20 (cf. (8) and (10)). This method, inspired by coalition game theory, proceeds as follows: G_1 is taken such that, for a given parameter c which in the general case may depend on $|G_1|$ (=number of random variables contained in the set G_1), the quantity

$$h(G_1) = \frac{I(G_1) - cI(G_1,A-G_1)}{|G_1|} \tag{13}$$

is maximal. Remark that by taking G_1 in a memoryless subsystem structure approximation, there is a gain of dependence tightness $I(G_1)$ but, at the same time, a definite loss of dependence tightness $I(G_1,A-G_1)$ which in the Markov case (cf. (10)) may be partially recuperated. The parameter c is weighting the compromise we make between this gain and this loss per random variable.

Similarly, G_2 is taken as a subset of $A-G_1$ which maximizes

$$h(G_2) = \frac{I(G_2) - cI(G_2, A-G_1-G_2)}{|G_2|} \tag{14}$$

and so on. Thus, the number k of subsystems also results and depend on the parameter c. A relative program was constructed [7].

Since the exact solution of our problem has an exponential complexity and there are interesting applications with n of the order of 100 the necessity arises for heuristic methods.

The following approach seems to be perspective, at least for Gaussian P_A. If in some way one may obtain a good estimate of the covariation matrix of the set of random variables $\xi_1, \ldots, \xi_n$ assumed to be real and for the calculation of the d.t. replace P_A by the corresponding joint Gaussian distribution, he obtains for a subset $\xi_{i_1}, \ldots, \xi_{i_m}$

$$I(\xi_{i_1}, \ldots, \xi_{i_m}) = 0.5 \log \left(\prod_{j=1}^{m} cov(i_j, i_j) : D \right) \tag{15}$$

where $cov(i,j)$ is the covariance of the pair ξ_i, ξ_j and D the determinant of the corresponding covariance submatrix. Let us remark that if for all i we have $cov(i,i) = 1$, i. e. if we work with the correlation matrix, then the above formula is simplified since the product there figuring is equal to 1.

The procedure consists of two phases. In the *first phase* we construct by means of some heuristic method of relatively small complexity as, for example, the *cluster single linkage* method (working on the base of the correlation matrix) some partition of the original set of n random variables into k subsets. In the *second phase* we apply to this starting partition (SP) an algorithm which leads to a new k-element partition *always* with smaller d.t. loss. Otherwise, the computation stops. The partition thus obtained is not necessarily optimal but in a certain sense is locally optimal around a neighbourhood of the SP.

Practical experience on concrete examples of smaller n, where we know an optimal partition (i. e. minimizing for the given k the d.t. loss) shows that almost always the procedure above leads to the optimum. The counterexamples are due to unsuitable SP leading to local optima with d.t. loss not exceeding more than 1 % of the original d.t. the absolute optimum.

Let us describe in some more detail the corresponding algorithm. In the essence it produces a sequence of "neighbouring" partitions in the sense that the i-th member of the sequence arises from the member $i-1$ by taking an element (random variable) indexed by j^* from the subset $G_{\ell(j^*)}$ it belongs and adding it to another subset chosen in a manner to achieve a maximal decrease of the d.t. loss. In other words, j^* is an element index j for which the quantity

$$\Delta(j) = \max_{\substack{\ell=1,\ldots,k \\ \ell\neq\ell(j)}} [I(G_\ell \cup \{\xi_j\}) - I(G_\ell)] - I(G_{\ell(j)} - \{\xi_j\}) \qquad (16)$$

obtains its maximum, i. e. $\Delta =: \max_{j=1,\ldots,n} \Delta(j)$, provided that $\Delta > 0$. Otherwise, there is no transfer.

This basic algorithm is completed by some "strategies" which decide how to proceed when the transposed element indexed by j^* belongs to an one-element subset and, thus, the constraint of k *fixed* would be violated.

This case may be characterized by the relation

$$|G_{\ell(j^*)}| = 1 \qquad (17)$$

In strategy 1 the computation is interrupted

In strategy 2 the computation continues (up to the n-element partition)

In strategy 3 we take as candidate for transfer some other element $j^\bullet$ for which $|G_{\ell(j^\bullet)}| \geq 2$ and for which the quantity (16) obtains its maximum. If no such element exists the algorithm stops

In strategy 4 the approaches 2 and 3 are combined

In strategy 5 we try to overcome the case (17) by partitioning a non one-element subset with *minimal* d.t. and then we proceed as in strategy 4

In strategy 6 we proceed as in strategy 5 but by partitioning a non one-element subset with *maximal* d.t.

There are some other heuristic ways to transform locally but not absolutely optimal partitions to an optimal one not yet implemented.

The main problems in the algorithm consists in reducing the space and time complexity connected with the computation of (16) and its maximization.

For the solution of these algorithmization problems the implementation work (on computer IBM 370) done by O. Kříž is of great importance. He contributed also in simplifying the computation work required for the calculation of the d.t.´s (cf. (15)).

Since the correlation matrix used is in the non trivial cases positive definite (and in practice with dominant diagonal) it is stored in the program in the form of upper triangle matrix and in operating with it and its submatrices there are applied algorithms similar to those involved in the well-known Choleski method for construction of square root matrices.

In *concluding* this paper let us make some remarks concerning the application of dependence structure simplification on stochastic system similar to those involved in *detection problems*. Let us, for instance, consider a *Bayes statistical decision problem* with parameter random variable ∂ and sample random variable the random vector $(\xi_1,\ldots,\xi_n)$.

Very often the need arises for simplifying this problem by reducing the σ-algebra of the sample space and searching for ε-sufficient statistics (cf. [4] - [6]) insuring an admissible increase of the Bayes risk. As observed in [1], the concept of ε-sufficiency is closely connected with the concept of ε-admissible dependence structure simplification. As a simple example of dependence structure approximation frequently applied (but not always justified) we consider the case of simplifying the dependence structure of every statistical hypothesis $P_{\xi_1,\ldots,\xi_n|\vartheta=\theta}$ $(\theta\in\Theta)$ by taking

$$\bar{P}_{\xi_1,\ldots,\xi_n|\vartheta} = P_{\xi_1|\vartheta}\, P_{\xi_2|\vartheta} \cdots P_{\xi_n|\vartheta}$$

(independent Bayes approximation), i. e. by taking as conditionally independent the components $\xi_1,\ldots,\xi_n$ of the observation vector for each statistical hypothesis.

The loss of d.t. connected with is in direct relation with the loss of information on the parameter random variable contained in the observation random variable,i. e. with the loss of d.t. between them. This loss is decisive for the admissibility or inadmissibility of the approximation.

Whatever be the case, it may happen that an independent Bayes approximation *with a smaller number of observation components* is preferable from the decision risk point of view than the complete independent Bayes approximation, requiring to observe all the n sample components $\xi_1,\ldots,\xi_n$.

4. References

[1] Perez, A.: ε-Admissible Simplifications of the Dependence Structure of a Set of Random Variables. Kybernetika 13 (1977), 439-449

[2] Watanabe, S.: Information theoretical analysis of multivariate correlation. IBM J. Res. Develop. 4(1960), 66-82

[3] Perez, A.: Notions généralisées d'incertitude, d'entropie at d'information du point de vue de la théorie des martingales. In: Transactions of the First Prague Conference on Information Theory, Statistical Decision Functions, Random Processes (1956), Prague 1957, 183-208

[4] Perez, A.: Information, ε-Sufficiency and Data Reduction Problems. Kybernetika 1(1965), 297-323

[5] Perez, A.: Information-Theoretic Risk Estimates in Statistical Decision. Kybernetika 3(1967), 1-21

[6] Perez, A.: Risk estimates in terms of generalized f-entropies. Proceedings of the Colloquium of Information Theory, Debreceen Hungary ,(1967), 299-315

[7] Křiž, O.: A program on optimal coalition structure search. Institute of Information Theory and Automation, Prague 1977

АНАЛИЗ СТОХАСТИЧЕСКИХ СИСТЕМ С ПОМОЩЬЮ ФУНКЦИОНАЛЬНЫХ РЯДОВ

Н. Альберендт, Ф. Кемпе [1)]

Введение

Часто используемый метод приближенного анализа стохастических систем состоит в аппроксимации функционала $z(t) = \mathcal{F}(z(t_0), x(\tau)/t_0 \leq \tau \leq t)$ вектора состояния $z^T = (z_1, \dots, z_N)$ динамической системы

$$\dot{z} = F(z^T, x^T, t) \quad (1)$$

с помощью функционального ряда

$$z(t) = \sum_{k=0}^{\infty} z_k(t), \quad (2)$$

где $$z_k(t) = \mathcal{F}_k(z(t_0), x(\tau)/t_0 \leq \tau \leq t).$$

Здесь $x(t)$ - вектор стохастических воздействий (или входных сигналов). Существует множество методов построения функционалов $\mathcal{F}_k$. Большинство из них не учитывает стохастический характер входных воздействий, хотя это сильно может улучшать сходимость в смысле среднеквадратического отклонения ряда (2). В данной работе будут с единой точки зрения рассмотрены различные методы построения функциональных рядов, тем самым проводится некоторая систематизация разных подходов. Ради простоты рассмотрим не общую N-мерную систему (1), а только систему первого порядка

$$\dot{z} = f(z, x, t). \quad (3)$$

Все рассуждения и формулы без принципиальных трудностей обобщаются на N-мерный случай.

1. Построение функциональных рядов

Все методы построения решения (3) в виде функциональных рядов (2) сводятся к таким разложениям правой части (3) и определению компонентов z_k, что получаемые системы дифференциальных уравнений относительно z_k являются последовательно разрешимыми.

Рассмотрим вместо системы (3) следующее уравнение

$$\dot{z}_\varepsilon = f^*(z_\varepsilon, x, \varepsilon, t) \quad (4)$$

и требуем

$$\lim_{\varepsilon \to 1} f^*(z_\varepsilon, x, \varepsilon, t) = f(z_\varepsilon, x, t) \quad (5)$$

так что при достаточно общих условиях

$$\lim_{\varepsilon \to 1} z_\varepsilon(t) = z(t). \quad (6)$$

Будем искать решение уравнения (4) в виде

---

1) Центральный институт кибернетики и информационных процессов АН ГДР, 1199 Берлин, Рудовер Хауссее 5.

$$z_\varepsilon = \sum_{k=0}^{\infty} \varepsilon^k z_k, \tag{7}$$

предполагая существование разложения правой части (4) по ε и $z-z_o$ в виде

$$f^*(z_\varepsilon, x, \varepsilon, t) = \sum_{k=0}^{\infty} \sum_{l=0}^{\infty} \frac{\varepsilon^k}{k!} \frac{(z_\varepsilon - z_o)^l}{l!} f^*_{k,l}(z_o, x, t), \tag{8}$$

где коэффициенты разложения не зависят от ε.
Подставим ряд (7) в разложение (8) и в исходное уравнение и приравниваем коэффициенты при одинаковых степенях ε^k. Обозначим через

$$c_n^{(s)}(z_1, \ldots, z_{n+1-s}) = \frac{1}{s!} \sum_{\substack{k_1+k_2+\ldots+k_s=n \\ k_1\geq 1, \ldots, k_s\geq 1}} \prod_{i=1}^{s} z_{k_i}$$

взвешенную сумму продуктов $z_1 \cdot \ldots \cdot z_{k_s}$ из s сомножителей, сумма индексов которых равна n, получаем следующую систему дифференциальных уравнений первого порядка

$$\begin{aligned} &\dot{z}_o = f^*_{o,o}(z_o, x, t), \\ &\dot{z}_k = \frac{1}{k!} f^*_{k,o}(z_o, x, t) + \sum_{n=1}^{k} \sum_{s=1}^{n} \frac{1}{(k-n)!} f^*_{k-n,s}(z_o, x, t) \cdot c_n^{(s)}(z_1, \ldots, z_{n+1-s}). \end{aligned} \tag{9}$$

Легко видеть, что полученная система для $k \geq 1$ линейна и последовательно разрешима. Система уравнений должна удовлетворять единственному начальному условию

$$\sum_{k=0}^{\infty} z_k(t_o) = z(t_o), \tag{10}$$

так что имеется достаточно свободы выбора начальных условий для отдельных компонентов z_k. Можно, например, полагать $z_o(t_o) = z(t_o)$ и $z_k(t_o) = 0$ для $k \geq 1$. Смысл замены исходного уравнения (3) системой (9) заключается в том, что выбором разложения (8), в частности выбором нулевого члена разложения $f^*_{o,o}$, задается разрешимое хотя бы для одного начального условия уравнение нулевого приближения. Примечательной особенностью системы является то, что для всех $k \geq 1$ соответствующие однородные системы одинаковы, так что для решения всех уравнений используется только фундаментальное решение уравнения

$$\dot{z} = f^*_{o,1}(z_o, x, t) \cdot z,$$

которое в общем случае зависит от стохастического входного процесса $x(t)$. Рассмотрим наиболее важные методы построения функциональных рядов.

2. Заменяющая система с линейно входящим параметром ε

Пусть заменяющая система содержит ε линейно:

$$f^*(z, x, \varepsilon, t) = h(z, x, t) + \varepsilon \left[f(z, x, t) - h(z, x, t) \right]. \tag{11}$$

Разлагая $h(\cdot)$ и $f(\cdot)$ по $z-z_o$ в ряд

$$h(z,x,t) = \sum_{l=0}^{\infty} \frac{(z-z_o)^l}{l!} h_l(z_o,x,t), \quad f(z,x,t) = \sum_{l=0}^{\infty} \frac{(z-z_o)^l}{l!} f_l(z,x,t),$$

имеем $f^*_{k,l} = 0$ для $k \geq 2$.

Система (10) в данном случае принимает более простой вид

$$\begin{aligned} &\dot z_o = h_o(z_o,x,t), \\ &\dot z_1 = h_1(z_o,x,t) z_1 + f_o(z_o,x,t) - h_o(z_o,x,t), \\ &\dot z_k = h_1(z_o,x,t) z_k + \sum_{s=1}^{k-1} \left[f_s(z_o,x,t) - h_s(z_o,x,t) \right] c_{k-1}^{(s)}(z_1,\ldots,z_{k-s}) + \\ &\qquad \sum_{s=2}^{k} h_s(z_o,x,t) c_k^{(s)}(z_1,\ldots,z_{k+1-s}). \end{aligned} \tag{12}$$

Разновидности этого случая получаются, если выбрать разные $h(z,x,t)$. Пожалуй, наиболее наглядный и интересный метод построения функциональных рядов вытекает из следующего выбора функций $h(z,x,t)$:

$$h(z,x,t) = f(z,x,t) - \left[f_o(z_o,x,t) - h_o(z_o,x,t) \right]. \tag{13}$$

Таким образом, исходное уравнение переходит в следующую разновидность системы

$$\begin{aligned} &\dot z_o = h_o(z_o,x,t), \\ &\dot z_1 = f_1(z_o,x,t) z_1 + f_o(z_o,x,t) - h_o(z_o,x,t), \\ &\dot z_k = f_1(z_o,x,t) z_1 + \sum_{s=2}^{k} f_s(z_o,x,t) c_k^{(s)}(z_1,\ldots,z_{k-1+s}). \end{aligned} \tag{14}$$

В отличие от общего случая, где система нулевого приближения определяется коэффициентом разложения нулевого порядка заменяющей системы, т.е. после задания функции f, здесь система нулевого приближения может быть выбрана совершенно независимо. Лишь задаваясь нулевым приближением, выбором $h_o(z_o,x,t)$ строится заменяющая система по (14).

Решение системы (14) для $k \geq 1$ строится с помощью фундаментального решения $\Phi_x(t,t_o) = \exp\left[\int_{t_o}^{t} d\tau\, f_1(z_o(\tau),x(\tau),\tau)\right]$, являющегося решением однородного уравнения $\dot z = f_1(z_o,x,t) z$ и зависящим в общем случае от стохастического входного процесса, так что этот подход будем называть методом построения функционального ряда со стохастическим фундаментальным решением или сокращенно - SF (Stochastische Fundamentallösung).

Если выбрать $h(z,x,t)$ в виде линейной функции от x и z

$$h(z,x,t) = -a(t)\cdot z + b(t)\cdot x + c(t), \tag{15}$$

тогда получим следующую заменяющую систему

$$\begin{aligned} &\dot z_o = -a(t) z_o + b(t) x(t) + c(t), \\ &\dot z_1 = -a(t) z_1 + f_o(z_o,x,t) - \left[-a(t) z_o + b(t) x(t) + c(t) \right], \\ &\dot z_k = -a(t) z_k + \sum_{s=1}^{k-1} f_s(z_o,x,t) c_{k-1}^{(s)}(z_1,\ldots,z_{k-s}). \end{aligned} \tag{16}$$

Преимущество такого выбора $h(z,x,t)$ состоит в том, что решение соответствующего однородного уравнения $\dot{z}=-a(t)z$ не зависит от входного процесса $x(t)$, т.е. фундаментальное решение является детерминированной функцией времени. Окупается это в общем случае худшей сходимостью функционального ряда, т.к. система нулевого приближения здесь ищется только среди линейных систем. Будем называть описанный метод методом с детерминированным фундаментальным решением или сокращенно - DF (Determinierte Fundamentallösung).

3. Ряд Вольтерра

Ряд Вольтерра является следующей суммой функционалов

$$z(t) = z_D(t) + \sum_{k=1}^{\infty} \int_{-\infty}^{\infty} dt_1 \cdot \ldots \cdot \int_{-\infty}^{\infty} dt_k g_k(t,t_1,\ldots,t_k) x(t-t_1)\cdot\ldots\cdot x(t-t_k). \qquad (17)$$

Ядра $g_k(t,t_1,\ldots,t_k)$ в силу причинности удовлетворяют условию

$$g_k(t,t_1,\ldots,t_k) = 0, \text{ если хотя одно } t_s < 0, \ s = 1,\ldots,k.$$

$z_D(t)$ является детерминированной составляющей процесса $z(t)$.
Часто строят ряд не как сумму функционалов входного процесса, а центрированного входного процесса $x_o(t)=x(t)-\langle x(t)\rangle=x(t)-m_x(t)$, где $\langle\ \rangle$ - знак статистического усреднения. Заметим, что ряд Вольтерра может быть вычислен на основании построенных различными способами функциональных рядов, например по (12), (14) или (16). Для этого необходимо разлагать подынтегральные выражения по явно входящему входному процессу $x(t)$ (или $x_o(t)$) и сумму перегруппировать по одинаковым произведениям $x(t-t_1)\cdot\ldots\cdot x(t-t_s)$. Недостаток такого подхода в том, что в общем случае после учета очередного слагающего $z_k(t)$ ряда и его разложения по x появляются поправки ко всем ранее вычисленным ядрам. Построение ряда Вольтерра тем самым сводится к выбору заменяющей нелинейности $f^*(z,x,\varepsilon,t)$ в виде

$$f^*(z,x,\varepsilon,t) = f(z,m_x+\varepsilon x_o,t).$$

Учитывая $f_{k,l}(z_D,x,t)=f_{k,l}(z_D,m_x,t)\cdot x_o^k$, легко модифицировать общее уравнение заменяющей системы (9)

$$\dot{z}_D=f_{o,o}(z_D,m_x,t), \qquad z_D(t_o)=z(t_o),$$

$$\dot{z}_k=f_{o,1}(z_D,m_x,t)z_k + \frac{x_o^k}{k!} f_{k,o}(z_D,m_x,t) + \qquad (18)$$

$$+ (1-\delta_{k,1})\left[\sum_{n=1}^{k-1}\sum_{s=1}^{n}\frac{x_o^{k-n}}{(k-n)!} f_{k-n,s}c_n^{(s)} + \sum_{s=2}^{k} f_{o,s}c_n^{(s)}\right], \quad z_k(t_o)=0.$$

Легко убедиться, что компонента $z_k(t)$ определяется выражением вида

$$z_k(t) = \int_{-\infty}^{\infty} dt_1\cdot\ldots\cdot\int_{-\infty}^{\infty} dt_k g_k(t,t_1,\ldots,t_k) x_o(t-t_1)\cdot\ldots\cdot x_o(t-t_k),$$

т.к. правая часть уравнения (18) с учетом порядка $c_n^{(s)}$ пропорциональна x_o^k. Трудность теперь заключается в нахождении детерминированной составляющей, уравнение нулевого приближения однозначно определяется коэффициентом разложения нулевого порядка $f_{o,o}$, который обычно равен самой функции в точке (z_D, m_x): $f_{o,o}(z_D, m_x, t) = f(z_D, m_x, t)$. Свободой выбора системы нулевого приближения пришлось пожертвовать ради возможности прямого вычисления ядра Вольтерра. Правда, часто удается указать детерминированное решение, но иногда для решения уравнения нулевого приближения необходимо привлечь один из методов приближенного решения, например с помощью описанных выше функциональных рядов. Сокращенно обозначим метод решения рядом Вольтерра буквой "V" (Volterra).

4. Разложение нелинейности

Сходимость построенных функциональных рядов зависит не только от выбранного метода построения, т.е. от выбора нелинейности $f^*(z,x,\varepsilon,t)$ заменяющей системы, но и от разложения этой нелинейности по z и ε. Для выше рассмотренных модификаций функция $f^*(z,x,\varepsilon,t)$ или линейно зависит от исходной функции $f(z,x,t)$ или прямо соответствует ей. Поэтому в наших случаях проблема разложения f^* по z и ε сводится к проблеме разложения $f(z,x,t)$ по z и x.

Проблема разложения $f(z,x,t)$ приобретает особое значение еще из-за того, что часто на базе разложения $f(z,x,t)$ строят систему нулевого приближения. Нулевое приближение должно по возможности более полно охватить поведение точного решения. Если соответствующем разложением построенно близкое нулевое приближение, то можно также ожидать хорошую сходимость функционального ряда, строящегося на основании этого разложения.

В случае стохастических систем мерой отклонения двух функций друг от друга естественно выбрать среднеквадратическое значение их отклонения. Тогда наилучшим разложением функции $f(z,x,t)$ будет разложение по стохастическим полиномам [1,2]

$$\varphi_{k,l}(z,x) = \sum_{s_1=0}^{k} \sum_{s_2=0}^{l} a_{s_1,s_2} \cdot z^{s_1} \cdot x^{s_2}. \tag{19}$$

Такое разложение минимизирует среднеквадратическое отклонение

$$\left\langle \left[f(z,x,t) - \sum_{k=0}^{n} \sum_{l=0}^{m} \alpha_{k,l} \cdot \varphi_{k,l} \right]^2 \right\rangle \xrightarrow[\alpha_{k,l}]{} \mathrm{Min}. \tag{20}$$

При $m=n=1$ разложение соответствует статистической линеаризации функции $f(z,x,t)$. К сожалению, применение стохастических полиномов предполагает знание статистических характеристик процесса (z,x) - его плотности вероятности, т.к. сами стохастические полиномы зависят через их коэффициенты a_{s_1,s_2} от статистики процесса (z,x), а вычисление коэффициентов разложения $\alpha_{k,l}$ сводится к вычислению интегралов с весовыми функциями, представляющими плотности вероятности $p(z,x,t)$:

$$\alpha_{k,l} = \int_{-\infty}^{\infty} dx \int_{-\infty}^{\infty} dz \; f(z,x,t) \cdot \varphi_{k,l}(z,x) \cdot p(z,x,t). \tag{21}$$

Т.к. статистика (z,x) не известна, то для разложения функции $f(z,x,t)$ придется прибегнуть к аппроксимации плотности вероятности $p(z,x,t)$.

Нужно иметь в виду, что для разложения не обязательно точное знание $p(z,x,t)$. Качество разложения часто мало меняется, если только аппроксимирующая плотность правильно отражает глобальное поведение процесса. Поэтому хорошо оправдали себе следующие аппроксимирующие плотности:

1. Условно Гауссовская плотность:
Условная плотность $p(z,t/x,t)$ заменяется Гауссовской с условным средним $\tilde{m}_z(x,t)$ и условной дисперсией $\tilde{D}_z(x,t)$. Априорная вероятность $p(x,t)$ по преположению известна, так что совместная плотность

$$p(z,x,t) \approx p_{b.G.}(z,t/x,t)\cdot p(x,t).$$

Усреднение по этой плотности обозначаем b.G.M. (bedingte Gauß'sche Mittelung).

2. Гауссовская плотность:
Совместная плотность $p(z,x,t)$ аппроксимируется Гауссовской. Усреднение по этой плотности обозначаем G.M. (Gauß'sche Mittelung).

3. Равномерная плотность:

$$p(z,x,t) \approx p_{glm}(z,x,t) = \begin{cases} \dfrac{1}{2\sqrt{3K_x(t,t)\cdot 3K_z(t,t)}} & \text{для } \begin{array}{l} |z-m_z| \le \sqrt{3K_z(t,t)} \\ |x-m_x| \le \sqrt{3K_x(t,t)} \end{array} \\ 0 & \text{для остальных } z \text{ и } x. \end{cases} \quad (22)$$

Здесь K_x и K_z - дисперсии процессов x и z. Если z - процесс с Гауссовским распределением, тогда вероятность его нахождения в интервале $|z-m_z| \le \sqrt{3K_z(t,t)}$ равна 92 %.

Такие - и другие - аппроксимации плотности вероятности нельзя применить, не оценив истинное поведение процесса (z,x) и не убедившись, что они хотя бы грубо описывают характер истинного распределения. В другом случае может не обеспечиваться сходимость разложения.

Заметим, что часть параметров аппроксимирующих плотностей неизвестна. Поэтому придется произвести разложение функции $f(z,x,t)$ при пока неизвестных параметрах, после этого определять необходимые для разложения статистические параметры. Такой метод приведет к сложным дифференциальным уравнениям для искомых параметров. Поэтому круг его использования ограничится как правило статистической линеаризацией исходной системы. Статистически линеаризованная система очень удобно использовать в качестве системы нулевого приближения. Определив ее решение, можно перейти к другому виду разложения, не требующего знание статистики процесса, например к разложению Тайлора.

5. Примеры

Ввиду того, что оценки сходимости различных функциональных рядов, построенных по разным выше описанным методам при использовании различных типов разложения нелинейности в общем виде очень сложны, попытаемся оценить качество тех или иных подходов на основе нескольких примеров. Выбраны только такие примеры, для которых удается указать точное значение хотя бы стационарной плотности распределения p(z,x). Точные решения получены здесь решением соответствующих уравнений Фоккера-Планка для стационарного случая. Примеры представляют частные случаи следующего класса уравнений

$$\dot{z}_0 = -\alpha_0 z + f(z) + g(z)\cdot\xi(t), \tag{23}$$

где $\xi(t)$ - процесс белого шума: $\langle\xi\rangle = 0$, $\langle\xi(t)\cdot\xi(t+\tau)\rangle = \delta(\tau)$. В качестве нулевого приближения всюду используется линейный функционал входного процесса

$$\dot{z}_0 = -\alpha(z_0 - m_0) + \bar{g}\cdot\xi(t). \tag{24}$$

Параметры α и $\bar{g}$ определяются или разложением Тайлора (TL) или методом статистической линеаризации (SL) правой части уравнения, применяя усреднение по Гауссовскому распределению процесса (z_0, ξ) - SL(GM) -, или по равномерному распределению - SL(glm) -. Для определения второго члена функционального ряда привлекались методы построения функциональных рядов со стохастическим - SF - или с детерминированным фундаментальным решением - DF -. Кроме того, приведены решения, полученные

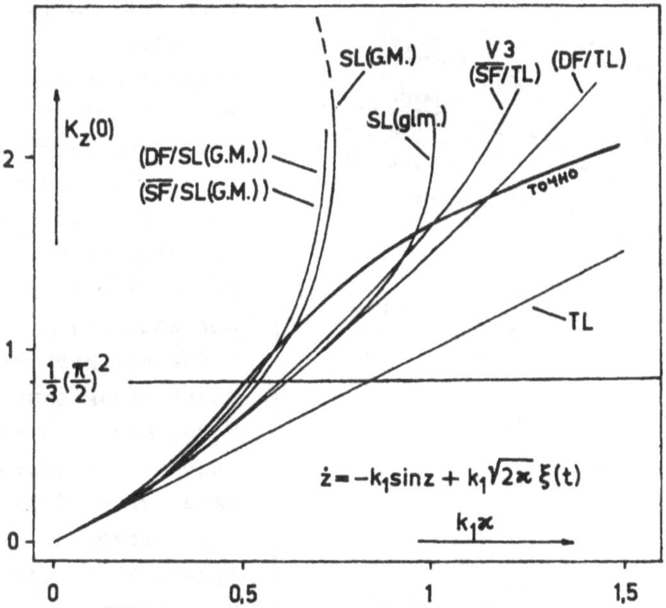

Рис. 1. Стационарная дисперсия фазы системы ФАП, вычисленная по разным методам.

построением ряда Вольтерра по (18), обозначены индексом V. Причем V N означаем, что учтены члены до z_N, например при V 3 учтены z_D, z_1, z_2 и z_3. Мерой качества аппроксимации принимаем величину

$$Q = \frac{(m_z - m_{\hat{z}})^2 + |K_z(0) - K_{\hat{z}}(0)|}{m_z^2 + K_z(0)}, \tag{25}$$

где m_z и $K_z(0)$ - среднее значение и дисперсия истинного процесса z(t) и $m_{\hat{z}}$ и $K_{\hat{z}}(0)$ - соответствующие величины аппроксимирующего процесса $\hat{z}(t) = \sum_{k=0}^{r} z_k(t)$. Для удобства сравнения ограничимся только стационарным случаем, так что Q не зависит от времени.

Вычисления проведены для случаев

$$
\begin{aligned}
&1.\ \dot z = -k_1 \sin z + k_1\sqrt{2\varkappa}\cdot\xi(t), && \gamma = k_1\varkappa,\\
&2.\ \dot z = -\alpha_0 z - c\cdot z^3 + \sqrt{2\varkappa}\cdot\xi(t), && \gamma_c = \varkappa/c,\quad \gamma = \gamma_c\cdot c/\alpha_0,\\
&3.\ \dot z = -k_1 \operatorname{sgn} z + \sqrt{2\varkappa}\cdot\xi(t), && \gamma = \varkappa/k_1,\\
&4.\ \dot z = -\alpha_0 z + \frac{\varkappa}{z} + \sqrt{2\varkappa}\cdot\xi(t), && \gamma = \varkappa/\alpha_0,\\
&5.\ \dot z = -\alpha_0 z + z\cdot\sqrt{2\varkappa_1}\,\xi_1(t) + \sqrt{2\varkappa_2}\,\xi_2(t), && \gamma_1 = \varkappa_1/\alpha_0,\quad \gamma_2 = \varkappa_2/\alpha_0.
\end{aligned}
\tag{26}
$$

В таблице приведены значения Q для различных методов построения нулевого приближения и последующего члена функционального ряда для некоторых значений параметров γ. Крест означает, что применение данного метода невозможно. На рис. 1 приведены зависимости стационарных апостериорных дисперсий процесса $z(t)$ системы фазовой автоподстройки (пример 1 - ФАП) вычисленных по различным методам, на рис. 2 указаны те же зависимости для второго примера, а на рис. 3 - для последнего примера с мультипликативным шумом. Ясно, что в рамках линейного приближения метод статистической линеаризации приведет к наименьшим отклонениям среднего значения и дисперсии выходного процесса z, ибо он направлен на наилучшую аппроксимацию этих статистических характеристик. Однако, в зависимости от конкретного вида функции $f(z)$ полученные нулевые приближения существенно могут зависеть от выбора распределения, по которому ведется усреднение. Пример системы фазовой автоподстройки и примеры 2, 3 и 5 показывают, что усреднение по Гауссовскому распределению выгодно тогда, когда функция $f(z)$ антисимметрична относительно стационарного значения m_z. В пятом примере метод статистической линеаризации ведет независимо от аппроксимации распределения $p(z)$ к точным значениям стационарных среднего

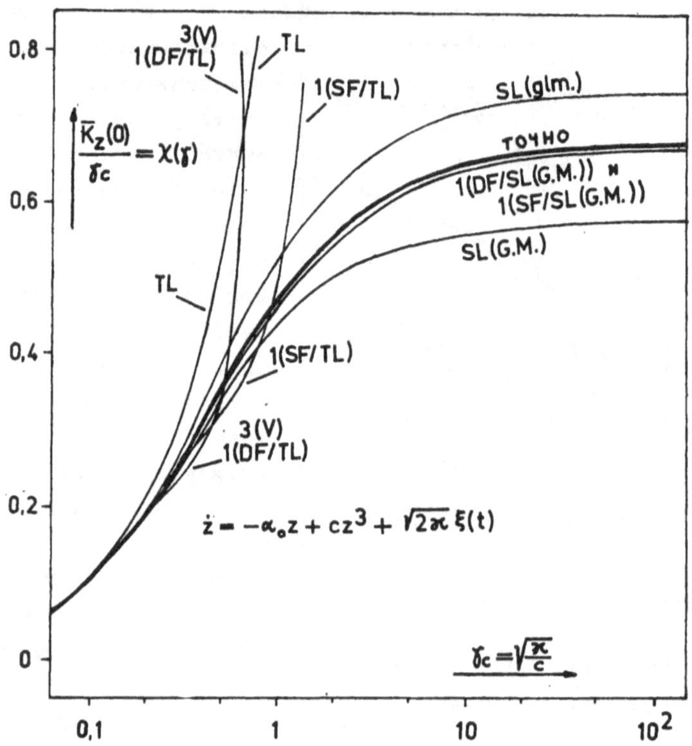

Рис. 2. Стационарная дисперсия системы с кубической нелинейностью, вычисленная по разным методам.

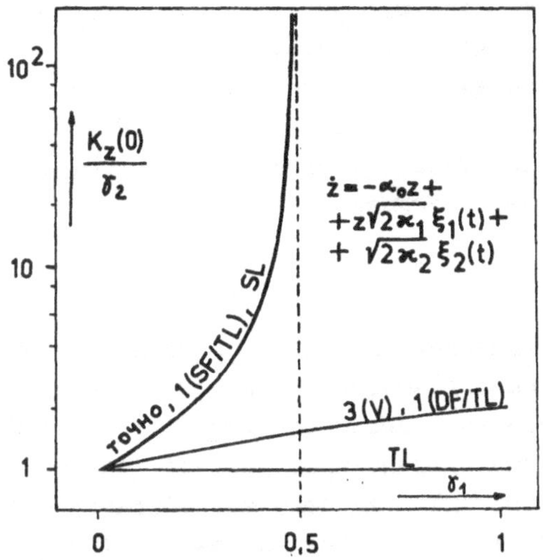

Рис. 3. Нормированная стационарная дисперсия, вычисленная по разным методам, для системы с мультипликативными шумами.

и дисперсии. По второму примеру в случае $\alpha_0 = 0$ видно, что линеаризация разложением нелинейности в ряд Тайлора может польностью отказать даже в случае аналитических функций. Для достаточно больших α_0 ($\alpha_0 \geq 3\sqrt{c\varkappa}$) она приведет однако к приемленым приближениям. С другой стороны, пример 4 показывает, что метод статистической линеаризации с усреднением по Гауссовскому распределению может привести иногда к неудовлетворительным результатам, в то время, как линеаризация разложением Тайлора дает достаточно точные значения для первых двух кумулянтов процесса. Это связано с тем, что в данном случае Гауссовское распределение, по которому ведется усреднение, не отражает качественное поведение процесса. Действительно, стационарное состояние процесса зависит от начальных условий, т.к. нелинейный член $1/z$ эквивалентен отражающей стене при $z = 0$. Поэтому процесс $z(t)$ остается положительным для любых t, если его начальное состояние $z(t_0)$ было положительно, и отрицательно, если $z(t_0) < 0$. Такое поведение, конечно, не охватывается Гауссовским распределением, так что например привлечение равномерного распределения, отличное от нуля на участке, лежащем только на правой или только на левой полуоси, дает гораздо лучшие результаты. Для такого распределения с неизвестными параметрами метод статистической линеаризации приведет действительно к таким значениям среднего и дисперсии, что равномерное распределение оказывается отличным от нуля только на одной из полуосей. Заметим, что функция $-\alpha_0 z + \frac{\varkappa}{z}$ не антисимметрична относительно стационарного среднего значения $m_z \neq 0$, так что плохое качество нулевого приближения при линеаризации по Гауссовскому распределению не опровергает утверждение о хорошей пригодности Гауссовского распределения в случае антисимметричных относительно $z = m_z$ характеристик $f(z)$.

Показательно, что качество аппроксимации при привлечении первого приближения, т.е. второго члена функционального ряда, существенно улучшается как раз в тех случаях, когда качество нулевого приближения достаточно низка.

Но во всех случаях метод построения функционального ряда со стохастическим фундаментальным решением дает наилучшую поправку нулевого приближения. В примере 5 после первого приближения получаем даже точное решение $z_0^{Tl} + z_1 = z$. Однако, вычисления статистических характеристик для полученных этим методом первых приближений очень сложно. Поэтому для всех примеров кроме пятого стохастическое фундаментальное решение заменяется для $t - t_0 \to \infty$ следующим приближением

$$\Phi(t,t_0) = \exp\left[\int_{t_0}^{t} d\tau\, f_1(z_0,x(\tau))\right] \approx \exp\left[\langle f_1(z_0,x(\tau))\rangle\cdot(t-t_0)\right].$$

Проще всего определяются кумулянты выходного процесса, опираясь на его представление рядом Вольтерра. В этом случае требуется только знание обобщенных корреляционных функций входного процесса. Отпадает необходимость проведения усреднений по сложным функционалам входного процесса, что является большим облегчением в практических расчетах. Правда, сходимость ряда Вольтерра, как правило, медленее, чем сходимость других рассмотренных функциональных рядов, особенно, когда применяется разложение нелинейности по Тайлору. Поэтому часто выгодно провести разложение по стохастическим полиномам, построенным по вычисленному в нулевом приближении распределению $p(z)$.

Заключение:

Проведенное рассмотрение показывает, что построение приближенных решений в виде функциональных рядов и вычисление их статистических параметров дает, как правило, хорошое приближение к истинным значениям даже при учете только одного - двух членов ряда. Предпосылкой является выбор системы нулевого приближения, которая выгодно строить в виде статистически линеаризованной системы на базе параметрически заданного распределения процесса, отражающего главные качественные черты поведения системы.

Цитированная литература

[1] Kempe, V., Analyse stochastischer Systeme, Teil 1, Akademie-Verlag, Berlin 1976.

[2] Kempe, V., Stochastische Polynome zur Behandlung nichtlinearer Systeme, Nachrichtentechnik, Bd. 20 (1970), H.11.

Метод		Пример: $\dot{z}$ =	$-k_1 \sin z + k_1\sqrt{2\varkappa}\,\xi(t)$ PLL ($k_1\varkappa = 1/2$)	$-\alpha_0 z - cz^3 + \sqrt{2\varkappa}\,\xi(t)$ ($\alpha_0 = 0$)	$-k_1 \operatorname{sgn} z + \sqrt{2\varkappa}\,\xi(t)$	$-\alpha_0 z + \frac{\varkappa}{z} + \sqrt{2\varkappa}\,\xi(t)$	$-\alpha_0 z + z\sqrt{2\varkappa_1}\,\xi_1(t) + \sqrt{2\varkappa_2}\,\xi_2(t)$ ($\gamma_1 < 1/2$)
Линеаризация (нулевое приближ.)		TL	0,4	∞	×	0,0675	$2\gamma_1$
		SL(G.M.)	0,11	0,146	0,215	1,57	0,000
		SL(glm.)	0,24	0,103	0,375	0,0071	0,000
Первое приближение	z_0 по TL	V	0,22	∞	×	0,056	$\gamma_1(1+2\gamma_1)$
		DF/TL	0,23	∞	×	×	$\gamma_1(1+2\gamma_1)$
		$\overline{SF}$/TL	0,22	∞	×	×	$\gamma_1(1+2\gamma_1)$
		SF/TL		∞	×	×	0,000
	z_0 по SL(G.M.)	V/PL(G.M.)	$< 10^{-3}$		0,0365	×	
		DF/SL(G.M.)	0,09	0,0037		×	
		$\overline{SF}$/SL(G.M.)	0,09	0,0037		×	
	z_0 по SL(glm.)	V/PL(glm.)			0,175	0,0070	
		DF/SL(glm.)		0,062			
		$\overline{SF}$/SL(glm.)		0,076			

Таблица: Мера качества аппроксимации Q для различных методов приближения

Статистические свойства систем синхронизации.

В.В. Шахгильдян[I)]

Системы фазовой синхронизации, часто называемые также системами фазовой автоподстройки частоты (ФАПЧ), широко применяются в настоящее время в синхронной связи радиолокации, радионавигации и управлении [I,2]

Во многих случаях работа таких систем протекает в условиях воздействия на них возмущений случайного характера. Эти возмущения существенно ухудшают работу устройств синхронизации. Для статистического описания систем синхронизации используются различные модели случайных процессов.

При учете случайных воздействий, обусловленных аддитивным шумом на входе системы синхронизации, непрерывные системы при известных предположениях описываются дифференциальными уравнениями

$$\frac{d\sigma}{dt} = Cx + Rf(\sigma) + \xi_\sigma(t)$$

$$\frac{dx}{dt} = Ax + Bf(\sigma) + \xi_x(t), \qquad \text{(I)}$$

здесь A,B,C,R - постоянные матрицы размерности $n \times n$, $m \times n$, $n \times m$, $m \times m$, соответственно,

f, σ - m - мерные векторы с координатами $\varphi_1, \dots \varphi_m; \sigma_1, \dots \sigma_m;$

$x(t)$ - n - мерный вектор, $f_i(\sigma_i) = f_i(\sigma_i + a_i)$,
$\xi_\sigma(t), \xi_x(t)$ - m - мерный,
n - мерный случайный процесс.

Исследование системы уравнений (I) в общем случае представляет собой исключительно сложную задачу. Известные методы анализа стохастических систем фазовой синхронизации основаны на тех или иных частных упрощающих предположениях о характере внешних флуктуационных воздействий.

Наиболее просто решается задача нахождения статистических характеристик фазовой ошибки в случае, когда интенсивность случайных возмущений настолько мала, что можно произвести замену в малой окрестности невозмущенного состояния нелинейной системы

I) Москва II086, Авиамоторная 8а, Московский электротехнический институт связи.

ее линейной моделью, построенной по уравнению первого приближения.

Если на систему фазовой синхронизации воздействуют малые шумы, то уравнения (I) могут быть представлены в виде

$$\frac{d\sigma}{dt} = Cx + Rf(\sigma) + \varepsilon\xi_\sigma(t)$$
$$\frac{dx}{dt} = Ax + Bf(\sigma) + \varepsilon\xi_x(t), \qquad (2)$$

где ε - малый параметр.
Обозначим решение невозмущенной системы через σ_0, x_0
Введем процесс $\eta_\sigma^{(\varepsilon)}; \eta_x^{(\varepsilon)} \left(\eta_\sigma^{(\varepsilon)} = \frac{\sigma-\sigma_0}{\varepsilon}; \eta_x^{(\varepsilon)} = \frac{x-x_0}{\varepsilon}\right)$.
При $\varepsilon \to 0$ и известных ограничениях на $f(\sigma)$ процесс $(\eta_\sigma^{(\varepsilon)}\ \eta_x^{(\varepsilon)})$ слабо сходится к решению уравнения

$$\frac{d\eta_\sigma}{dt} = Rf'(\sigma_0)\eta_\sigma + C\eta_x + \xi_\sigma(t)$$
$$\frac{d\eta_x}{dt} = Bf'(\sigma_0)\eta_\sigma + A\eta_x + \xi_x(t). \qquad (3)$$

Процесс, отвечающий (3), - гауссовский. Таким образом решение (2) представляется в виде

$$\sigma = \sigma_0 + \varepsilon\eta_\sigma; \qquad x = x_0 + \varepsilon\eta_x.$$

с распределением $N[(\sigma_0; x_0); B(x_0; \sigma_0; t; S)]$,
где $B(x;\sigma;t;S)$ - корреляционная матрица процесса (3).

В случае наличия у невозмущенной системы устойчивого состояния, решение (2) имеет стационарное распределение. Наличие периодического решения невозмущенной системы приводит к периодическому распределению для (2).

Среди других приближенных методов анализа систем синхронизации отметим метод комулянтов и метод статистической линеаризации [I,3,7]

Первый широко применяется при численном моделировании систем синхронизации, второй в качестве первого приближения при анализе нелинейных систем фазовой синхронизации. Суть метода статистической линеаризации соотоит в замене нелинейных функций, входящих в уравнение системы, такими линейными, которые в статистическом смысле эквивалентны исходным.

При воздействии на систему фазовой синхронизации широкополосных (относительно эквивалентной полосы системы) непрерывных возмущений, уравнением (I) ставиться в соответствие марковский диффузионный процесс. В этом случае (I) понимается как стохастическое дифференциальное уравнение. При этом $\xi_\sigma(t)$; $\xi_x(t)$ - белые шумы с заданными корреляционными свойствами.

$$M\xi_\sigma(t)\xi_\sigma^T(S) = G_\sigma(x;\sigma)\delta(t-S)$$

$$M\xi_x(t)\xi_x^T(S) = G_x(x;\sigma)\delta(t-S)$$

$$M\xi_\sigma(t)\xi_x^T(S) = G(x;\sigma)\delta(t-S).$$

Марковская модель является широкоиспользуемым средством описания динамических систем фазовой синхронизации.

Полное описание марковского процесса (σ , x), отвечающего (I), дается его одномерным распределением $W_t(\sigma;x)$ и вероятностью перехода (плотностью) $W_{ts}(\sigma, x/\sigma_s x_s)$ Нахождение указанных плотностей связано с решением соответствующих уравнений в частных производных (в частности уравнения Фоккера-Планка-Колмогорова) с известными граничными и начальными условиями. Трудности аналитического решения этих уравнений заставляют обращаться к приближенным асимптотическим методам. При этом весьма эффективным оказалось использование метода усреднения [I,3,6,8] .

Для системы фазовой синхронизации с интегрирующим фильтром в цепи управления уравнения (I) могут быть записаны в следующей форме [8] .

$$\begin{aligned} \frac{d\sigma}{dt} &= x \\ \frac{dx}{dt} &= \varepsilon\gamma - \varepsilon\kappa x - \sin x + \sqrt{\varepsilon}\, g\,\xi(t), \end{aligned} \qquad (4)$$

здесь $\varepsilon > 0$ малый параметр, $\varepsilon\gamma$ - начальная расстройка, $\varepsilon\kappa$ - коэффициент "трения", $\xi(t)$ - белый гауссовый шум с единичной спектральной плотностью, εg^2 - спектральная плотность шума.

Для нулевой начальной расстройки стационарная плотность распределения дается формулой [5]

$$\rho(x,\sigma) = C\exp\left\{-\frac{2\kappa}{g^2}\left(\frac{x^2}{2} - 2\sin^2\frac{\sigma}{2}\right)\right\} \qquad (4^x)$$

Для $\gamma \neq 0$ нет явной формулы и необходимо решение соответствующего уравнения Фоккера-Планка-Колмогорова.

Если $\varepsilon \ll 1$, то можно воспользоваться методом усреднения, разработанным для стохастических динамических систем в [6]. Введем функцию $z(\sigma, x) = \frac{x^2}{2} + 2\sin^2\frac{\sigma}{2}$. Найдём производную по времени z - функции в силу исходных уравнений (4)

$$\frac{dz}{dt} = \varepsilon[\gamma x - \kappa x^2] + \sqrt{\varepsilon} g x \xi(t) \qquad (5)$$

Рассмотрим совместно уравнения (4) и (5). Вследствии малости ε, уравнения (4) описывают быстрые движения в системе, а (5) медленное. Такое разделение движений позволяет применить метод усреднения к марковским процессам. В итоге, получим следующее приближенное уравнение для медленно меняющейся переменной (энергия невозмущенной системы).

$$\frac{dz}{dt} = \varepsilon(\gamma \bar{x} - \kappa \overline{x^2} + \frac{1}{2} q) + \sqrt{\varepsilon} g \sqrt{\overline{x^2}}\, \xi(t), \qquad (6)$$

здесь $\bar{x}$ и $\overline{x^2}$ средние значения $x(t)$ и $x^2(t)$ соответственно, вычисленные вдоль траекторий невозмущенной системы ($\varepsilon = 0$) при значении энергии, равной z.

Вычисления позволяют установить (см. [I]) формулы

$$\overline{x^2}(z) = \begin{cases} 2z - 4 + 4E(\sqrt{z/2})/K(\sqrt{z/2}), & 0 < z < 2 \\ 2zE(\sqrt{2/z})/K(\sqrt{2/z}), & z > 2 \end{cases}$$

$$\bar{x}(z) = \begin{cases} 0, & 0 < z < 2 \\ \operatorname{sign} z(0)\, \pi \sqrt{z/2} \,/ K(\sqrt{2/z}). & z > 2 \end{cases}$$

Здесь $K(\cdot)$ и $E(\cdot)$ - полные эллиптические интегралы I-го и П-го рода соответственно.

Интересная особенность рассматриваемой задачи состоит в том, что из-за наличия сепаратрисы $\frac{x^2}{2} + 2\sin^2\frac{\sigma}{2} = 2$ в невозмущенном уравнении (эта сепаратриса разделяет колебательную и вращательную фазы движения) функция $\bar{x}(z)$ имеет точку ветвления при $z = 2$. Нетрудно выписать уравнения Фоккера-Планка-Колмогорова на каждом из участков $[0, 2\pi]$, z^+ и z^-, однако для нахождения стационарной плотности нужно найти дополнительные условия в узле $z=2$. Эти условия можно найти, изучая поведение решения полной системы (4) в окрестности точки $\sigma=\pi$, $x=0$. Таким образом устанавливается, что стационарная плотность марковского процесса, описываемого системой (4), сходится при $\varepsilon\to 0$ к функции $\tilde{\rho}(\sigma;x)$, совпадающей с $\rho(\sigma;x)$ из (4) в области $z=\frac{x^2}{2}+2\sin^2\frac{\sigma}{2}<2$ и равной

$$c\exp\left\{-\frac{2K}{g^2}z+\operatorname{sign}x\,\frac{\gamma\pi}{\sqrt{2}g^2}\int_2^z\frac{dU}{\sqrt{U}\,E\left(\frac{\sqrt{2}}{U}\right)}\right.$$

при $z=\frac{x^2}{2}+2\sin^2\frac{\sigma}{2}>2$

Из этих формул видно, что $\tilde{\rho}$ имеет единственный максимум при $\sigma=0$, $x=0$, если $|\gamma|<\frac{4K}{\pi}$. Если же расстройка достаточно велика, $|\gamma|>\frac{4K}{\pi}$, то имеется другой максимум на кривой $\frac{x^2}{2}+2\sin^2\frac{\sigma}{2}=z_0$, $x\gamma>0$ где $z_0=2U_0^{-2}$, а $U_0\,(0<U_0<1)$ есть корень уравнения $E(U_0)=\frac{\gamma\pi}{4K}U_0$. Последний результат тесно связан с наличием устойчивого предельного цикла при $|\gamma|>\frac{4K}{\pi}$ в системе без случайного шума [I].

При действии на дискретные системы фазовой синхронизации случайных возмущений с интервалом корреляции много меньшим интервала дискретизации по времени моделью дискретной системы является марковская случайная последовательность ($\sigma_n;x_n$), удовлетворяющая системе разностных уравнений

$$\begin{aligned} x_{n+1}-x_n&=Ax_n+Bg(\sigma_n,x_n;\xi_{x_n})\\ \sigma_{n+1}-\sigma_n&=Cx_n+\mathcal{Y}f(\sigma_n,x_n,\xi_{\sigma_n}), \end{aligned}\qquad (7)$$

где $g(\cdot)$, $f(\cdot)$ - периодические по σ функции с непрерывным (для импульсных систем) или дискретным (для цифровых) множеством значений: ξ_{x_n}, ξ_{σ_n} - последовательность независимых случайных величин.

Для простейшей дискретной системы первого порядка уравнения (7) принимают вид

$$\sigma_{n+1}-\sigma_n=\gamma+f(\sigma_n+\xi_n)\qquad (8)$$

При этом исследование позволяет установить, что для начальных расстроек, соответствующих рациональному набегу фазы за период регулирования, последовательность σ_n отображается марковской цепью на конечном множестве C точек окружности. При определенных условиях эта марковская цепь может иметь либо один рекурентный положительный класс состояний (на котором существует стационарное распределение), либо несколько циклических подклассов с асимптотическим распределением на C при произвольной точке выхода последовательности из C. Асимптотические распределения в каждом из указанных случаях определяются собственными векторами матрицы перехода цепи для всех собственных чисел, по модулю равных I.

В заключении отметим, что многие вопросы теории стохастических систем фазовой синхронизации, требуют еще своего решения. Например, требует дальнейшего исследования проблема стохастической устойчивости таких систем, условия существования стационарных (периодических) решений и условия сходимости решений уравнений (I) к стационарному (периодическому). Отсутствует анализ параметрических флуктуаций на нелинейные системы фазовой синхронизации. Недостаточны сведения по синтезу оптимальных параметров нелинейных систем при случайных воздействиях.

Литература.

I. Шахгильдян В.В., Ляховкин А.А.
Системы фазовой автоподстройки частоты. Связь. Москва.1972.

2. Линдсей В. "Системы синхронизации в связи и управлении". Советское радио. Москва. 1978.

3. Системы фазовой автоподстройки частоты с элементами дискретизации. Под ред. Шахгильдяна В.В. Связь. Москва. 1979.

4. Стратонович Р.Л. Избранные вопросы теории флуктуаций в радиотехнике. Советское радио. Москва. 1961.

5. Тихонов В.И. Работа фазовой автоподстройки при наличии шумов. Автоматика и телемеханика № 3, 1960, стр. 301-309.

6. Хасьминский Р.З. О принципе усреднения для параболических и эллиптических дифференциальных уравнений и марковских процессов с малой диффузией.
Теория вероятности и ее применения. т.8, 1963, №1, стр.3-25.

7. Фазовая синхронизация. Под редакцией Шахгильдяна В.В. и Белюстиной Л.Н. Связь. Москва. 1975.

8. Бурдзейко Б.П., Игнатов Ю.Ф., Хасьминский Р.З.
"Статистический анализ одной модели системы фазовой синхронизации". Труды пятого международного симпозиума по теории информации. Москва - Тбилиси, 1979.

ASSESSMENT OF THE QUALITY OF CHANNELS INVOLVING NONLINEARITIES BY MEASUREMENTS BASED ON THE THEORY OF RANDOM PROCESSES

by Géza GORDOS [1/]

Contents

1. Introduction
2. Nonlinearities in Transmission Systems
3. Speech Simulating Generator
4. Measurement of the Overload Level
5. Free-of-Filters Measurement of the Harmonic Distortions

1. Introduction

Ideas and methods presented in this paper can be arranged along two guidelines, that of mathematics and that of telecommunication engineering. The nonlinear transformation of random processes serves as the mathematical focal point. The engineering problem that led to this contribution was the assessment by measurements of the quality of multichannel telephone systems regarding the nonlinearities of the different stages of that systems. It is to be emphasized that all three measuring principles presented here have been realized as instruments and veryfied in practice.

The paper, following the engineering guideline, first discusses some effects caused by nonlinearities of a transmission medium and points out differences depending on whether the transmitted signal represents individual message (e.g. speech) or more messages assembled in FDM (frequency division multiplexing).

Considerations show that in measurements assessing the quality of the transmission via media involving nonlinearities the test signal should be as close an approximation to the actual signal as possible. This justifies the presentation of a generator, first published in [1], which simulates the human speech not only in terms of spectral density as usual but also in terms of amplitude distribution. One important application of the generator occures when measuring the noise performance of an entire carrier frequency multichannel telephone system.

For the assessment of the nonlinear behaviour of a single stage, e.g. line amplifier of a transmission system, rather than that of the entire system, simpler methods are required. Although the traditional method of measuring the overload level solves this problem for most of the cases, a new method described in the paper makes the meas-

1/ Budapest Technical University
Institute of Telecommunication Electronics
Budapest
XI. Stoczek u. 2.
Hungary
H-1111

urement simpler and applicable to all of the cases. A further advantage of the new method is that it uses gaussian random process as test signal thus making the conditions of the measurement more realistic.

While overload level statisfactorily describes hard nonlinearities, soft ones are better described by the harmonic distortion factors. Traditional measurements of the harmonic distortion factors involve pure sinusoidal test signal as input and filter/s/ in the receiver. A new measuring method for the same purpose presented here differs from the traditional one mainly in two points. First, the type of the test signal is not specified, i.e. it operates with sinusoidal or gaussian signal just as good as with any other, consequently the test signal can be any close an approximation to the useful signal. Second, and perhaps more surprisingly, the receiver operates without filters.

The free-of-filters measurement of the harmonic distortion factors has significance not only in telecommunications but in general system theory as well.

2. Nonlinearities in Transmission Systems

The characteristic coupling instantaneous input and output voltage of an amplifier is presented in Fig.1. as an example of nonlinear elements. For practical purposes this characteristic can be devided into two types of regions. In the first one the nonlinearity is soft, it is almost linear and can be satisfactorily described by a power series with only three to four terms

$$y = c_0+c_1x+c_2x^2+c_3x^3+\dots \qquad (1)$$

This, however, does not apply in the regions of hard nonlinearity which can be usually found in the vicinity of saturation.

Soft nonlinearities are well characterized by the harmonic distortion factors, k_i, $i=2,3,\dots$. In cases of $|c_1 \cdot |x|_{max}| \gg |c_i \cdot |x|^i_{max}|$, $i=2,3,\dots$, the equations $k_2=c_2/(2c_1x_1)$, $k_3=c_3/(4c_1x_1^2)$ are good approximations with x_1 denoting the peak amplitude of the input sinusoidal. The harmonic distortions expressed in dB's are $a_i=20\log 1/k_i$.

In the case of an amplifier it is useful to regard a signal reaching into one or more regions of hard nonlinearity as an overloading one. A more exact definition of the overload point separating the two types of regions follows in Sec.4. The overload level is the overload point expressed in dBm's as $s=20\cdot\log[v/(\sqrt{2}.0,775\text{mV})]$.

Soft nonlinearity causes harmonic distortion whereas hard nonlinearity is best described by clipping. The clipped signal can be regarded as the sum of a softly distorted signal and a series of short bursts, as shown in Fig.1. These impairments have different effects depending on whether the signal represents a single message or an FDM assembly of messages. This will be illuminated by the example of a carrier frequency system shown conceptually in Fig.2.

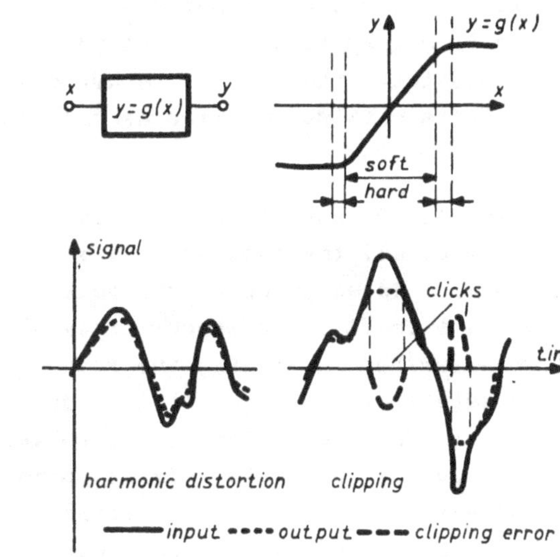

Fig. 1.

Effects of nonlinearities

If the signal of a single message, e.g. speech, is being processed by a channel amplifier, the soft nonlinearity results in a usually bearable degradation of clarity. Clipping, however, represents a more annoying clicking effect in the channel and due to the widely dispersed spectrum of the bursts, it is more likey to disturb other channels via linear crosstalk.

If a composite signal of many messages passes through a line amplifier the soft nonlinearity results in intermodulation noise illustrated on Fig.2. Bursts caused

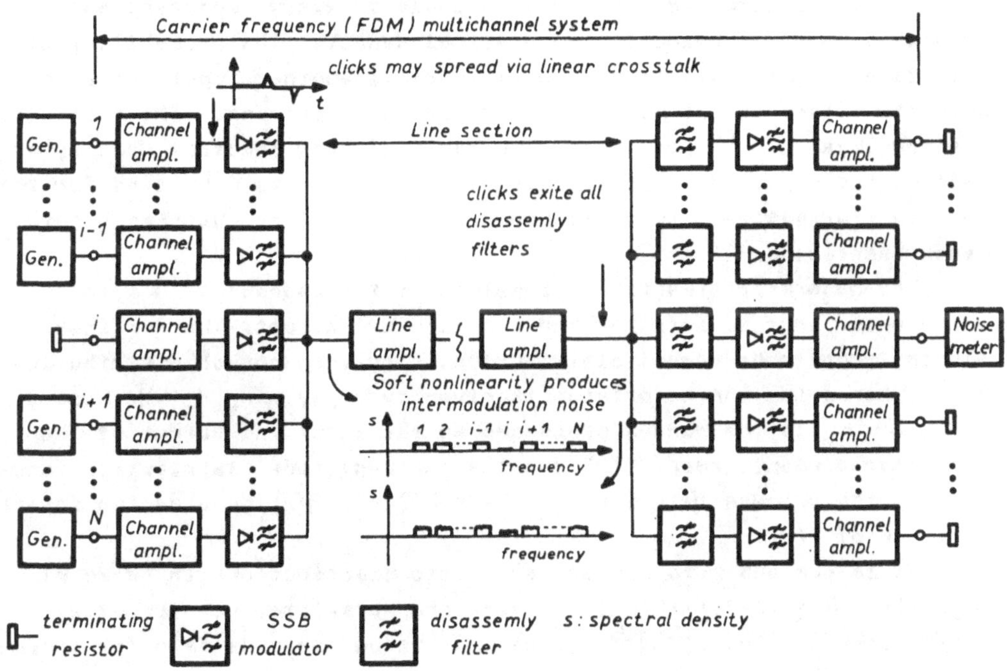

Fig. 2. Effects of nonlinearities in FDM system and their measurement

by clipping produce responses at the output of every disassembly filter thus resulting in very annoying clicks in every channel output.

Assessment of line amplifiers can be accomplished by white noise measuring sets (see for example[3]). This test, however, is rather expensive and does not inform about the units outside the line section.

3. Speech Simulating Generator

The measuring arrangement shown in Fig. 2. permits the assessment of the entire system. If the send levels of all the generators are set zero thermal noise, carrier leakage, e.t.c. is measured at the output of the tested channel. If those levels are small it is linear crosstalk that increases the measured noise. Upon further increasing the input levels the received noise tends to deviate from the straight line determined by the previous two measurements. This deviation is interpreted as the nonlinear crosstalk produced by nonlinearities via clipping in the single channel paths as well as clipping and harmonic distortion in the composite signal path. For practical purposes the individual-generator-per-channel principle can be reduced to a few channels spectrally surrounding the tested channel in the composite signal while the rest of the channels may be grouped into one or more sets with their load being provided on a generator-per-set principle.

The arrangement shown in Fig.2. permits true assessment only if the generators simulate the useful signals in every important aspect. Such an aspect is obviously the spectral density. The probability distribution of the instantaneous amplitudes is another important aspect when the effect of the nonlinearities is to be examined. The first generator (See [1], [2]) simulating simultaneously the spectral density as well as the amplitude distribution of the speech was developed for testing carrier systems. Later it became very useful in quantizing noise measurements, too.

The generator essentially consists of the cascade of a normal white noise source, a filter and a nonlinear element. The nonlinear element transforms normal distribution, $F_n(y)$ into speech distribution, $F_s(z)$, hence its characteristic is given by $z=g(y)=\overline{F}_s[F_n(y)]$. Here y and z refer to the random processes at the input and output of the nonlinear element, resp. F(x) denotes the amplitude distribution function of the process $\xi(t)$, i.e. $F(x)=\text{Prob}(\xi<x)$. $\overline{F}(.)$ denotes the inverse function of F(.).

It is customary to present symmetric distributions in terms of $\phi(\underline{x})=\text{Prob}(|\xi|>\underline{x})=1-F(\underline{x})+F(-\underline{x})$, $\underline{x}$ being the normalized version of x, i.e. $\underline{x}=x/D_x$ with $D_x=[\text{Mean}(\xi^2)]^{1/2}$. The table below contains data for speech as given in [1] by Holbrook and Dixon along with that for normal distribution

$\underline{x}$		0	1	2	3	4
$100.\,\phi(\underline{x})$	normal	100	32	4,5	0,27	0,00634
	speech	100	12	4,9	2,7	1,6

Note that for large abscissae the difference amounts to as much as a few orders of magnitude. These data permit the determination of $g(y)$ as $z=2.10^{-2}.y+56.10^{-3}.y^3$ which provides for the realization of the speech distribution with an accuracy of 5 per cent.

The frequency response, $K'(\omega)$, of the filter must allow for the fact, that the spectral density, $s_y(\omega)$, at its output is further transformed by the nonlinear element, $z=g(y)=c_1y+c_2y^2+c_3y^3$, into $s_z(\omega)=c_2^2.\,.D_y^2.\,\delta(\omega)+(c_1^2+6\,c_1c_3.D_y+9c_3^2D_y^2).\,s_y(\omega)+2c_2^2.(s_y(\omega)*s_y(\omega))+6c_3^2(s_y(\omega)*s_y(\omega)*s_y(\omega))$. (For details see e.g. [4] or [5].) Here $*$ and δ denotes convolution and Delta-function, resp. Identifying $s_z(\omega)$ as the curve adopted by CCITT [6] for the speech, the integral equation can be solved for $s_y(\omega)$. As the filter is excited by white noise, its frequency response is given by $|K(\omega)|=\text{const.}\sqrt{s_y(\omega)}$.

4. Measurement of the Overload Level

The definition of the overload level adopted by the CCITT for line amplifiers reads as follows: the overload level is the absolute power level at the output of an amplifier at which the absolute power of the third harmonic increases by 20 dB when the input signal is increased by one dB. For cases of the third harmonic falling outside the transmission band two test frequencies, A and B, with the same level are to be applied. Overload level in this case is by 6dB above that level of either test signals for which an increase by one dB causes the increase of the 2A-B combination product by 20 dB.

A major defect of these definitions lies in that in most modern amplifiers a 1 dB increase of the test signal is never accompanied by a 20 dB increase of the said component, not even if saturation is reached 7. The facts, that the test signal does not approximate the signal of the normal operation and that a selective receiver is required represent further disadvantages.

All disadvantages can be overcome by the method of [8]. Let a signal of known but otherwise arbitrary distribution be applied at the input of a nonlinear element characterized by the single-valued functions $y=g(x)$ and $x=g^{-1}(y)$. We shoose the r.m.s. values, denoted by d at the input and D at the output, to describe the size of the signals because this description does not depend on signal shape. It follows from the essence of nonlinearity that an increase of d changes not only D but also the shape of the output distribution function as illustrated in Fig.3.a. for $D_1<D_2<D_3$. Here the distribution is described by $G(y)=\,=\text{Prob}(\eta>y)$ with η representing the output random variable. (For the sake of easier understanding saturation at $y=s$ is assumed.) The change

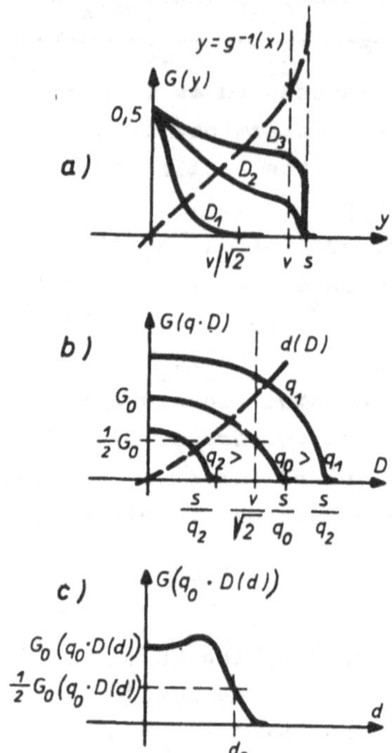

Fig. 3.

Illustrations to the Theory of Overload Level Measurement

of the shape can be detected by measuring $G(q.D)$ as a function of D with q being konstant but otherwise arbitrary. The arrangement of Fig. 4. performs this measurement readily. Fig. 3.b. illustrates the function $G(q.D)$ for three parameters $q_1<q_o<q_2$. The function $G(q.D)$ stays almost constant for small values of D and falls off for greater D's. It would be very convenient to find an indication of D getting equal to $v/\sqrt{2}$ because in this case the RMS meter would read directly the overload level. If input distribution, $x=g^{-1}(y)$ and q are given the value $G(qv/\sqrt{2})$ can be determined. We choose the detection of this value on the G-meter as the indication of D being equal to $v/\sqrt{2}$. As seen in Fig. 3.b. neither large nor small values of q are suitable because the wanted indication is zero (see curve q_2) or differs very little from that for $D \to 0$ (see curve q_1), resp. Experiences have proven that the indication is very comfortable if q_o statisfying the equation $\lim_{D \to 0} G(q_o.D)=2.G(q_o v/\sqrt{2})$ is chosen as q. Before completing the reasoning it is to be noted that with usual amplifiers the increase of D falls behind that of d as shown in Fig. 3.b. This results in the curve in Fig. 3.c. depicting $G(q_o.D)$ as a function of the input level, d.

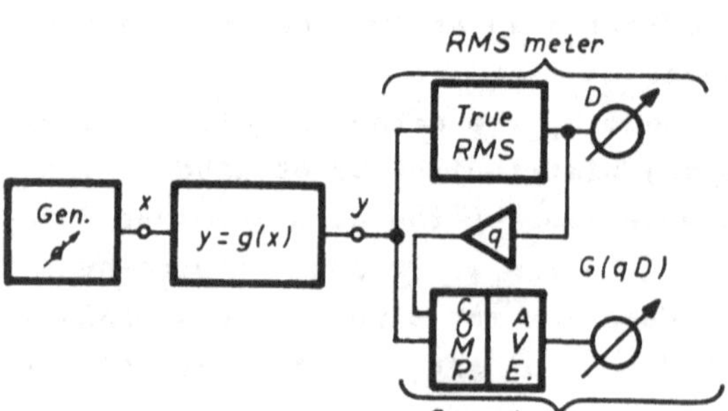

Fig. 4.

Measuring the Overload Level

The steps of the measurement are as follows (see Fig. 3.c. and 4): 1/ setting a low input level and reading G_o on the G-meter, 2/ increasing the input level which causes the G-reading first increase and then decrease, 3/ fixing the input level when the G-meter reads $G_o/2$, 4/ reading the overload level on the RMS-meter.

For the case of Gaussian input and a nonlinear element that is linear in the range of (-v,v) and exhibits 1/20 dB change of the output for 1 dB change of the input Korda[9] has found q_o to be equal to 1,46. Adopting this value for all kinds of nonlinearity makes the measuring procedure a new definition of the overload level.

Numerous experiments have proven that whenever the traditional definition works the results of the traditional and new procedures never differ by more than 0,5 dB. The new definition works always and gives useful information on amplifiers not obeying the traditional method. The simplicity of the new procedure is worth to be noted.

5 Free-of-Filters Measurement of the Harmonic Distortions

Assume that a nonlinear element with input x and output y is completely described by Eq. (1). For d.c. and a.c. coupling c_o takes on the value zero and Mean(η), resp. To determine the harmonic distortion factors it is sufficient to determine c_1, c_2 and c_3. In [10] and [12] a few solutions to this problem are presented.

The first group of solutions relies on the existence of inverse-distribution-meters (see [11]). They make it possible to determine those values x_i and y_i at the input, and output, resp., which are exceeded by the corresponding signals with the same probability, P_i, i.e. for which $x_i = \exists_x(P_i)$, $y_i = \exists_y(P_i)$. In case of single-valued nonlinearity the pair (x_i, y_i) fulfils Eq. (1). Substituting four such pairs into Eq. (1) results in a complete system of linear equations. This system of equations can be solved for the c_i's.

The second group of solutions relies on distribution meters (like the G-meter on Fig. 4). Single-valued nonlinearities connect input and output distribution functions as $F_y[g(x)] = F_x(x)$. Substituting here $g(x) = c_1 x + \underline{g}(x)$ and applying power series expansion, results in $F_y(c_1 x) + F_y'(c_1 x) \cdot \underline{g}(x) + \ldots = F_x(x)$. Using $F_y'(c_1 x) = (1/c_1) \cdot F_x'(x)$ we have

$$\underline{g}(x) = \frac{F_x(x) - F_y(c_1 x)}{F_x'(x)} \cdot c_1 \qquad (2)$$

Measuring c_1 and $F_y(c_1 x_i)$ as well as picking up $F_x(x_i)$ and $F_x'(x_i)$ from tables for as many x_i's as there are unknown coefficients in $\underline{g}(x)$, and substituting all these data into Eq. (2) results in a set of equations which can be solved for the unknown coefficients. The x_i's can be chosen such that the system of equations reduces to a group of equations each involving one single unknown (see [1]). This way each coefficient can be expressed by closed formula.

These methods substitute filters by comparator-type circuits. They accept any kind of distributions. Consequently sinusoidal input can be used as well. The test signal can be any close to the signal of normal operation (e.g. Gaussian test signal permitted). The methods lend themselves for digital implementation. Such an exemplary implementation exhibits resolution of 0,01 per cent in h.d.f. and upper frequency limit of 100 kHz.

References

1 Tarnay,K., Gordos,G.,Melegh,J.: "Load Simulating Noise Generator for Testing Carrier Telephone Systems", Budavox Telecom. Review, 1966. No. 3-4. pp. 12-19.

2 C.C.I.T.T. COM Sp.C.-No.63. /1968/:"Artificial Load for Systems Providing Less Than 60 Carrier Channels"

3 Wandel u. Goltermann, Catalogue, 1977, White Noise Measuring Setup RK-5, pp. 335-344.

4 Brokbank, Wass: "Nonlinear distortion in transmission systems", Journal of the IEE. March. 1945.

5 Gordos,G.:"Intermodulation Noise in Multichannel Systems" /In Hungarian/, Proc. of the Post Office Research Station, Hungary, Vol. VII., 1966. pp. 33-47.

6 CCITT, Orange Book, Vol. III.1.,Rec. G.227.

7 CCITT Sp.C.-No.63. 1975. Sept.

8 Korda,T.,Gordos,G., International Patent

9 Korda,T.: "Overload Level Measurement Based on the Distortion of Distributions", Budavox Telecom. Review, 1977. No.4,pp. 1-19.

10 Gordos,G., Korda T.,Kovács P.: Patent Application

11 Holbrook, B.D., Dixon, J.T.: "Load Rating Theory for Multi-Channel Amplifiers", BSTJ, Vol. 18., 1939, pp. 624-644.

12 Gordos,G., Korda, T., Kovács P: "Automatic Measurement of Distortion Factors Not Using Filters" (in Hungarian), MATE Conference, Budapest, 1980, pp. 338-346.

ZUR SIGNALERKENNUNG BEI DIGITALER LICHTLEITERÜBERTRAGUNG

von D. Kreß[1)]

Als Übertragungsmedium der Informationstechnik wird in Zukunft vorteilhaft der Lichtleiter eingesetzt werden. Die Entfernung, die ohne Zwischen-Regeneratoren bzw. -Verstärker bei vorgegebenen Sender- und Lichtleiterparametern überbrückt werden kann, hängt von der Signalerkennung im Empfänger ab. Die Lösung des Empfangsproblems, d. h. die Optimierung des Empfängers, setzt die Analyse des Zusammenhangs zwischen der Fehlerwahrscheinlichkeit als wichtigstem Güteparameter und den Signal- bzw. Schaltungsparametern voraus. Dieser Zusammenhang ist hier wesentlich komplizierter als bei entsprechenden elektronischen Empfängern, da bei Verwendung empfindlicher optischer Detektoren die Teilchenstruktur des Lichts als signalabhängige Störung wirkt und neben additivem thermischem (normalverteilten) Rauschen und linearen Verzerrungen berücksichtigt werden muß. Der Beitrag stellt die Analyse-Problematik dar und verweist auf die Möglichkeiten der numerischen Behandlung bzw. der approximativen Lösung.

1. Optischer Empfänger

Die vereinfachte Blockdarstellung des hier zugrundegelegten Empfängers für Binärsignale zeigt Abb. 1.

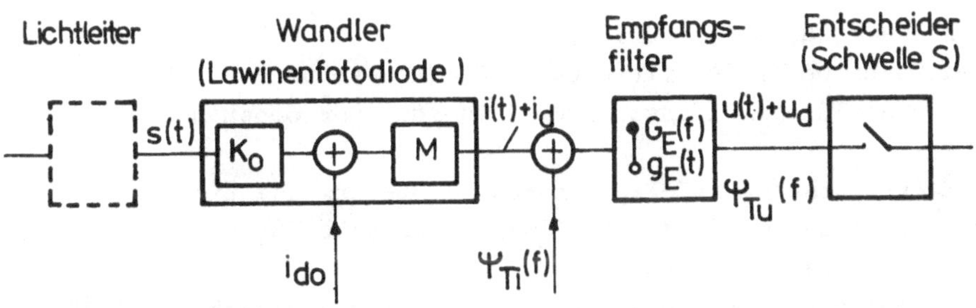

Abb. 1 Blockdarstellung des optischen Empfängers

Für die in Abb. 1 angegebenen Signale und Parameter gelten die Zusammenhänge

$$i(t) = K_o \cdot M \cdot s(t) \tag{1}$$

$$u(t) = i(t) * g_E(t) \tag{2}$$

$$i_d = M \cdot i_{do} \tag{3}$$

$$u_d = G_E(0) \cdot i_d \tag{4}$$

$$\Psi_{Tu}(f) = \Psi_{Ti}(f) \cdot |G_E(f)|^2 \tag{5}$$

[1)]Technische Hochschule Ilmenau, Sektion Informationstechnik und Theoretische Elektrotechnik, DDR 6300 Ilmenau, PSF 327

Die Nutzsignale s(t), i(t), u(t) bedeuten optische Momentanleistung sowie Zeitfunktion des Fotostromes und des Signals am Filterausgang. Sie stellen hier Ensemblemittelwerte nichtstationärer Zufallsprozesse dar, wenn man den diskreten Charakter des Lichts als Photonenstrom berücksichtigt. Die Fotodiode, als Lawinen-Fotodiode vorausgesetzt, wird zunächst durch den Konversionsfaktor K_o (innerer Fotoeffekt) und den mittleren Verstärkungsfaktor M des Lawineneffektes beschrieben. Es gilt

$$K_o = \frac{e_o \cdot \eta}{h \cdot \nu_o} \tag{6}$$

mit $e_o = 1{,}602 \quad 10^{-19}$Ws, Elementarladung
$h = 6{,}625 \quad 10^{-34}Ws^2$, Plancksches Wirkungsquantum
ν_o = Lichtfrequenz
η = Quantenwirkungsgrad

Eine parasitäre Komponente stellt der Dunkelstrom i_d dar. $\Psi_{Ti}(f)$ und $\Psi_{Tu}(f)$ bezeichnen die spektralen Leistungsdichten des unabhängigen thermischen Rauschens am Eingang und Ausgang des Empfangsfilters mit der Übertragungsfunktion $G_E(f)$ bzw. der Gewichtsfunktion $g_E(t)$. Im Entscheider wird zu den Zeitpunkten $t = t_A + \nu T_b$, ν ganzzahlig, T_b = Bitperiode, durch Vergleich mit der festen Schwelle S auf die Binärsymbole a = 0,1 geschlossen, die mit den Elementarsignalen $s_a(t)$, $i_a(t)$, $u_a(t)$ verknüpft sind. Für u(t) gilt i. a.

$$u(t) = \sum_{\nu=-\infty}^{+\infty} a_\nu u_1(t-\nu T_b) + \bar{a}_\nu u_o(t-\nu T_b) \tag{7}$$

mit $\bar{a} = 1-a$, $a_\nu = 0{,}1$ zufällig.
Im einfachsten Falle gilt $u_o(t) \equiv 0$, hier vorausgesetzt.
Fehlentscheidungen können durch folgende Störkomponenten verursacht werden:

(1) Schrotrauschen infolge Photonenquantelung des Lichts
(2) Schrotrauschen durch den Lawinenverstärkungsprozeß
(3) thermisches Rauschen
(4) Nachbarsymbolstörungen infolge linearer Verzerrungen

Weitere Störungen (Zeittaktstörungen, Schaltungstoleranzen usw.) sollen hier nicht berücksichtigt werden.

2. Fehlerwahrscheinlichkeiten

Als bedingte Fehlerwahrscheinlichkeit $P_{if/a}$ wird die Wahrscheinlichkeit für eine Fehlentscheidung bei gesendetem Binärsymbol a in einer Umgebung von N störenden Nachbarsymbolen bezeichnet. Die störende Umgebung kann maximal 2^N Variationen bilden, so daß $i = 1 \ldots 2^N$.
Mit den Wahrscheinlichkeiten $P_i(a)$ für das Auftreten der Symbole a in ihren 2^N Umgebungen ergibt sich die Gesamtfehlerwahrscheinlichkeit P_f

zu

$$P_f = \sum_{i=1}^{2^N} \left[P_i(1)\, P_{if/1} + P_i(0)\, P_{if/0}\right] . \qquad (8)$$

Dieser Ausdruck reduziert sich bei gleichwahrscheinlichen unabhängigen Binärsymbolen zu

$$P_f = \frac{1}{2^{N+1}} \sum_{i=1}^{2^N} \left[P_{if/1} + P_{if/0}\right] \qquad (9)$$

bzw. bei verschwindenden Nachbarsymbolstörungen zu

$$P_f = \frac{1}{2} \left[P_{f/1} + P_{f/0}\right]. \qquad (10)$$

Im folgenden werden die oben durchnumerierten Störungsarten sukzessive berücksichtigt und mit dieser Ordnungsnummer, z. B. durch das Symbol (1234), gekennzeichnet, wobei die Vernachlässigung einer Störung durch 0 angezeigt wird.

Das Empfangsfilter sei zunächst ein Kurzzeitintegrator mit

$$g_E(t) = \begin{cases} 1 \text{ für } & t \in T \\ 0 \text{ sonst.} \end{cases} \qquad (11)$$

Dieser Empfänger entspricht einem Fotoelektronenzähler. Im Störungsfall (1000) ist die Anzahl k der im Intervall T gezählten Elektronen poissonverteilt, d. h., mit dem linearen Mittelwert k_a gilt für die Wahrscheinlichkeit $P_a(k)$

$$P_a(k) = P_{1,a}(k) = \frac{k_a^{\,k}}{k!} \cdot e^{-k_a} . \qquad (12)$$

Mit der mittleren Anzahl λ_d der Dunkelelektronen pro Zeiteinheit ergibt sich für die Binärzeichen a = 0,1:

$$\begin{aligned} k_a &= k_o = \lambda_d T \\ k_a &= k_1 = \frac{\eta}{h \cdot \nu_o} \int_T s_1(t)\, dt + k_o \end{aligned} \qquad (13)$$

($s_1(t)$ = optische Momentanleistung des "1"-Signals).

Für die bedingten Fehlerwahrscheinlichkeiten erhält man mit der Entscheidungsschwelle k_E:

$$P_{f/1} = \sum_{k=0}^{k_E-1} P_1(k) \; ; \qquad P_{f/0} = \sum_{k=k_E}^{\infty} P_o(k). \qquad (14)$$

Im Idealfall verschwindenden Dunkelstromrauschens akzeptiert der Empfänger das Binärzeichen "1", wenn ≥ 1 Elektronenen gezählt werden, d.h.,

$$P_{f/1} = P_{1,1}(0) = e^{-k_1}.$$

Bei gleichwahrscheinlichen Binärzeichen würde wegen $P_{f/0} = 0$ damit für eine geforderte Fehlerwahrscheinlichkeit $P_f = 0{,}5\ P_{f/1} = 10^{-9}$ bereits ein Mittelwert von $k_1 = 20$ Fotoelektronen je "1"-Impuls ausreichen, entsprechend einer mittleren Energie von ca. $2{,}34 \cdot 10^{-18}$ Ws pro Bit bei 850 nm Wellenlänge und $\eta = 1$.
Bei Lawinenverstärkung (Störungsfall 1200) ist nach /1/ die bedingte Wahrscheinlichkeit $P_M(k/\nu)$ für das Auslösen von k Sekundärelektronen durch ν Primärelektronen

$$P_M(k/\nu) = \frac{\nu\,(1-q)^{k-\nu}\,\Gamma\!\left(\frac{k}{1-q}\right)\cdot\left(\frac{1+q(M-1)}{M}\right)^{z}}{\left[\nu+q(k-\nu)\right]\,(k-\nu)!\,\Gamma(z)}\left(\frac{M-1}{M}\right)^{k-\nu} \tag{15}$$

mit $z = \frac{\nu+q(k-\nu)}{1-q}$

q = Ionisationsverhältnis Löcher/Elektronen ($q \ll 1$ für hochwertige Dioden)

$\Gamma(.)$ = Gammafunktion.

Die Wahrscheinlichkeiten $P_a(k) = P_{12,a}(k)$ betragen somit

$$P_{12,a}(k) = \sum_{\nu=0}^{\infty} P_{1,a}(\nu)\ P_M(k/\nu) \tag{16}$$

Abb. 2 zeigt Beispiele für die Charakteristiken $P_{12,a}(k)$ und $P_M(k/\nu)$ nach /2/.
Additives thermisches Rauschen soll zunächst im Interesse der einheitlichen diskreten Darstellung durch die Wahrscheinlichkeiten $P_T(k)$ als diskretisierte Normalverteilung beschrieben werden gemäß

$$P_T(k) = \frac{1}{\sigma_T\sqrt{2\pi}}\ e^{-\frac{k^2}{2\sigma_T^2}}, \tag{17}$$

wobei

$$\sigma_T^2 = \frac{1}{e_0^2}\int_{-\infty}^{+\infty}\Psi_{Ti}(f)\,|G_E(f)|^2\,df \tag{18}$$

die Varianz der äquivalenten Sekundärelektronenzahl im Intervall T bedeutet. Für das Summensignal ergibt sich

$$P_a(k) = P_{123,a}(k) = P_{12,a}(k) \hat{*} P_T(k) = \sum_{\mu=0}^{\infty} P_{12,a}(\mu)\ P_T(k-\mu). \tag{19}$$

Die Fehlerwahrscheinlichkeit P_F für den Störungsfall ('1230), z. B. nach Gl. 10, hängt hier bereits von 3 Entwurfsparametern, nämlich M, T und k_E, ab und setzt sich aus Ausdrücken mit Dreifachsummen zusammen

$$P_{f/1} = \sum_{k_E=-\infty}^{k_E-1} \sum_{\mu=0}^{\infty} \sum_{\nu=0}^{\infty} P_{1,1}(\nu)\ P_M(\mu/\nu)\ P_T(k-\mu)$$

$$P_{f/0} = \sum_{k=k_E}^{\infty} \sum_{\mu=0}^{\infty} \sum_{\nu=0}^{\infty} P_{1,0}(\nu)\ P_M(\mu/\nu)\ P_T(k-\mu). \tag{20}$$

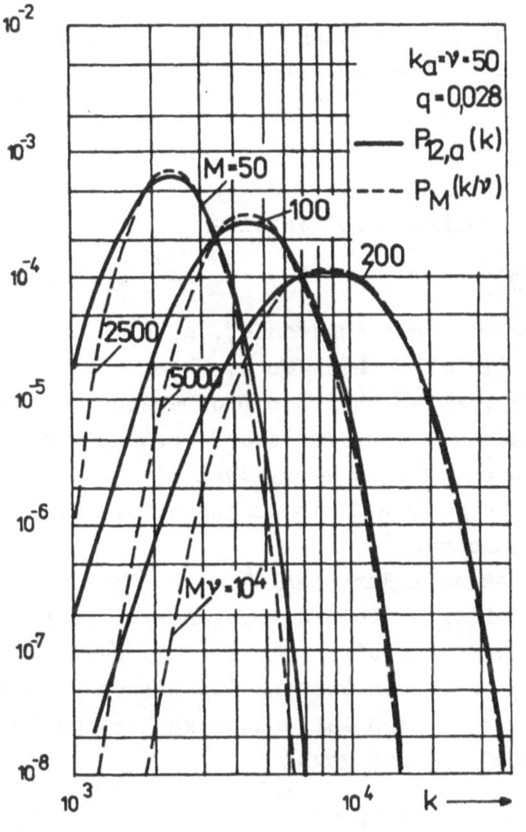

Abb. 2 Beispiel für $P_{12,a}(k)$ und $P_M(k/\nu)$ nach /2/

Bereits hier treten numerische Probleme auf. Berücksichtigt man Nachbarimpulsstörungen, wird die numerische Analyse noch schwieriger (s. Gl. 8). Dann ist auch der Kurzzeitintegrator als Empfangsfilter nicht mehr optimal. Eine beliebige Gewichtsfunktion $g_E(t)$ des Empfangsfilters läßt sich durch Z Rechtecke approximieren. Die Wahrscheinlichkeiten $P_{12,a}(k)$ ergeben sich dann aus Z-fachen Faltungsoperationen, die auf Ausdrücke der Form Gl. 16 anzuwenden sind. Die Anzahl der Entwurfsparameter erhöht sich entsprechend. Es wird deutlich, daß dieser Weg der numerischen Behandlung praktisch i. a. nicht gangbar ist, so daß Näherungslösungen und indirekte Verfahren benötigt werden.

3. Näherungen und numerische Verfahren

Gauß-Approximation: Eine einfache Abschätzung der Fehlerwahrscheinlichkeit gelingt durch Annahme eines normalverteilten Schrotrauschens, so daß nur der lineare Mittelwert u(t) und die Varianz (= Störleistung) $N_p(t)$ des lawinenverstärkten gefilterten Poisson-Prozesses am Entschei-

dungspunkt zu berechnen sind.
Für $N_p(t)$ gilt /3/:

$$N_p(t) = M \cdot F(M) \cdot e_o \left[i(t) * g_E^2(t) \right] \tag{21}$$

mit

$$F(M) = qM + (2 - \frac{1}{M}) \cdot (1-q). \tag{22}$$

Die Gesamtstörleistung N_{ges} im Abtastzeitpunkt t_A ergibt sich mit der Störleistung N_T des thermischen Rauschens

$$N_T = \int_{-\infty}^{+\infty} \Psi_{Ti}(f) \, |G_E(f)|^2 \, df \tag{23}$$

zu

$$N_{ges} = N_p(t_A) + N_T \, . \tag{24}$$

Da sowohl $u(t_A)$ als auch $N_p(t_A)$ von der jeweiligen Folge der Elementarsignale abhängig sind, existieren $2^{(N+1)}$ Signalrauschverhältnisse

$$\varrho_{ia} = \frac{|u(t_A) - S|}{\sqrt{N_p(t_A) + N_T}} \, , \tag{25}$$

aus denen sich die bedingten Fehlerwahrscheinlichkeiten

$$P_{if/a} \approx \frac{1}{2} \left[1 - \text{erf} \, (\varrho_{ia}/\sqrt{2}) \right] \tag{26}$$

abschätzen lassen. Diese Näherung wird oft angewendet, s. z. B. /4, 5, 6, 7, 8/. Der im Störungsfall (1234) bei der direkten Berechnung exponentiell mit der Anzahl N der berücksichtigten Nachbarimpulse steigende Rechenaufwand (s. Gl. 8) läßt sich z. B. durch Berechnung der Momente von Nutzsignal und Schrotrauschen in Verbindung mit einer Gram-Charlier- Reihenentwicklung für das Fehlerintegral reduzieren (vgl. /6/, Rechenaufwand linear mit N zunehmend).

Tschernow-Grenze : Die charakteristische Funktion $\Phi(s) = \int_{-\infty}^{+\infty} p(x) \exp(sx)dx$ läßt sich für einen gefilterten Poisson-Prozeß einfacher ermitteln als die Wahrscheinlichkeitsdichte p(x) selbst (vgl. /9/), so daß die Faltungsoperationen umgangen werden können. Die Tschernow-Grenze für das zur Berechnung der Fehlerwahrscheinlichkeit zu lösende Integral bietet die Möglichkeit der Abschätzung gemäß

$$\int_{\gamma}^{\infty} p(x)dx \leqq \Phi(s) \exp(-s\gamma), \; s > 0. \tag{27}$$

Importance sampling: Hierbei handelt es sich um ein modifiziertes Monte-Carlo-Verfahren zur Ermittlung der Wahrscheinlichkeitsdichte am Entscheidungspunkt. Das Prinzip besteht darin, durch Einführung einer Gewichtsfunktion diejenigen Bereiche der zu faltenden Wahrscheinlichkeitsdichten hervorzuheben, die am meisten zur Fehlerwahrscheinlichkeit beitragen. Die geschickte Wahl der Gewichtsfunktion führt zur Ver-

minderung des Rechenaufwandes, wie in /10/ gezeigt wird.
Ergebnisse eines Vergleiches der genannten numerischen Methoden sind in /11/ publiziert. (Es wird der Störungsfall (1230) und ein Kurzzeit-Integrator als Empfangsfilter vorausgesetzt und festgestellt, daß die Gauß-Näherung zur Abschätzung der benötigten Lichtleistung am Empfänger zwar brauchbar ist, jedoch größere Fehler für die Entwurfsparameter M und S auftreten.)
Analyse mit Gauß-Quadratur-Regel: Wenn man in Gl. 20 von der Wahrscheinlichkeitsverteilung des Schrotrauschens am Abtastpunkt $P_{12,a}(k)$ ausgeht, ergibt sich

$$P_{f/1} = \sum_{k=-\infty}^{k_E-1} \sum_{\mu=0}^{\infty} P_{12,1}(\mu) \; P_T(k-\mu)$$

oder durch Vertauschung der Summationen

$$P_{f/1} = \sum_{\mu=0}^{\infty} P_{12,1}(\mu) \sum_{k=-\infty}^{k_E-1} P_T(k-\mu). \tag{28}$$

In der Schreibweise für kontinuierliche Signale entspricht Gl. 28 der Beziehung (vgl. a. Gl. 26)

$$P_{f/1} = \int_0^{\infty} P_{12,1}(x) \, \frac{1}{2} \left[1-\text{erf} \left(\frac{x-S}{\sqrt{2N_T}} \right) \right] dx, \tag{29}$$

die wiederum mit Hilfe der Gauß-Quadratur-Regel als endliche Summe näherungsweise dargestellt werden kann gemäß

$$P_{f/1} \approx \sum_{m=1}^{M_1} w_{m,1} \cdot \frac{1}{2} \left[1-\text{erf} \; \frac{x_{m,1} - S}{2N_T} \right]. \tag{30}$$

Desgleichen gilt

$$P_{f/0} \approx \sum_{m=1}^{M_0} w_{m,0} \cdot \frac{1}{2} \left[1-\text{erf} \; \frac{S-x_{m,0}}{2N_T} \right]. \tag{31}$$

Die Parameter $w_{m,a}$ und $x_{m,a}$ lassen sich aus den Momenten der zugehörigen Dichtefunktionen und damit wiederum aus den entsprechenden charakteristischen Funktionen vorteilhaft ermitteln.
Numerische Lösungen auf dieser Basis enthalten z. B. die Arbeiten /12, 13, 14/.

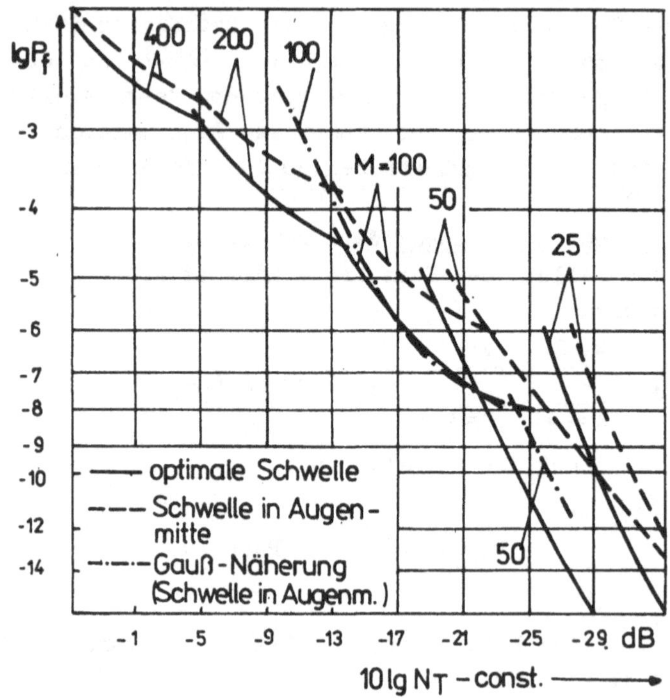

Abb. 3 Beispiel numerischer Ergebnisse nach /14/

Literatur:

/1/ McIntyre R.J.: The Distribution of Gains in Uniformly Multiplying Avalanche Photodiodes: Theory.
IEEE Trans. El. Dev. ED-19 (1972), 6, 703-713

/2/ Conradi J.: The Distribution of Gains in Uniformly Multiplying Avalanche Photodiodes: Experimental.
IEEE Trans. El. Dev. ED-19 (1972), 6, 713-718

/3/ Personick S.D.: Photodetectors for Fiber Systems, in Barnoski, M.K. (Herausgeber): Fundamentals of Optical Fiber Communications. Academic Press, New York, San Franzisco, London, 1976

/4/ Trischenkow M.A.: Lawinnyi fotodiod w režime registrazii impulsnogo islučenija.
Radiotechnika i Elektronika 24 (1979), 8, 1649-1659

/5/ Rocks, M.: Optimierung von digitalen Mehrstufen-Lichtleiterübertragungssystemen
Frequenz, 33 (1979), 10, 290- 98

/6/ Cariolaro G.L.: Error Probability in Digital Fiber Optic Communication Systems.
IEEE Trans. Inf. Theory, IT-24 (1978), 2, 213-221

/7/ Paladin G., Pietroiusti R.: Error Probability in Optical Fiber Digital Transmission Systems with Correlated Signals
Alta-Frequenza 47 (1978), 7, 305E-537 ... 313E-545

/8/ Benvenuto N., Pupolin S.G.: Error Probability Evaluation in Fiber Optic Digital Systems with Correlated Symbols and Comparison of some Block Encodings.
Alta Frequenza, 47(1978), 11, 475E-805 ... 484E-814

/9/ Personick S.D.: New Results on Avalanche Multiplication Statistics with Applications to Optical Detection.
BSTJ,50 (1971), 1, 167-189

/10/ Balaban P.: Statistical Evaluation of the Error Rate of the Fiberguide Repeater Using Importance Sampling.
BSTJ 55 (1976), 6, 745-766

/11/ Personick S.D., Balaban, P., Bobsin J.H., Kumar P.R.: A Detailed Comparison of Four Approaches to the Calculation of the Sensitivity of Optical Fiber System Parameters.
IEEE Trans.Comm. COM-25 (1977), May, S. 541-548

/12/ Hauk W., Bross F., Ottka M.: The Calculation of Error Rates for Optical Fiber Systems.
IEEE Trans Comm. COM-26 (1978), July, S. 1119-1126

/13/ Hauk W., Bross F., Ottka M.: Zur Berechnung der Fehlerwahrscheinlichkeit von Lichtleitfasersystemen
NTG-Fachberichte Bd. 65(1978), S. 288-292

/14/ Dogliotti R., Luvisan A., Pirani G.: Error Probability in Optical Fiber Transmission Systems
IEEE Trans. Inf. Theory IT-25(1979), 2, 170-178

Kapitel 2

Nachrichten- und Rechnernetzwerke

ОСНОВНЫЕ ПРОБЛЕМЫ ПРОЕКТИРОВАНИЯ УЗЛОВ ВЫЧИСЛИТЕЛЬНЫХ СЕТЕЙ

Anatol Badach[1)]

1. Введение. Вычислительные сети, называемые тоже сетями электронных вычислительных машин (ЭВМ), создают возможность реализации высокоэффективных методов распределенной обработки больших потоков информации. Под вычислительной сетью (ВС) понимаем здесь структуру $ВС=\langle \mathcal{A}, \mathcal{B}, \mathcal{Y}, \mathcal{K}\rangle$, где $\mathcal{A}$ -множество ЭВМ; $\mathcal{B}$ -множество терминальных систем или отдельных терминалов; $\mathcal{Y}$ -множество узлов; $\mathcal{K}=\mathcal{K}_1\cup\mathcal{K}_2$ -множество каналов, при этом $\mathcal{K}_1$ -подмножество каналов, соединяющих ЭВМ и терминалы с узлами, $\mathcal{K}_2$-подмножество каналов, соединяющих узлы. Будем принимать двухслойную общую структуру ВС, показанную на рис.1.

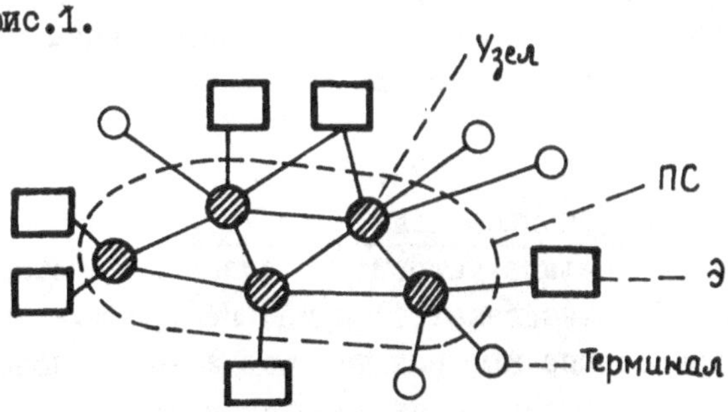

Рис.1. Двухслойная общая структура ВС.

Внутренний слой этой структуры-это подсеть связи $ПС=\langle \mathcal{Y}, \mathcal{K}_2\rangle$. Обеспечивает она связь между процессами, пробегающими в ЭВМ или терминалах. Эффективное использование ресурсов ВС зависит от её топологии, скорости передачи и обработки информации, а также от организации управления подсетью связи. Это управление вообще сводится к управлению функционированием её узлов и управлению передачей потоков информации в ПС.

Функционирование отдельных узлов ПС зависит от способа вырабатывания стратегии управления передачей потоков информации. Стратегия управления этой передачей в ПС может быть выработана централъно [13], т.е. в выделеном узле, который называется центром управления. В таком случае всякие решения вырабатывает центр и передаёт их остальным узлам ПС. Управление передачей информации в ПС может иметь чисто децентрализованный характер [4]. В таком случае всякие решения, касающиеся способа управления передачей информации в ПС, вырабатывает отдельно каждый её узел. Могут быть реализованы также смешанные виды управления передачей информации, которые не характеризуются чисто централизованным или же децентрализованным способом вырабатывания вида управления. Например, мо-

1) Instytut Telekomunikacji, Politechnika Gdanska, 80-952 Gdansk

гут быть в сети только центры управления для отдельных её районов.В другом случае центры управления могут принимать только вспомогательные решения,интерпретированые как предварительные,и оставляют отдельным узлам ПС возможность окончательного выбора стратегии управления передачей информации [15].В некоторых случаях отдельные узлы ПС могут принимать решения,касающиеся стратегии управления,а выделенный узел-как центр интервинирует только в случае какой-то аварии сети [18] .

Вообще говоря,можно сказать,что управление которое выработано чисто центрально,связано со стоимостью постройки самого центра управления и со стоимостью подсистемы доведения команд от центра к отдельным узлам ПС.Кроме того,в случае аварии центра управления или подсистемы доведения команд,целая сеть перестаёт функционировать.По этому поводу дальше будем рассматривать случай,в котором стратегия управления передачей информации в ПС вырабатывается чисто децентрализованным способом.Будем тоже принимать,что каждый узел работает по принципу коммутации пакетов [2].

2.Функции узла и его функциональная структура.Узел ПС строится на основе оборудованной во внешние устройства специализированной ЭВМ.К основным функциям узла ПС принадлежат:1) приём поступающих к узлу потоков информации;2) распределение информации, под этим мы понимаем направление информации к соответствующим передатчикам;3) выдача информации с узла.К вспомогательной функции узла принадлежит временное запоминание информации , называемое буферированием.При распределении информации возникает необходимость изменения форматов информации.Например, передаваемую информацию надо разделить на пакеты или из пакетов составить более большой блок информации.Эти все функции объясняет рис.2.

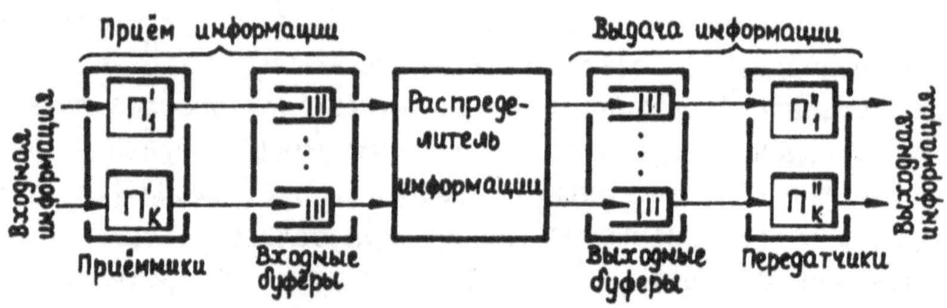

Рис.2. Основные функции узла.

Передача информации по каналам в ПС должна быть согласна с соответствующими правилами,которые составляют коммуникационный протокол.Иначе говоря,такой протокол-это состав установлений,касающихся форматов передаваемой информации и всяких временных связей,принимаемых при передаче. Передача информации по каналу,согласно с коммуникационном протоколом, требует сопряжения между собой в узле приёмника и передатчика.Приступая к проектированию узла, надо также принять, что к нему могут быть подключены не только ЭВМ, но и терминалы, которые не имеют никаких вычислительных возможностей. Отсюда, а также из приведенных уже функций узла следует, что общая его функциональная структура имеет вид, представленный на рис.3.

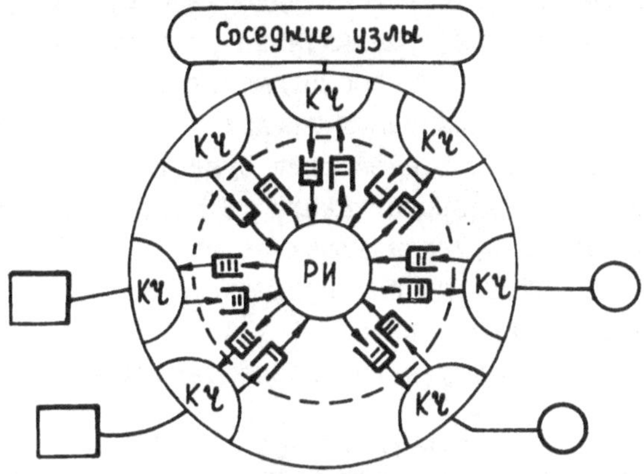

Рис.3. Общая функциональная структура узла.

Функциональная структура узла- трёхслойная. Самый внешний слой составляют функциональные члены, называемые дальше коммуникационными членами (КЧ). Эти члены управляют передачей информации по каналам согласно с соответствующими коммуникационными протоколами. Следующий слой составляют буферы, в которых временно запоминается информация. Внутренний слой составляет коммутационный член, называемый дальше распределителем информации (РИ). Такой распределитель состоит из всех таких функциональных модулей, которые управляют расплывом потоков информации в узле.

Общая функциональная структура КЧ представлена на рис.4.

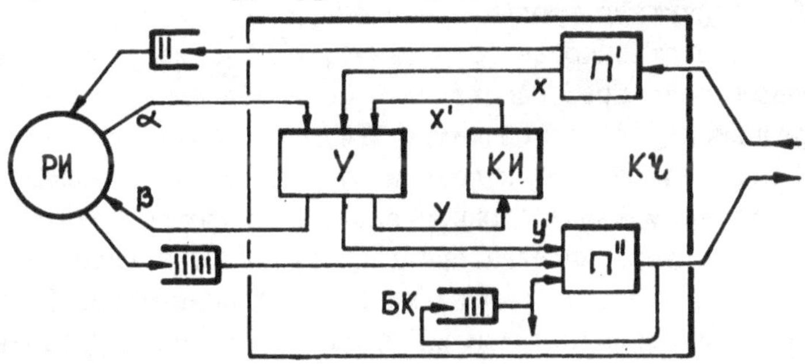

Рис.4. Общая функциональная структура КЧ; α, β, x, x', у, у' -управляющие команды.

Такой член состоит из трёх основных функциональных модулей. В состав его входит- приёмный модуль П', передающий модуль П'' и управляющий модуль У, который управляет процессом приёма и передачи. Модул П' отделяет в полученной информации (напр., пакете) её служебную часть. Эта информация имеет управляюще-контрольный смысл. КЧ содержит также вспомогательный модуль КИ, который обеспечивает контроль всех временных интервалов, выступающих при передаче информации по каналу согласно принятому протоколу. Например, в большинстве протоколов нужно контролировать временной интервал ожидания подтверждения переданного пакета. В КЧ надо выделить ещё буфер копии (БК). В этом буфере запоминается информация, напр., в виде пакетов, которая уже передана. Она хранится на случай необходимости её повторной передачи. Ёмкость буфера копии - это один из самых важных параметров протокола. При некоторых протоколах, напр. HDLC, эта ёмкость существенно влияет на эффективность использования междуузлового канала [6], [8]. Для создания програмного обеспечения алгоритмов, управляющих передачей информации по каналу согласно принятому протоколу, удобно принять формальную модель действия КЧ. Такая модель представлена в работе [11].

Общая функциональная структура РИ представлена на рис.5 .

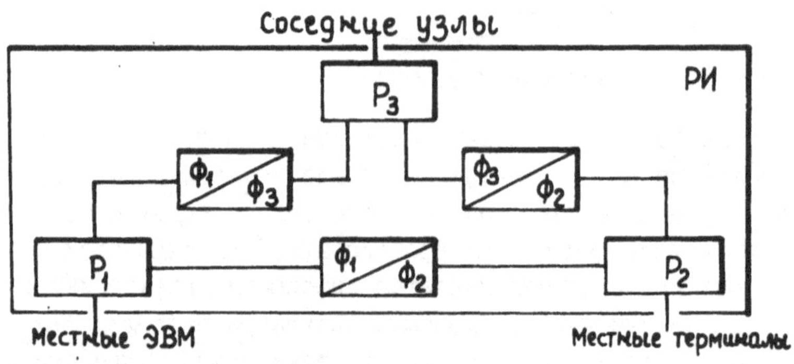

Рис.5. Общая функциональная структура РИ.

В состав этой структуры входят три члена P_1, P_2, P_3, которые распределяют информацию соответственно её форматам $Ф_1$, $Ф_2$, $Ф_3$. Следующие функциональные члены исполняют роль преобразователей форматов информации. Например, форматом информации, передаваемой между ЭВМ, может быть большой блок информации, который перед передачей к соседнему узлу по междуузловому каналу нужно разделить на меньшие блоки, называемые коротко пакетами. Член P_3 управляет расплывом информации к соседним узлам. Этот член реализует подбор трассы прохождения информации по ПС. Остальные члены P_1 и P_2 распределяют потоки принимаемой узлом информации, которая адресована к ЭВМ или терминалам этого узла.

3. Проблемы оптимизации правил управления узлом. Очевидно, что когда структура узла установлена, возникает проблема оптимизации показателей качества этой структуры. Можно выделить две основные группы таких показателей, которые подлежат оптимизации. К первой группе принадлежат те, которые влияют на стоимость самого узла. К второй группе те, которые влияют на качество его функционирования. С точки зрения проектирования узла гла-

внейшую роль играют показатели второй группы. По этому поводу будем дальше заниматься только подбором параметров, от которых зависит качество функционирования узла.

Учитывая все вышеуказанные функции узла, видим, что управление узлом сводится в основном к реализации: правила приёма информации, правила распределения информации, правила выдачи информации. Все эти правила зависят от состава параметров, которые влияют на качество функционирования узла. Итак, узел может эффективно функционировать только в таком случае, когда управляющие этим узлом правила принимают во внимание его актуальное состояние и состояние его окружающей среды. Поэтому в узле должен существовать набор программ, занимающихся извлечением вспомогательной информации о состоянии узла и его окружающей среды. Эта вспомогательная информация является основой подбора параметров указанных уже трёх главных правил, управляющих узлом. Так как состояние узла и его окружающей среды изменяется во времени, имеет смысл лишь своевременное проведение оптимизации этих правил. Такой подход ведёт к структуре узла, в которой имеет место адаптация. Такую структуру представляет рис.6.

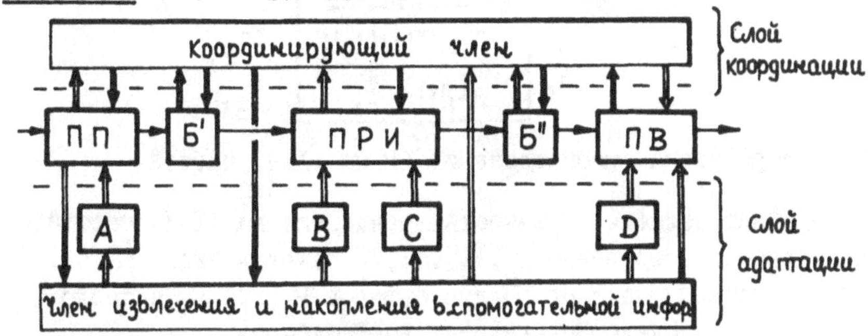

Рис.6. Общая схема взаимодействия правил управления узлом.

Таким образом, чтобы узел эффективно функционировал в изменяющихся условиях, должен он исполнять тоже вспомогательные функции, связанные с процессом адаптации. Кроме того, чтобы все члены узла эффективно функционировали, должны они быть соответственно координированы. Все связанные с этим функции исполняет координирующий член. Из указанных уже всех основных функций узла возникает общая схема взаимодействия управления узлом, представленная на рис.6. На этой схеме: ПП-правило приёма информации, ПРИ-план распределения информации, ПВ-правило выдачи информации, Б′, Б″-буферы. Остальные правила-это вспомогательные правила, связанные с процессом адаптации: А- правило подбора параметров ПП, В- правило оптимизации ПРИ, С- правило оптимизации допустимой длины пакета, D - правило подбора параметров ПВ.

3.1. Проблема оптимизации правила приёма информации. Пусть в узле есть выделенная область памяти, которую будем называть буферной памятью (БП), в которой запоминаются все наплывающие к узлу потоки информации в виде пакетов. Под правилом приёма информации понимаем теперь набор всех установлений,согласно которым выделяется свободная область БП на запоминание пакета,в котором нет никаких искажений.Очевидно,что пакетов с искажениями узел не принимает.Предположим далее,что максимальная длина пакета ограничена.Целую БП можно понимать как один из типов ресурсов узла, поэтому правило приёма информации становится правилом доступа к БП,а вообще говоря,правилом доступа к ресурсам узла.Пусть согласно рис.7 к узлу наплывает I потоков пакетов (от соседних узлов,ЭВМ).Область БП ограничена,и одновременно может в ней храниться не более чем $\hat{L}$ пакетов.В узле для запоминания пакетов из отдельных потоков организуются буферы $Б_1,\dots,Б_I$. Буфер $Б_i$, $i=1,\dots,I$,имеет ёмкость $\hat{L}_i+\delta\hat{L}_i(t)$,где $\hat{L}_i$-компонента, не изменяющаяся в коротких интервалах времени,а $\delta\hat{L}_i(t)$ -компонента,изменяющаяся во времени так,что $\delta\hat{L}_1(t)+\dots+\delta\hat{L}_I(t)=\hat{L}_0$.

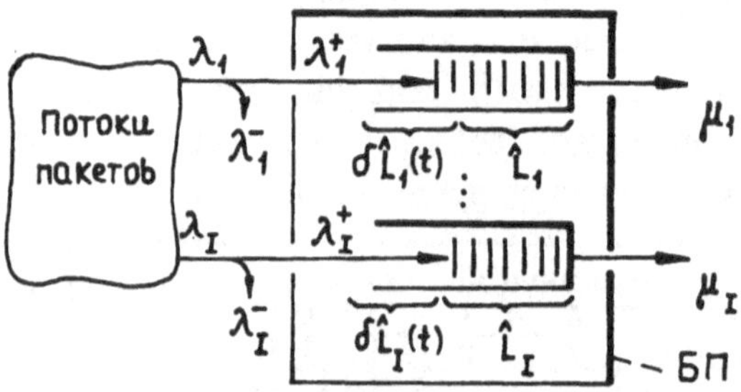

Рис.7. Интерпретация распределения БП на (I+1) частей

Мы видим,что вся область БП ёмкости $\hat{L}$ разделена на (I+1) частей,которые могут хранить соответственно $\hat{L}_0,\hat{L}_1,\dots,\hat{L}_I$ пакетов.Числа $\hat{L}_1,\dots,\hat{L}_I$ имеют смысл индивидуальных наделов БП для буферов $Б_1,\dots,Б_I$,а число $\hat{L}_0$ имеет смысл совместного надела БП для этих всех буферов.

Когда $\hat{L}_0=0$,имеем правило доступа к БП ,при котором память жёстко разделена на I частей.В противном случае,когда $\hat{L}_0=\hat{L}$,имеем свободный доступ к целой БП.В случае,когда исполнено неравенство $0<\hat{L}_0<\hat{L}$,можем говорить, что БП эластично разделена.

Предположим далее,что i-тый поток пакетов моделируется на некотором отрезке времени стационарным случайным процессом.Пакеты в этом потоке наплывают со средней интенсивностью λ_i.Кроме того,пакеты с i-того потока могут покидать узел со средней интенсивностью μ_i.

Пусть L_i будет числом пакетов в буфере $Б_i$.Набор чисел $\mathbf{L}=(L_1,\dots,L_I)$ имеет смысл состояния БП.Вообще все допустимые состояния образуют множество :

$$\mathcal{L}=\{\mathbf{L}\in\mathcal{N}_0^I : L_i\leq\hat{L}_i+\hat{L}_0, i=1,\dots,I, L_1+\dots L_I\leq\hat{L}\},$$

где $\mathcal{N}_0^I$ это I-кратное прямое произведение множества $\mathcal{N}_0=\{0,1,2,\dots\}$.Проблему оптимизации ёмкостей буферов мы можем рассматривать как проблему оптимизации параметров $\hat{L}_0,\hat{L}_1,\dots,\hat{L}_I$,от которых зависит структура множества $\mathcal{L}$.Очевидным показателем качества в этой проблеме оптимизации является эффективность приёма пакетов

$$\gamma^+ = \lambda^+_\Sigma / \lambda_\Sigma ,$$

где:

$\lambda_\Sigma = \sum_{i=1}^{I} \lambda_i$ – суммарная средняя интенсивность пакетов всех потоков,

$\lambda^+_\Sigma = \sum_{i=1}^{I} \lambda^+_i$ – суммарная средняя интенсивность потока всех принятых пакетов.

Чтобы решение проблемы сделать зависимым от параметров потоков пакетов, введём следующие параметры :

$$\vartheta_i = \lambda_i / \mu_i \;, \; \vartheta_\Sigma = \vartheta_1 + \ldots + \vartheta_I \;.$$

Параметр ϑ_i имеет смысл нормированной средней интенсивности пакетов i–того потока,а параметр ϑ_Σ – суммарной нагрузки БП.Набор чисел $\zeta = (\zeta_1, \ldots, \zeta_I)$,где $\zeta_i = \vartheta_i / \vartheta_\Sigma$,имеет смысл распределения нагрузки БП.

Принимая,что $\gamma^+ = \Gamma(\hat{L}_0, \hat{L}_1, \ldots, \hat{L}_I)$,решение задачи максимизации γ^+ на множестве $\mathcal{L}$ можно представить в общем виде:

$$\hat{L}^*_0 = \varphi(\zeta, \vartheta_\Sigma)\hat{L} \;, \; \hat{L}^*_i = \Psi_i(\zeta)(\hat{L} - \hat{L}^*_0) \;, \; i = 1, \ldots, I \;.$$

Выступающие здесь функции φ и Ψ_i –это вспомогательные функции,зависящие от суммарной нагрузки БП и распределения этой нагрузки.Эти величины являются вспомогательной информацией для правила A на рис.6.

При некоторых предположениях имеем $\Psi_i(\zeta) \approx \zeta_i$.Примерный вид функции φ,при предположении,что моделью действия буфера есть М/М/1 ,представлен на рис.8.Мы видим,что при небольшой суммарной нагрузке $\hat{L}^*_0 = \hat{L}$,при большой $\hat{L}^*_0 = 0$,а при промежуточной нагрузке $0 < \hat{L}^*_0 < \hat{L}$.Это обозначает,что при небольшой суммарной нагрузке оптимальным является свободный доступ к БП,при большой- самым лучшим является жёсткое разделение БП,а при промежуточных нагрузках- самым лучшим является эластичное разделение БП.

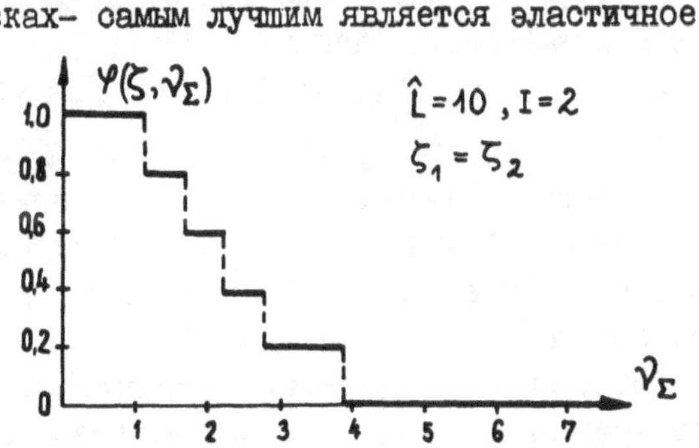

Рис.8. Примерный вид функции φ .Моделью действия каждого буфера есть М/М/1

Сформулированая здесь проблема оптимизации правила доступа к БП имеет общий характер.Эта проблема при особенных предположениях рассматривается в работах:[9],[10].Представленный здесь подход может быть основой синтеза алгоритмов адаптивного управления буферированием информации в узлах ПС. При его применении на практике в условиях нестационарной нагрузки узла основным является требование к обеспечению адаптивной настройки ёмкостей буферов за время, в течение которого в нагрузке не наступят существенные изменения.

3.2. Проблема оптимизации распределения информации. Эффективность функционирования ПС существенным образом определяется применяемым законом подбора трассы (ЗПТ) движения от узла-отправителя к узлу-адресату информации, передаваемой в виде пакета. ЗПТ можно характеризовать на основе нескольких особенностей. Такая характеристика представлена в работах [16], [17]. Параметры, характеризующие ЗПТ, можно разделить на две основные группы, т.е. на параметры, характеризующие : 1) стоимость исполнения закона, 2) качество трассы передачи пакета. Параметры первой группы вообще тяжело оценить, потому что трасса передачи пакета зависит от вспомогательной информации о состоянии ПС, извлечение которой требует иногда достаточно сложной подсистемы её передачи. В связи с этим дальше рассмотрим подробнее параметры, влияющие на качество самой трассы передачи пакета. Её выбор определяется так называемым планом распределения информации (ПРИ). Пусть $\mathcal{J}(v)$ будет множеством всех таких узлов w, для которых в ПС существует междуузловой канал (v,w). Множество это есть соседством узла w. ПРИ узла v называем соотношение каждому узлу q из всех остальных узлов ПС узла $w\in\mathcal{J}(v)$, к которому передается информация в виде пакета, адресованного к узлу q. Ввиду того, что состояние ПС изменяется случайно во времени, становится необходимым применение адаптивного подхода к коррекции ПРИ. Самым главным показателем качества трассы передачи пакета является время его задержки на этой трассе. При адаптивной коррекции ПРИ в узле v, за время задержки $\tau[T(v,w,q)]$ пакета на трассе от узла v к узлу q через узел $w\in\mathcal{J}(v)$ можно принимать его оценку:

$$\tau^*\left[T(v,w,q);\ \xi_v^*,\xi_w^*\right] = \tau^*(v,w;\ \xi_v^*) + \tau^*\left[T(w,q);\xi_w^*\right] .$$

Слагаемое $\tau^*(v,w;\ \xi_v^*)$-это оценка времени задержки $\tau(v,w)$ пакета при его передачи от узла v к узлу w, полученная на основе принятого в узле v вспомогательного решения ξ_v^* относительно состояния ПС. Второе слагаемое-это оценка минимального времени задержки пакета на трассе от узла w к узлу q. Оценка эта получена на основе сделанного в узле w решения ξ_w^*. Решения ξ_v^* и ξ_w^* имеют смысл допустимой вспомогательной информации о состоянии ПС соответственно к узлу v и узлу w. Оценку задержки пакета на трассе можно понимать как длину трассы. В таком случае мы видим, что в узле v оптимальным ПРИ является такой, согласно с которым пакет, адресованный к узлу q, направляется на трассу, оцененную в узле v как кратчайшая к узлу q. Чтобы получить в узле v ПРИ, надо решить задачу оптимизации ПРИ: для всех $q\in\mathcal{Y}\setminus\{v\}$ определить такие $w^*\in\mathcal{J}(v)$, что

$$\tau^*\left[T(v,w^*,q);\ \xi_v^*,\xi_w^*\right] = \underset{w\in\mathcal{J}(v)}{\text{минимум}}\,\tau^*\left[T(v,w,q);\ \xi_v^*,\xi_w^*\right] .$$

Решение этой задачи исполняет член B, представленный на схеме, указанной на рис.6.Надо заметить ,что эта задача имеет только локальный смысл,а именно,только с точки зрения узла v.ПРИ,полученный на основе этой задачи,может не быть оптимальным с точки зрения целой ПС.Кроме того,он остается оптимальным для узла v при предположении идентичности вспомогательной информации о состоянии ПС с её актуальным состоянием.Качество полученного таким образом ПРИ зависит не только от качества самих оценок задержек,но кроме того также от верности вспомогательных решений, принимаемых в узлах и касающихся состояния ПС.Поэтому проблема оптимизации этих вспомогательных решений имеет большое значение.Вспомогательная информация,передаваемая в ПС между её узлами,теряет актуальность, поэтому появляется также проблема установления временных моментов решения в узлах ПС задач оптимизации ПРИ.Интересный метод оптимизации ПРИ представлен в работе [1].

3.3.Проблема оптимизации правила выдачи информации.Как уже было упомянуто,передача информации в виде пакетов через канал ПС проходит согласно с соответствующим коммуникационным протоколом,который исполняют коммуникационные члены,находящиеся в соседних узлах.С точки зрения передачи самих пакетов удобнее рассматривать как междуузловый канал канал,который включает коммуникационные члены.Качество такого канала определяет показатель качества передачи пакетов и показатель скорости передачи.Эти показатели характеризуются тем,что мы не можем произвольно улучшать один из них,не ухудшая при этом второй .Затем будем стремиться к максимальной скорости передачи при гарантировании ей достаточного качества.Чтобы обеспечить высокое качество передачи пакетов,надо соответственно управлять этой передачей.По этому поводу,кроме пакетов,содержащих передаваемую информацию,передаются по каналу согласно с принятым протоколом также пакеты,которые содержат информацию,имеющую только управляющий смысл.Кроме того,во время, когда буфер копии заполнен и надо ждать подтверждения переданных ранее пакетов,канал не использован.Поэтому если пропускная способность канала (v,w) от узла v к узлу w,такова, что пакеты могут быть извлекаемы из выходного буфера со средней интенсивностью $\mu(v,w)$ пакетов,то в действительности,чтобы гарантировать принятое качество передачи,пакеты из этого буфера извлекаются со средней интенсивностью $\mu^*(v,w)=\mu(v,w)d(v,w)$.Параметр $d(v,w)\in(0,1)$ имеет смысл коэффициента использования канала.Можно его принять как показатель качества правила выдачи информации.Вообще

$$d(v,w) = D\left[p(v,w),\ \gamma_w^+,M,N(v,w),R(v,w)\right],$$

где: $p(v,w)$ - вероятность элементарной ошибки в канале (v,w); γ_w^+- эффективность приёма пакетов в узле w; M - допустимая длина передаваемых пакетов; $N(v,w)$ - ёмкость буфера копии канала (v,w),т.е. максимальное число переданных пакетов,ожидающих подтверждения; $R(v,w)$ - максимальное время ожидания подтверждения приёма пакета.

Параметры $N(v,w)$, $R(v,w)$-это основные параметры правила выдачи информации.В схеме,представленой на рис.6,их подбором занимается член D ,а подбор параметра М исполняет член С.Очевидно,что эти параметры надо подбирать таким образом,чтобы максимально увеличить $d(v,w)$.Очевидно тоже, что $d(v,w)$ увеличивается вместе с увеличением эффективности приёма пакетов в узле w.Кроме того,увеличивая $d(v,w)$,уменьшаем время задержки пакетов при их передаче от узла v к узлу w.Подбору параметра М посвящены работы [7],[12].

Подбор ёмкости буфера копии и максимального времени ожидания подтверждения приёма пакета,в смысле увеличения коэффициента использования канала,-это основная проблема оптимизации правила выдачи информации.

4.Заключение.В работе мы коротко рассмотрели только самые главные проблемы,возникающие при проектировании узлов ПС.Выступает ещё несколько других проблем,о которых надо здесь напомнить.С точки зрения внешнего слоя структуры ВС,представленной на рис.1,ПС составляет только пространственно распределенную среду связи для процессов,пробегающих во внешнем слое.Поэтому при проектировании узла ПС иногда надо взять во внимание особые требования,какие диктует внешний слой ВС.В связи с быстрым и всеобщим развитием ВС возникла потребность стандартизации некоторых её элементов.Затем введено несколько международных рекомендаций,которые нужно принять при проектировании узла.В частности,Международная организация стандартов изучает так называему Архитектуру открытых систем (АОС) как модель ВС [14].Эта архитектура дает возможность введения разных стандартов.В частности,принят международный стандарт X.25,определяющий интерфейс между оборудованием внешнего слоя ВС на рис.1 и ПС с коммутацией пакетов.Введение этого стандарта явилось значительным шагом на пути создания ПС общего пользования и определило общую базу для развития дальнейших стандартов.Стандарт X.25 содержит описание процедур,которые могут быть использованы и для связи внутри самой ПС,в частности,так называемые второй и третий уровни АОС,определяющие протоколы,согласно с которыми по каналам передаётся информация в виде пакетов.Характеристику основных параметров стандарта X.25 содержит работа[5].

В заключении надо бы отметить важность исследований,касающихся методов прогнозирования состояния ПС в условиях неопределенности,которые могут быть использованы при адаптивном управлении узлами ПС [3].Алгоритмы,управляющие узлом при таком подходе,должны базироваться на итеративных методах стохастической аппроксимации,не требующих полного предварительного описания законов функционирования сети,что может их сделать легко реализуемыми на практике.Кроме того,в таком случае,при использовании адаптивного управления узлами,в значительной мере повышается эффективность использования средств ПС.

Список литературы

I. Гинзбург Б.М.: Декомпозиционный алгоритм оптимизации распределения потоков в сети связи ЭВМ.-В кн.: Автоматы и управление.Управление на сетях и узлах связи.Изд. Наука,Москва,I979,65-77.

2. Глушков В.М. (ред.): сети ЭВМ.Изд. Связь,Москва,I977.

3. Умрихин Ю.Д.: Вероятностные методы прогнозирования и адаптивного управления сетью связи в условиях неопределенности.-В кн.: Автоматы и управление.Управление на сетях и узлах связи.Изд. Наука,Москва, I979,I8-4I.

4.Badach A.: Sterowanie siecią teleinformatyczną.-W książce: Wprowadzenie do teleinformatyki.WKiŁ,Warszawa,1979,166-216.

5.Butrimenko A.,Scollo G.: Protocol parameters and their interrelations in X.25;INGW 96.1 sample network architecture. Working Papers.International Institute for Applied Systems Analysis,A-2361 Laxenburg, Austria,January,1980.

6.Bux W.,Troung H.L.: High level data link control traffic considerations. 9th ITC,Torremolinos,1979.

7.Chou W.W.: Optimal message block size for computer communications with error detection and retransmission strategies.IEEE Trans. on Comm., vol. COM-22,No.10,1974,1516-1525.

8.Gelenbe E.,Labetoulle J.,Pujolle G.: Performance evaluation of the HDLC protocol.Computer Networks,No.2,1978,409-415.

9.Irland M.I.: Buffer Management in a Packet Switch.IEEE Trans. on Comm., vol. COM-26,No.3,1978,328-337.

10.Körner U.: Analysis of shared storage in a computer communication network.9th ITC,Torremolinos,1979.

11.Le Moli G.: A theory of colloquies,Alta Frequenza, vol.XVLII,No.10, 1973,493-500.

12.Majithin J.C.,Bhar R.: Optimum packet size in a packet switched data network.Electronics, vol.10,No.10,1974,191-193.

13.Rajaraman A.: Routing in TYMNET.Proc. Eurocomp'78,10-20.

14.Reference model of Open Systems Architecture.ISO/TC 97/SC 16,1978.

15.Rudin H.: On routing and delta routing.A taxonomy and performance comparison of techniques for packet switched networks.IEEE Trans. on Comm.,vol. COM-24 ,No.1,1976,43-59.

16.Seidler J.: Optimization of routing rules.Proc. Comnet'77,Budapest, 1977,583-603.

17.Seidler J.: Analiza i synteza sieci łączności dla systemów teleinformatycznych.PWN,Warszawa,1979.

18.Twyver D.: Design and use of the DATAPAC network.Proc. Comnet'77,Budapest,1977,529-546.

МЕТОДЫ ЗАЩИТЫ ИНФОРМАЦИИ В СИСТЕМАХ ЭВМ

Józef Pieprzyk
Instytut Telekomunikacji
Akademia Techniczna
85-763 Bydgoszcz, S.Kaliskiego 1

Dominik Rutkowski
Instytut Telekomunikacji
Politechnika Gdańska
80-952 Gdańsk, Majakowskiego 11

В работе представлены общие проблемы защиты информации в системах и сетях ЭВМ. Рассмотрены операционные и криптографические методы защиты информации, а особенно операционные методы билетов и контрольных списков и криптографические методы приветствия и пароля вместе с методом криптографической защиты информации в сетях ЭВМ. Внимание посвящено тоже оценке качества методов защиты информации.

I. Введение

Совместное использование ресурсов ЭВМ, которое появилось с начала шестидесятых годов в многодоступных системах ЭВМ и с конца шестидесятых и начала семидесятых годов в сетях ЭВМ, привело к необходимости защиты данных и программ от случайного или намеренного доступа со стороны неавторизированного пользователя (НП). Уже из самого принципа совместного использования систем ЭВМ следует, что программы разных пользователей могут влиять друг на друга везде там, где имеет место доступ к общим совокупностям данных и программ. Особенно надёжная защита необходима в том случае, когда неавторизированным пользователем является лицо или група лиц, которые знают принципы работы системы ЭВМ и правила защиты (например, оператор системы ЭВМ или программист), причём они предпринимают преднамеренные попытки получить доступ к определённой информации, хранимой в системе ЭВМ. Авторизированные пользователи (АП) системы ЭВМ, совокупности информации которых оказались доступными для НП, имеют существенные и всё время растущие потери.

Действие, которое может предпринять НП, после того как он получит доступ к совокупностям информации, можно зачислить к следующим категориям:

- считывание информации,
- модификация информации,
- уничтожение информации,
- блокировка доступа для АП.

С исторической точки зрения раньше всех в системах ЭВМ нашли применение методы операционной защиты, которые обеспечивали защиту выделенных областей операционной памяти перед неавторизированным доступом, а операционная система (ОС) ЭВМ производила распределение областей памяти для программ и совокупностей данных определённых пользователей, а также контроль и регистрацию доступа [6]. В простейшем случае операционная защита обозначает защиту исключительности доступа каждого пользователя к определённым областям памяти, фиксированным ОС, а также защиту равноправного доступа всем пользователям к общим совокупностям данных. Такого рода защиту имеет система Dartmouth Time-Sharing System, а также система IBM VM/370. Более сложная операционная защита связана с контролем доступа с помощью так называемых таблиц доступа, в которых помещена информация, используемая для идентификации авторизированных пользователей, и привилегии, присущие этим пользователям. Такого рода защита используется, в частности, в системах TENEX - фирмы BBN, UNIX - фирмы BELL LABORATORIES, BBC-500 - фирмы BERKELEY COMPUTER CORPORATION, а также MULTICS фирмы HONEYWELL [2,4,6].

2. Примеры методов операционной защиты

2.1. Операционная защита с помощю билетов

Рассматриваемый метод операционной защиты связан с тем, что каждому АП присуждается так называемый билет, являющийся носителем информации (пароля), используемой для его идентификации. Определённый пользователь, передавая в систему заявку на выполнение какой то задачи, подаёт своё название, которое является явным, а пароль, который является секретным, определяется автоматически из переданного билета. Решение защиты, основанной на системе с билетами, требует использования операционной системой таблиц доступа, в которых записаны названия пользователей, соответствующие им пароли и адреса каталогов, в которых имеются объекты (совокупности информации и устройства), к которым пользователи имеют доступ (рис. 1). ОС, после того как получит от пользователя его название и пароль, производит просмотр таблицы доступа, отыскивает переданное название и сравнивает переданный пользователем пароль с паролем, записанным в таблице. В случае совпадения паролей ОС реализует следующие действия:

- вводит программы пользователя в операционную память (ОП),
- помещает в ОП каталог совокупностей информации пользователя и устройств, к которым он может иметь доступ,
- вписывает название программы пользователя и его каталога в описывающие регистры.

Виртуальный процессор благодоря этому имеет доступ к тем областям памяти, которых адреса записанны в описывающих регистрах (рис. 2). Коор-

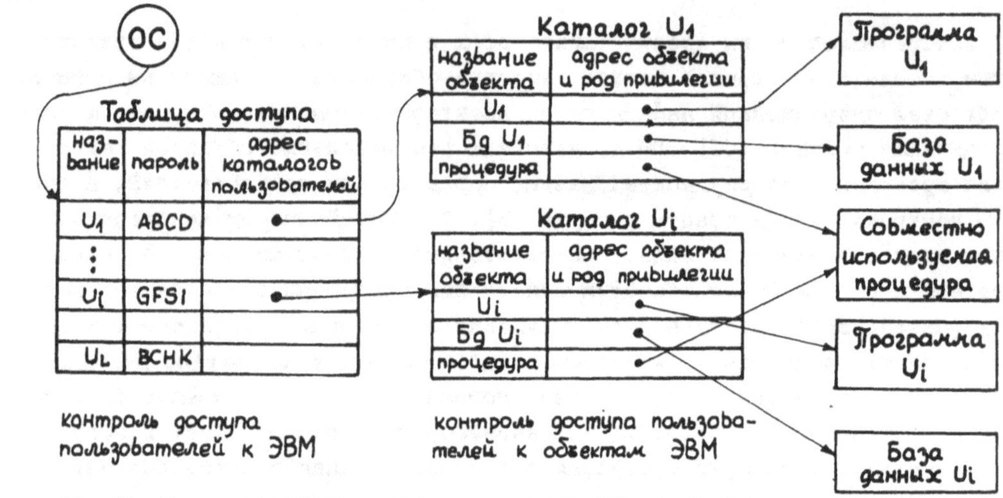

Рис.I. Организация доступа пользователей к объектам вычислительной системы с использованием метода билетов

динаты каждой защищаемой совокупности данных определены базисным адресом и числом разрешимых адресов (рис.2). Из сказанного следует, что операционную защиту при использовании метода билетов реализуют поэтапно (рис.I):

- первый этап-это контроль доступа пользователя к системе ЭВМ на основании таблицы доступа,
- второй этап-это контроль доступа пользователя к отдельным объектам с помощью каталогов.

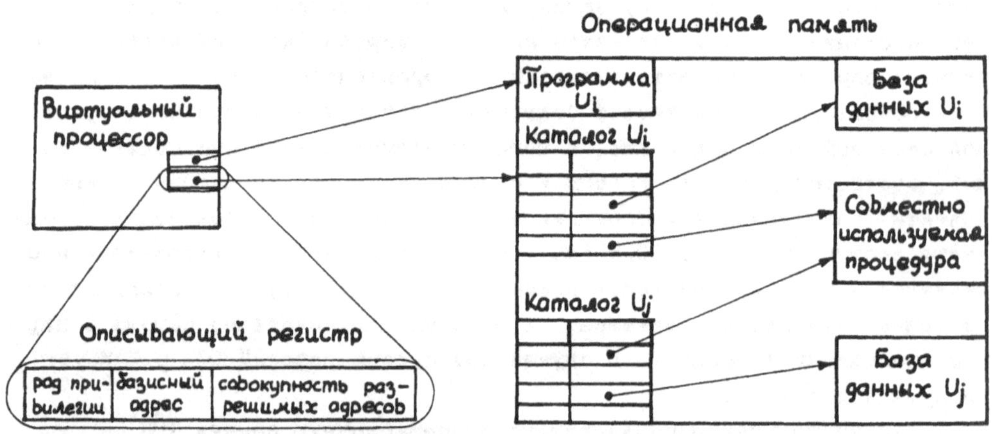

Рис.2. Адресировка объектов вычислительной сисмемы с использованием метода билетов

Представленный способ защиты применяется, на-пример, в системах CAP, BURROUGHS B5000 и PDP-1 .

2.2. Операционная защита с помощью контрольных списков

Другим методом операционной защиты является защита с помощью контрольных списков /КС/. В этом случае каждому защищаемому объекту присваивается контрольный список, который определяет привилегии пользователей до использования данного объекта /рис.3/. Доступ к КС имеет исключительно ОС. Определённый пользователь, передавая заявку в систему ЭВМ,

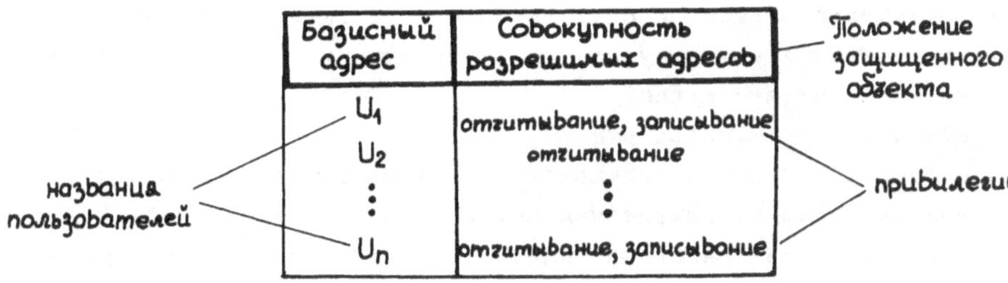

Рис.3. Пример контрольного списка

подает, как и в предыдущем случае, своё название и пароль. На основании этого ОС идентифицирует пользователя. Если им является АП, то ОС вписывает его название в определённый регистр, называемый регистром названия пользователя, и вводит задачу /программу/ в ОП /рис.4/. В случае если программа пользователя во время её выполнения требует доступа

Рис.4. Адресировка объектов вычислительной системы с использованием метода контрольных списков

к объекту X, то она обязана подать явное название КС этого объекта. Поскольку информация, хранимая в КС, защищена, нет необходимости защищать регистр названий пользователей. Из этого следует, что защищенные описывающие регистры, применяемые в методе билетов, можно сейчас заменить незащищаемыми регистрами, в которых хранятся названия КС. В итоге доступ пользователя к объекту X реализуется следующим образом:

- программа пользователя, запрашивая доступ к объекту X, записывает в регистре название КС объекта,
- операционная система на основании названия КС объекта определяет его адрес и отыскивает название пользователя и его привилегии по отношению к использованию этого объекта, после чего предоставляет пользователю доступ.

К преимуществам этого метода зачисляются:

- сравнительно высокая степень защиты объекта, вытекающая из того, что пользователь получает право доступа к определённому объекту, но не знает его адреса,
- общий доступ к названиям КС,
- простота изменения привилегии пользователя по отношению к определённому объекту изменением информации, помещеной в КС,
- независимость принципов защиты от организационной структуры памяти.

Выше-описанный способ защиты нашёл применение в системах MULTICS и BURROUGHS B6700 [6].

К важным задачам, связанным с защитой информации, зачисляется оценка качества методов защиты. Чтобы произвести такую оценку, необходимо создать формальную модель защиты. Известно несколько работ, посвящённых моделям операционной защиты, имеющим ограниченное применение. Наиболее интересные из них-это работа HARRISONA [3], в которой определена матрица доступа программ пользователей к защищенным объектам системы ЭВМ, при-чём элементами матрицы являются привилегии, а в последующем доказана теорема, говорящая о том, что, предположив конечное число привилегий и конечное число директив распределения этих привилегий, невозможно найти алгоритм, который определял бы надёжность защиты, т.е. такое её свойство, которое делало бы невозможным неавторизированное проникновение привилегий между пользователями.

3. Проблемы криптографической защиты информации

Анализ неавторизированных доступов к защищенным объектам системы ЭВМ показывает, что чаще всего нарушителями являются персонал вычислительных центров и АП, которые предпринимают действия, выходящие за пределы своих привилегий. Поэтому, разрабатывая защиту для системы ЭВМ, необходимо предполагать, что НП знает принципы защиты и способ её реализации. В этом случае операционная защита оказывается чаще всего ненадёжная. Кроме того, НП может иметь доступ не только к операционной памяти, но и к терминалам, каналам передачи или базам данных [5]. Операционная защита информации перед неавторизированным доступом в этих случаях является ненадёжной, а иногда даже невозможной. В связи с тем уже несколько лет всё больше внимание уделяется методам криптографической защиты, которых ценным свойством является возможность подбора степени защиты соответственно требованию пользователя, а кроме того, криптографическая защита в общем случае простейшая, более эластична и универсальна.

Криптографическая защита состоит в применении шифрирования информации, которой совокупность обозначаем через X, а её элементы через x_i, $1 \leqslant i \leqslant N$. Пусть Y представляет совокупность криптограмм, а y_j, $1 \leqslant j \leqslant J$, – её элементы, а также M-совокупность ключей, которой элементы обозначаем через m_k, $1 \leqslant k \leqslant K$. Процесс шифрирования описывает криптографическая функция $f(\cdot,*)$, которая определяет преобразование совокупности $X \times M \rightarrow Y$. Эта функция для информации x_i, а также ключа m_k определяет криптограмму $y_j = f(x_i, m_k)$. При расшифрировании криптограммы, т.е. при получении оригинальной информации, имеет место обратная операция, определённая формулой $x_i = f^{-1}(y_j, m_k)$. Чтобы произвести дешифрирование, необходимо кроме криптограммы располагать соответствующим ключем.

4. Криптографическая защита информации, передаваемой между терминалом и ЭВМ

4.1. Метод приветствия

Одним из методов криптографической защиты информации является метод приветствия, согласно которому перед началом передачи информации между терминалом и ЭВМ необходима взаимная идентификация и авторизация как пользоватетей, так и ЭВМ. Каждый АП имеет своё название, а также только ему свойственный и известный ключ. В операционной памяти находится таблица названий всех пользователей и присущие им ключи. Рассматриваемый метод защиты информации имеет три этапа, которые иллюстрирует рисунок 5.

Первый этап.

Начальной информацией, передаваемой от терминала к ЭВМ, является название пользователя, которое передаётся явным способом. На основании этого ЭВМ считывает в таблице доступа соответствующий данному пользователю ключ. Второй информацией является криптограмма $y_{ab} = f[(x_a, x_b), m]$, где (x_a, x_b) обозначает пару информаций, подлежащих шифрированию, причём x_a обозначает требование предоставления авторизации для терминала компютером, а x_b – предоставление авторизации для ЭВМ терминалом. Информация x_b вырабатывается в терминале случайным образом и записывается в регистре R_1 компаратора терминала. После этого пара (x_a, x_b) шифрируется с помощю ключа, присущего пользователю. ЭВМ, получая криптограмму y_{ab} и зная ключ, производит дешифрирование. После этого на основании информации x_a известно, что определённый пользователь требует предоставления авторизации. Информация x_b запоминается в ЭВМ для дальнейшего использования при реализации следующего этапа криптографической защиты

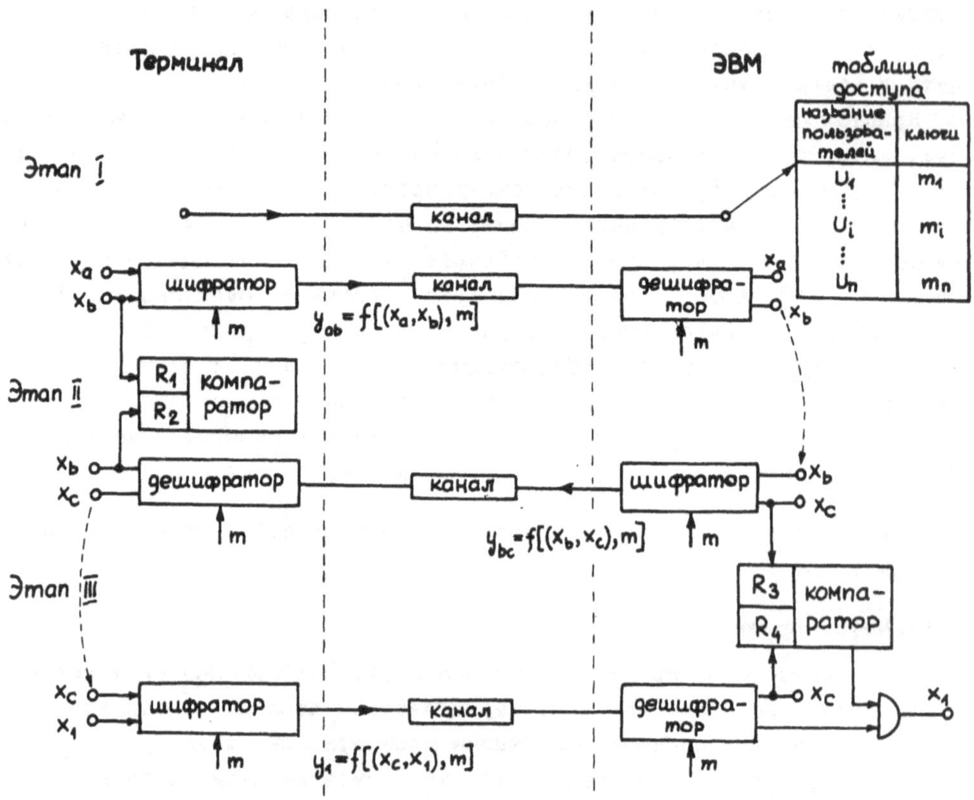

Рис.5. Взаимная идентификация пользователя и вычислительной системы, а также авторизирование в случае криптографической защиты с использованием метода приветствия

информации с помощью метода приветствия.

Второй этап.

Пара информации (x_b, x_c) в ЭВМ шифрируется с помощью ключа m. Информация x_c получается с помощью псевдослучайного генератора в ЭВМ и запоминается в регистре R_3. Криптограмма $y_{bc}=f[(x_b,x_c),m]$ в последующем передаётся с ЭВМ в терминал, где она дешифрируется и записывается в регистре R_2, а после этого сравнивается с информацией, записанной в регистре R_1. Если информации, хранимые в регистрах R_1 и R_2, оказываются одинаковы, тогда ЭВМ разрешает дальнейшую работу терминала и пользователь может тогда начать передачу информации.

Третий этап.

Информация x_1 из совокупности информаций пользователя вместе с информацией x_c шифрируется по стороне терминала и криптограмма $y_1 = f[(x_c,x_1),m]$ передаётся в ЭВМ. Информация x_c после получения её из криптограммы y_1 вводится в регистр R_4 и сравнивается с информацией, находящейся в регистре R_3. Если эти сравниваемые информации являются одинаковы, то компаратор делает возможной передачу информации в ЭВМ.

В описываемом методе взаимная идентификация и авторизация происходит только в начале сеанса связи. Поэтому возможность связи с неавторизированным пользователем является небольшой. Не решает это, однако, до конца проблемы неавторизированного доступа во время передачи после взаимной авторизации. Этот недостаток можно устранить, используя соответственную процедуру передачи информации через канал. А именно, если на каждом очередном этапе передачи информации между терминалом и ЭВМ криптограмма будет определена на основании как настоящей информации, так и находящейся в предыдущей криптограмме, тогда в канале будут передаваться связанные между собой криптограммы вида $f[(x_c,x_1),m]$, $f[(x_1,x_2),m]$ $f[(x_2,x_3),m]$, ... Благодаря такому решению имеет место двойная защита перед неавторизированным доступом. Первая из них состоит в шифровании информации, а вторая в том, что каждая криптограмма зависит от информации, передаваемой в предыдущей криптограмме. Недостатком этого решения является увеличение среднего времени передачи между терминалом и ЭВМ.

4.2. Метод пароля

Идентификацию пользователя и авторизацию в ЭВМ при использовании метода пароля иллюстрирует рисунок 6. Если определённый пользователь

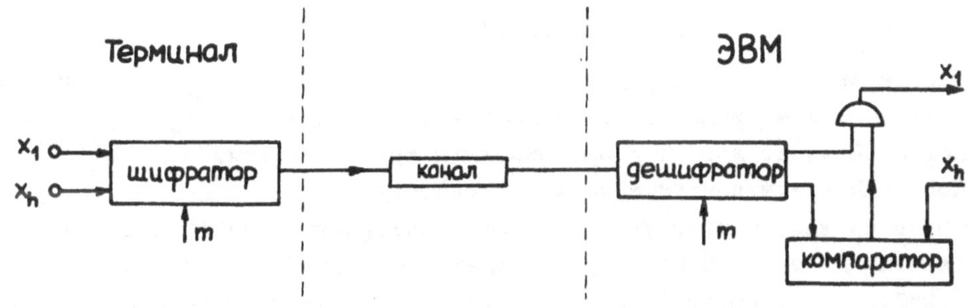

Рис.6. Идентификация и авторизирование пользователя в случае криптографической защиты с использованием метода пароля

хочет передать сообщение в ЭВМ, в начале передаёт каналом в ЭВМ своё название явным способом. После того ЭВМ отыскивает в таблице доступа соответствующий этому названию ключ. В последующем терминал производит шифрование с помощью ключа m информации, которая состоит из пароля x_h и первой информации x_1 из совокупности информаций пользователя.

Благодаря этому дешифрирующее устройство со стороны ЭВМ может расшифровать первую криптограмму. Из расшифрованной криптограммы выделяется пароль и первая переданная информация из совокупности информаций пользователя. Пароль сравнивается в компараторе с паролем, хранимым в ЭВМ. Если сравниваемые пароли одинаковы, то полученная информация может быть передана в ЭВМ, что равносильно авторизации пользователя ЭВМ.

Описываемый метод пароля, как видно, проще, чем метод приветствия. При использовании этого метода не нужна двойная передача этой самой информации в зашифрированном виде, а защита перед доступом НП к каналу во время передачи полагается в соответствующей конструкции криптограммы. А именно, если пользователь передаёт поочередно информации $x_1, x_2, \ldots, x_r$, то в канале передаются криптограммы $f[(x_1, x_h), m]$, $f[(x_2, x_h), m]$, ... , $f[(x_r, x_h), m]$. Из этого следует, что в каждой очередной криптограмме помещен один и тот же самый пароль. Между рассматриваемыми двумя методами существуют некоторые сходства и различия. В каждой очередной криптограмме в обоих методах помещается одна из информаций, которая находилась в предыдущей криптограмме с тем, что в методе приветствия этой информацией является очередная информация пользователя, а в методе пароля-всегда один и тот же самый пароль. Поскольку пароль может быть короче, чем информация, постольку метод пароля позволяет получить меньшее время задержки передачи информации, чем метод приветствия. Однако в методе пароля одной из информаций, на основании которой образуется криптограмма, есть всегда одна и та же самая информация /пароль/, что по сравнению с методом приветствия увеличивает возможность раскрытия шифра.

5. Оценка качества криптографической защиты

Оценка качества криптографической защиты зависит от степени доступа НП к системе ЭВМ. Можно здесь выделить два случая:

1. Когда НП имеет доступ к информации и криптограммам.
2. Когда НП имеет доступ к каналу /криптограммам/.

В первом случае существует проблема неавторизированного подставления сообщения НП, который может располагать некоторым числом пар наблюдений /информация, криптограмма/ и намерен подставить определённое сообщение, для которого подбирает наиболее вероятную криптограмму. В этом случае в качестве основного критерия можно принять среднюю вероятность удачного, неавторизированного обмена информации. С точки зрения авторизированного пользователя необходимо найти такое криптографичесюе преобразование $f(\cdot,*)$, для которого эта средная вероятность принимает минимальное значение. Вторичные критерии связанные с этим основным, это: число элементарных действий ЭВМ, необходимых для определения ключа, стоимость или время определения ключа. Другими критериями могут быть прирост времени извлечения из криптограммы сообщения за счёт криптозащиты или необходимый размер памяти для запоминания ключей. Эти последние критерии особенно важны при защите информации, хранимой в базах данных [5].

Во втором случае НП хочет получит из криптограммы сообщение или ключ. В этом случае в качестве критерия можно принимать среднию вероятность правильного определения неавторизированным пользователем сообщения или ключа. ЦельюАП в этом случае является поиск такого криптографического преобразования, для которого эта вероятность принимает минимальное значение. К сожалению, до сих пор неизвестны общие решения так поставленных задач.

6. Защита информации в сетях ЭВМ

Проблемы защиты информации в сетях ЭВМ связаны в большой мере с защитой информации, передаваемой по каналам связи, соединяющим как терминалы с ЭВМ, так и ЭВМ между собой. В связи с обычно большим числом терминалов в сети ЭВМ основной проблемой является распределение ключей между пользователями. Одним из интересных решений распределения ключей является их рассылка в явном виде. Это решение приводит к созданию так называемых общественных криптографических систем /ОКС/. Эти системы спроектированы таким образом, чтобы доступ НП как к криптограммам, так и криптографическому ключу не давал возможности определить передаваемые сообщения /рис.7/. Можно их реализовать путём применения трёх типов ключей, а именно, основного ключа m_p, явного ключа m_j, а также секретного ключа m_t. Явный ключ передаётся явным способом от ЭВМ к терминалу, который использует АП, но секретный ключ, который подаётся на вход дешифратора, является недоступным для НП. Оба ключа образуются из основного ключа, к которому НП также не имеет доступа. При таком

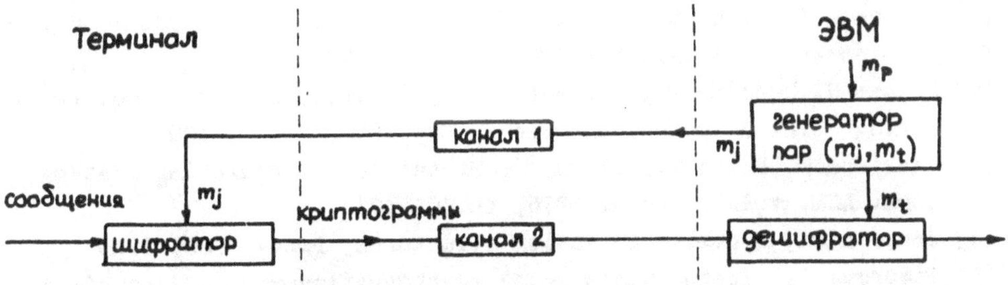

Рис.7. Иллюстрация применения принципа защиты с использованием 3 ключей в общественной криптографической системе

решении ОКС должна выполнять следующие условия:

- Криптографическое преобразование /КП/ шифрирующего устройства необходимо реализовать таким образом, чтобы определение сообщения на основании пары /ключ m_j, криптограмма/ было связано с выполнением большого числа элементарных действий в ЭВМ, а образование криптограммы на основании пары /информация, ключ m_j/ требовало небольшого числа элементарных действий.

- КП дешифрирующего устройства должно обеспечивать быстрое получение сообщения из криптограммы с помощью ключа m_t.
- Определение ключа m_t НП, когда он знает ключ m_j и криптограмму, должно требовать выполнения большого числа элементарных действий.

Заметим, что рассматриваемая выше криптографическая система позволяет только защиту информации, передаваемой от терминала в ЭВМ. Следует отметить, что описываемое решение ОКС не нашло до сих пор практического применения в связи со сравнительно большим временем задержки вводимым шифрирующим и дешифрирующим устройством [1].

7. Заключение

Как следует из представленных методов, операционная защита применяется в таких случаях, когда разные пользователи имеют похожие требования к качеству защиты, а требуемая степень защиты не является высокой. Однако в случае, когда имеются принципиально различные требования к качеству защиты вычислительной системы, более полезными являются криптографические методы, которые оказались универсальными. Поэтому в ближайшие годы надо ожидать дальнейших работ, посвящённых методам криптографической защиты, потому что современные результаты проектирования шифраторов с модульной структурой [5] могут привести к решению проблемы определения качества защиты в зависимости от структуры этих шифраторов.

8. Список литературы

[1] Davies D.W., Price W.L., Prakin G.I., An evaluation of public key cryptosystems, NPL Report CTU 1, March 1979

[2] Graham G., Denning P., Protection - principles and practice, Proc. Spring Joint Computer Conference, May 1972, pp.417-429

[3] Harrison M., Ruzzo W., Ullman J., Protection in operating systems, Comm. ACM, vol.19, No.8, 1976, pp.461-471

[4] Lampson B., Dynamic protection structures, Proc. FJCC, 1969

[5] Pieprzyk J., Zastosowanie metod kryptograficznych do zabezpieczenia danych w systemach komputerowych, Praca doktorska, Instytut Podstaw Informatyki PAN, Warszawa 1979

[6] Saltzer J., Schroeder M., The protection of information in computer systems, Proc. IEEE, vol.63, No.9, 1975, pp.1278-1308

О НЕКОТОРЫХ ЭФФЕКТИВНЫХ МЕТОДАХ ОБЕСПЕЧЕНИЯ МНОГОСТАНЦИОННОГО ДОСТУПА С ИСПОЛЬЗОВАНИЕМ РАДИОКАНАЛА СО СЛУЧАЙНЫМ ДОСТУПОМ

Дь. Даллош, Ч. Сабо[I]

Введение

В сетях с многостанционным доступом успешно могут применяться принципы случайного /свободного/ доступа и различные алгоритмы, реализующие эти принципы. В последнее время большое внимание уделяется методам, более эффективным, чем системы с "чисто случайным" доступом /асинхронная и синхронная АЛОХА/. Выражение "более эффективное" понимается здесь в том смысле, что по коэффициенту использования канала и по среднему времени задержки пакетов рассматриваемые системы дают лучшие результаты, чем простые алгоритмы АЛОХА. /В первом приближении коэффициент использования канала равен части времени, которая используется для передачи полезных сообщений, а среднее время задержки - это есть среднее значение времени от момента возникновения сообщения до конца его успешной передачи./ Коротко приведём здесь показатели "классических" алгоритмов АЛОХА:

	Максимум коэффициента использования канала	Среднее время задержки, в пакетах
Асинхронная АЛОХА	$S_{max} = \frac{1}{2e} \simeq 0{,}18$	$3 \div 4$, при $S = \frac{1}{2} S_{max}$
Синхронная АЛОХА	$S_{max} = \frac{1}{e} \simeq 0{,}36$	$2 \div 3$, при $S = \frac{1}{2} S_{max}$

В настоящей работе мы рассматриваем такие, эффективные в указанном смысле методы, которые /а/ предназначены для сравнительно небольших, поземных сетей и /б/ выгодны с точки зрения практического осуществления. Даётся краткий обзор и рассматриваются новые методы по следующим трём направлениям:

/I/ системы с резервированием;
/2/ системы с индикацией несущей /с детекцией занятости канала/;
/3/ повышение эффективности в системах типа АЛОХА путём запоминания и использования повреждённых пакетов.

I. Системы с резервированием

Эти системы в общем характеризуются тем, что в процессе передачи сообщения от данной станции можно различать следующие три фазы:

- "соревнование" за получение канала на требуемый промежуток времени;
- ожидание после получения разрешения ;
- передача сообщения по каналу в течение полученного промежутка времени без помех от других станций.

Один из первых методов был предложен Робертсом [1] ; сущность его

Dallos György, Szabó Csaba, Technische Universität Budapest, Ungarn
H-1111 Budapest, Stoczek u. 2.

состоит в том, что в небольшой части временной рамки передаются пакеты-заявки при помощи синхронного алгоритма АЛОХА, а в большей части следующих рамок предоставляются резервированные участки тем, кто выиграл в предыдущем соревновании. Другое решение предложил Клейнрок и Тобаги [2] здесь соревнование идёт по отдельному радиоканалу,с применением простого /асинхронного/ алгоритма АЛОХА. В то время как в первой системе применяется временное разделение, здесь можно говорить о частотном разделении. Метод, предложенный и подробно изученный Цыбаковым и Берковским, применяет временное разделение, но здесь в фазе соревнования применяется специальный алгоритм разрешения конфликта [3] .

Предлагаемый авторами вариант с резервированием был разработан с учётом условий практического осуществления в небольших поземных сетях радиотерминалов.

Идея очевидна и проста: рассматриваем систему с временным разделением в указанном смысле и для пакетов-заявок применяем простой, асинхронный алгоритм АЛОХА. В этом случае нет необходимости в непрерывном и сравнительно точном измерении.

Сущность предлагаемого варианта состоит в следующем:

/а/ Терминал после составления сообщения впервые передаёт пакет-заявку в центр по каналу C_I /терминалы → центр/. /Рассматривается звёздообразная сеть вокру центра и предполагается, что имеется дуплексный радиоканал, состоящий из каналов C_I и C_2./

/б/ После этого терминал ожидает положительную квитанцию /разрешение на передачу/. Если квитанции нет, заявка повторяется с некоторой задержкой в соответствии с асинхронным алгоритмом АЛОХА.

/в/ Положительная квитанция есть разрешение для i -го терминала и запрещение для других. Возникающие за предоставленное i -му терминалу время запросы должны ждать. Здесь можно придумать несколько алгоритмов.

В соответствии со сказанным выше, по времени чередуются занятые периоды и периоды АЛОХА /рис. I/. Стрелками на рисунке отмечены моменты

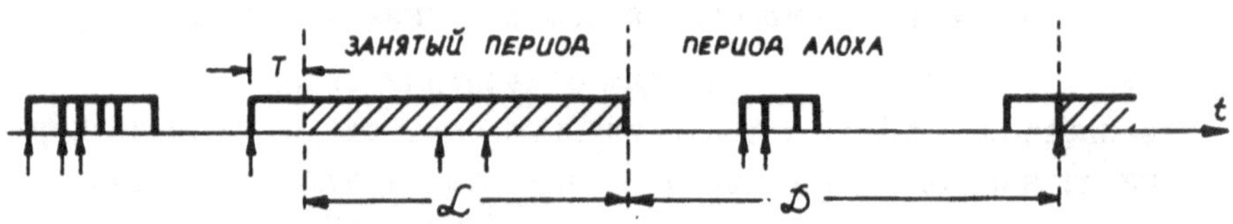

Рис.I

возникновения запросов /новых или повторных/, в состоянии АЛОХА в эти моменты начинается передача пакетов-заявок.

Математическая трактовка предложенного асинхронного алгоритма с резервированием нелегка. Ниже приводим лишь простой эвристический подход, позволяющий получить приближенное выражение для коэффициента использования канала, и покажем примеры из результатов моделирования на ЭВМ.

Обозначим через λ интенсивность возникновения новых сообщений. Введём далее коэффициент использования канала $S \triangleq \frac{M(\mathcal{L})}{M(\mathcal{L}) + M(\mathcal{D})}$

/см. обозначения на рис I/. Все запросы, возникающие за время $\mathcal{L} + \mathcal{D}$, необходимо обслуживать за время $\mathcal{D}$, поэтому в состоянии АЛОХА можно говорить о повышенной интенсивности $\lambda' = \lambda \frac{1}{1 - S}$

Коэффициент использования канала в состоянии $\mathcal{D}$ равен

$$S_R \triangleq \lambda' T = \frac{\lambda T}{1 - S}$$

Предположим, что моменты возникновения всех /новых и повторных/ запросов можно моделировать пуассоновским процессом интенсивностью G_R / T_R. Тогда

$$S_R = G_R \cdot P(\{\text{один пакет передается успешно}\}) = G_R \cdot e^{-2G_R} = \frac{\lambda T}{1-S} = \frac{aS}{1-S},$$

где через a обозначим значение $T/M(\mathcal{L})$; примем во внимание, что $\lambda \cdot M(\mathcal{L}) = S$. Отсюда

$$S = \frac{G_R \cdot e^{-2G_R}}{a + G_R \cdot e^{-2G_R}} \qquad (I)$$

Максимальное значение S получается при $G_R = 0{,}5$ и равно

$$S_{max} = \frac{1}{1 + 2e \cdot a}$$

Несколько характерных значений:

a	0,I	0,05	0,02
S_{max}	0,648	0,786	0,896

На рис.2 изображена кривая по выражению (I) для a = I/I5 для сравнительно небольших величин G, то есть в области, где можно ожидать, что пуассоновская модель является хорошим приближением. Результаты моделирования [4] это подтверждают: хорошее совпадение получается при достаточно большом значении среднего времени задержки при повторении пакетов $\bar{\beta}$. Для сравнения изображена и кривая, полученная для простого алгоритма АЛОХА [2].

Для важного для пользователей среднего времени задержки пакетов можем дать только результаты моделирования на ЭВМ [4], рис. 3 для различных значений $\bar{\beta}$. Здесь тоже можно провести сравнение с простым алгоритмом АЛОХА [2].

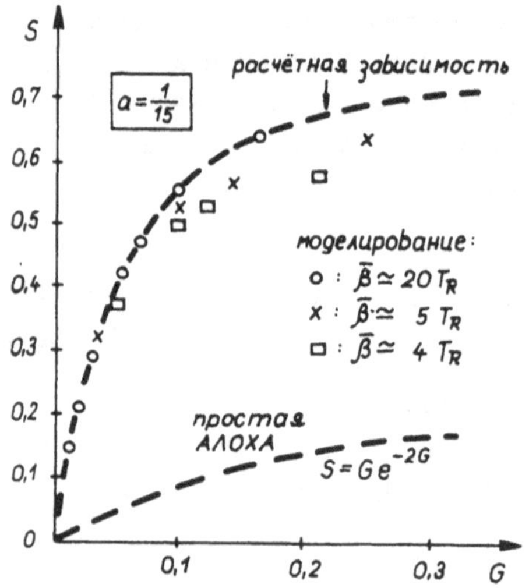

Рис.2

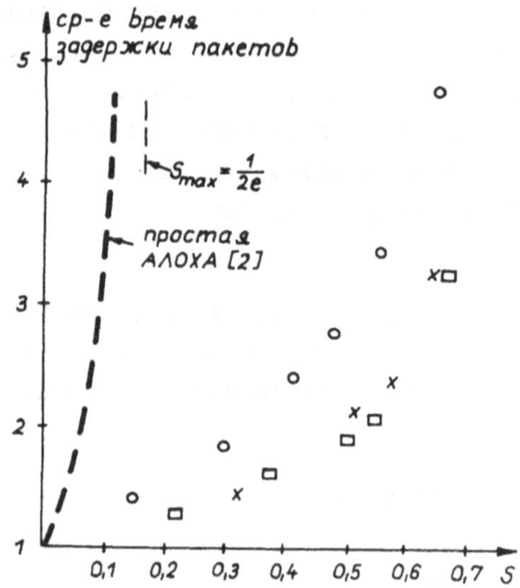

Рис.3

Практическое осуществление рассмотренного алгоритма с резервированием просто, нет необходимости в синхронизации рамок или щелей. Терминалы, ждущие окончания занятого периода, узнают об этом, принимая положительную квитанцию центра на адрес терминала, который передавал данное сообщение.

2. Системы с индикацией несущей

Одно из возможных направлений перехода от вполне свободного алгоритма АЛОХА к более "упорядоченным" системам характеризуется тем, что пользователи наблюдают состояние канала. Пользователь, узнав, что канал занят, не пытается передавать свое сообщение, так как в этом случае, как правило, оба сообщения будут повреждены. /Заметим, что в некоторых случаях при использовании, например, частотной модуляции, если принимаемые сигналы различны по величине, одно из двух или более перекрывающихся сообщений может быть принято правильно, но этот эффект в дальнейшем не принимаем во внимание./

Системы с индикацией несущей отличаются друг от друга по тому, каким образом они используют полученную информацию о состоянии канала, как "ведут себя" после этого. Из-за того, что эта информация является "неточной", во-первых, невозможно достичь полного использования канала, и, во-вторых, показатели в значительной мере зависят от применяемого алгоритма поведения пользователей.

"Неточность"информации о состоянии канала заключается в том, что из-за конечного времени распространения и индикации получается задержка от момента начала передачи по каналу до детекции этого события. Таким образом, столкновения получаются в тех случаях, когда пользователи считают, что канал свободен, а на самом деле он уже занят. Это происходит в течение промежутка времени, необходимого для индикации несущей. Поэтому очень важным параметром является отношение времени индикации к длительности сообщений, и только при малом значении этого параметра можно ожидать хороших результатов.

Первое предложение о применении метода индикации несущей в радиоканале с коммутацией пакетов было сделано Д.Ваксом в 1971 г. Позже, в 1975 г., Тобаги и Клейнрок разработали следующие три эффективных алгоритма и провели анализ их показателей [2] :

1. Настойчивый с вероятностью 1 алгоритм;
2. Ненастойчивый алгоритм;
3. Настойчивый с вероятностью p алгоритм.

По первому алгоритму пользователь ведет себя следующим образом при наличии готового сообщения. Если канал свободен, он передаёт сообщение, если канал занят, то ждёт до тех пор, пока канал освобождается, и тогда передаёт сообщение. Конечно, неизбежно возникает конфликт с другими пользователями, поступающими таким же образом. В случае неудачной передачи сообщение повторяется через некоторый случайно выбранный промежуток времени.

При применении второго, ненастойчивого алгоритма нет различия по сравнению с предыдущим случаем, когда канал свободен. Когда в момент возникновения сообщения канал занят, то пользователь не ждёт его освобождения, а сразу выбирает момент времени, когда он опять определяет состояние канала. То есть здесь при занятом канале пользователи ведут себя точно так, как в случае столкновения между сообщениями.

Своеобразным объединением первых двух алгоритмов является третий, который можно назвать настойчивым с вероятностью p алгоритмом. Здесь в случае, когда канал свободен, пользователь передает сообщение с вероятностью p , а с вероятностью $1 - p$ откладывает это на время τ . /Значение τ определяется главным образом в связи с временем индикации./ Если при таких попытках канал получается занятым, то следующая попытка производится в более поздний момент времени. Если в момент возникновения сообщения канал занят, то пользователи ждут до его освобождения и поступают так, как описано выше.

Модификацию третьего алгоритма предложил Даллош в 1978 г. [6] . Здесь в том случае, когда в момент возникновения сообщения канал занят, пользователь ждёт его освобождения и поступает следующим образом /рис.4/. Выбирается число щелей из N возможных с равномерным распределением и делается попытка использовать это число щелей /длительность открытия щели совпадает с временем индикации/. Если в этот момент канал свободен, то сообщение передаётся, если канал занят, то оно повторяется через некоторое случайно выбранное время.

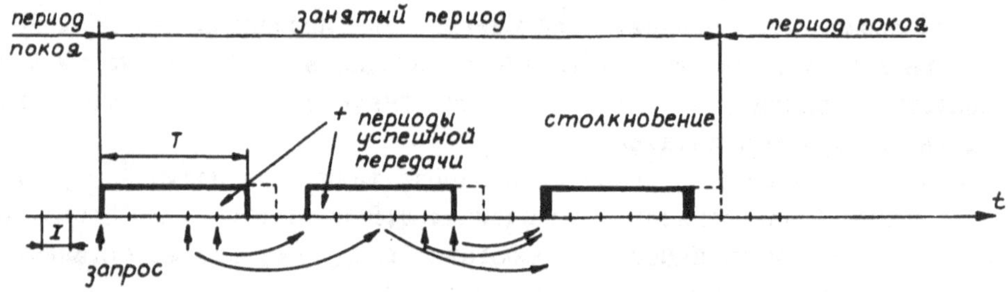

Рис. 4

Коэффициент использования канала можно определить как следующее отношение /см. рис. 4/:

$$S = \frac{M(\sigma)}{M(\beta) + M(\delta)}, \qquad (2)$$

где σ – длительность периодов успешных передач во время занятого периода;

β – длительность занятого периода;

δ – длительность периода покоя.

Первые моменты случайных величин в выражении (2) можно выразить через траффик G, а отношение времени индикации к длительности пакета q можно выразить следующим образом:

$$M(\sigma) = (T + I)\,[p^{(1)} + p\,(M(\xi) - 1)]$$

и

$$p^{(1)} = q \cdot G \, \frac{e^{-qG}}{1 - e^{-qG}} \; ; \quad q = \frac{I}{T} \; ; \quad M(\xi) = e^{G(1+q)} ;$$

$$p = \frac{1}{e^{G(1+q)} - 1} \sum_{n=1}^{\infty} \frac{[G(1+q)]^n}{n!} \left[\frac{n}{N} \left(\frac{N}{N+1} \right)^n + \sum_{k=1}^{N} \left(\frac{n}{N-k} + qG \right) \left(\frac{N-k}{N+1} \right)^n e^{-kqG} \right] ;$$

далее

$$M(\beta) = (T + I) \cdot M(\xi) + I \cdot M(\gamma) \cdot [M(\xi) - 1],$$

где

$$M(\gamma) = \frac{1}{e^{G(1+q)} - 1} \sum_{n=1}^{\infty} \frac{[G(1+q)]^n}{n!} \sum_{k=0}^{N} \left(\frac{N-k}{N+1} \right)^n e^{-kqG},$$

и наконец

$$M(\delta) = \frac{1}{1 - e^{-qG}}.$$

Результаты расчёта выражения (2) при помощи ЭВМ показаны на рис.5 при q = 0,0I и N = I6, 32. Для сравнения показаны соответствующие кривые для простого алгоритма АЛОХА. Как видно на рисунке, коэффициент использования канала при указанных параметрах достигает 86%.

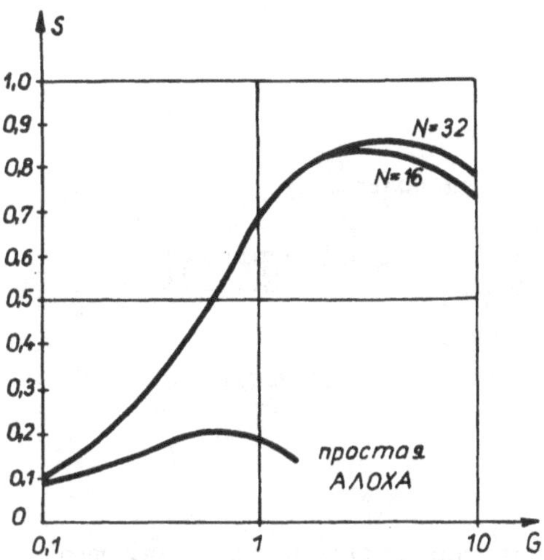

Рис.5

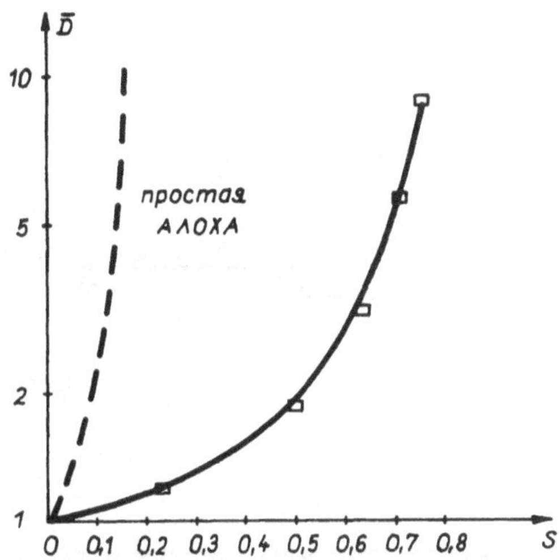

Рис.6

Зависимость среднего времени задержки от коэффициента использования канала показана на рис.6. Кривые получены путём моделирования на ЭВМ.

3. Исправление ошибок путём запоминания пакетов

В каналах со случайным доступом ошибки получаются в большинстве случаев из-за частичного перекрытия двух или более сообщений. Для индикации таких ошибок широко применяется циклический код. Если сообщение принимается ошибочно, то оно повторяется. Легко видеть, что во многих случаях значительные части перекрывающихся сообщений могут быть правильными, и после некоторого числа повторных передач можно собрать правильный пакет из его предварительно принятых и сохранённых частей. Таким образом, в общем не нужно ждать до передачи сообщения без столкновения, и можно ожидать увеличение коэффициента использования канала и уменьшение задержки пакетов.

Первые результаты были опубликованы в 1977 г. Шиндху [7] . О значительном улучшении этих результатов сообщил Метзнер в 1979г. [8]. Применение такого метода в условиях простой асинхронной системы АЛОХА предложили и исследовали в [9] Дьёрфи и Даллош.

В простой асинхронной системе АЛОХА сообщения повреждаются чаще всего на одном конце и реже на обоих. Из этих частей правильные пакеты можно собирать тогда, когда источники повреждённых частей можно идентифицировать. Это можно осуществлять, например, размещением "головки" пакета с адресом его источника и в конце пакета. Таким образом возможно исправление ошибок в случаях, проиллюстрированных на рис.7.

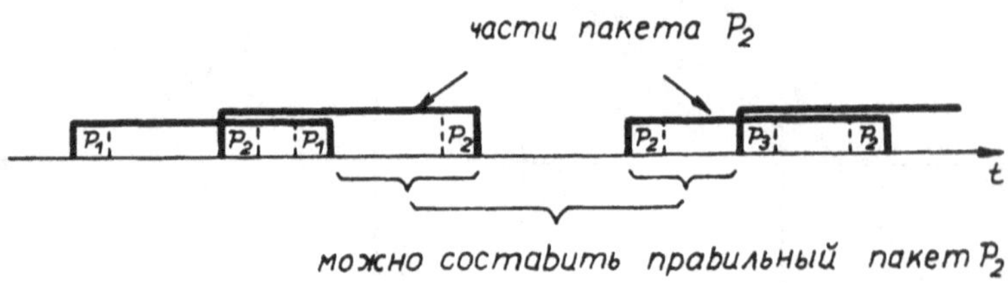

Рис.7

Исходя из предположения о пуассоновской модели и принимая, что все пакеты одинаковой длины, можно получить следующие результаты. Вероятность столкновения на одном конце равна:

$$\text{столкновения на одном конце} \,/\, \text{столкновение} = \frac{2e^{-G}(1-e^{-G})}{1-e^{-2G}} .$$

Отсюда получаем, что значительная доля /почти три четверти/ столкновений происходит так, что пакеты повреждаются только на одном конце.

Распределение числа необходимых попыток (μ), точнее, вероятность того, что μ больше M, без коррекции равна

$$P(\mu > M) = 1 - e^{-2G}\sum_{i=0}^{M-1}(1-e^{-2G})^i = (1-e^{-2G})^M .$$

При коррекции можно вводить следующий коэффициент коррекции:

$$C_M = \frac{P(\mu_c > M)}{P(\mu > M)} .$$

Верхняя граница для этого коэффициента получена в [9] и равна

$$C_M \le \frac{1-e^{-G}}{(1-e^{-2G})^M}\left[(1-e^{-G})^{M-1} + M\cdot e^{-G}(1+e^{-2G}-e^{-\frac{3}{2}G})^{M-1}\right] .$$

На рис.8 показано C_M как функция числа необходимых повторений M при значении $G = 0{,}2$ и $G = 1$.

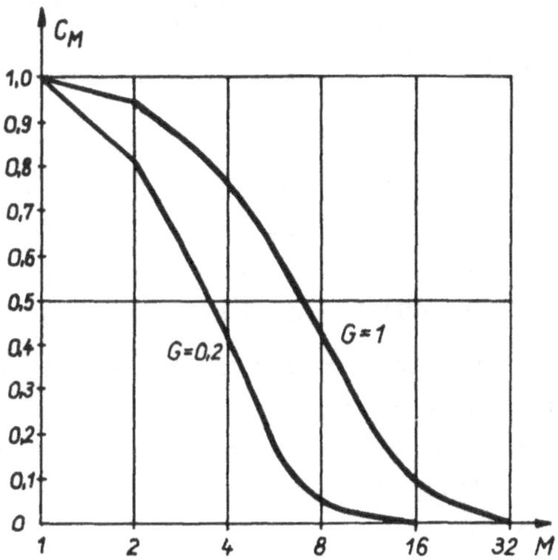

Рис.8

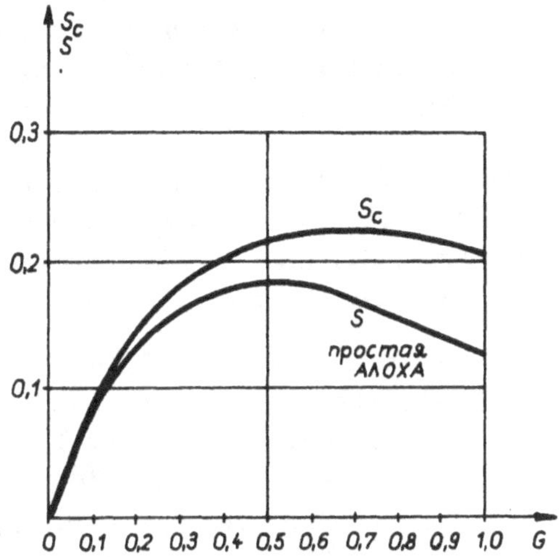

Рис.9

На рисунке хорошо видно основное преимущество указанного метода: вероятность многократных повторений совсем мала по сравнению с алгоритмом АЛОХА без использования коррекции. Точнее, оригинальное геометрическое распределение числа повторений как будто укорачивается. Такое изменение является выгодным с точки зрения пользователя.

Влияние коррекции на коэффициент использования канала определяется выражением [9]:

$$S_c = \frac{G}{M(\mu_c)} ,$$

где

$$M(\mu_c) \geq \frac{1}{e^{-G}} \left(1 + \frac{1 - e^{-G}}{(2 \cdot e^{-G/2} - e^{-G})^2}\right) .$$

На рис.9 изображена зависимость коэффициента использования канала от траффика вместе с аналогичной зависимостью для простой АЛОХА. Максимальное значение коэффициента использования равно $S_{c\,max} = 0{,}22$, что означает увеличение на 20% по сравнению с простым алгоритмом АЛОХА.

Результаты моделирования на ЭВМ показывают, что среднее время задержки пакетов уменьшается в незначительной мере и основным преимуществом является изменение его распределения.

Литература

I . Roberts, L. G., Dynamic Allocation of Satellite Capacity Through Packet Reservation. AFIPS Conf. Proc. vol 42.

2 . Kleinrock, L.,Tobagi, F. A., Packet Switching in Radio Channels, Parts I-III. IEEE Trans. on Comm., vol. 23, No. 12.

3. Цыбаков, Б.С., Берковский, М.А., Множественный доступ с резервированием. Проблемы передачи информации, 1980, №I.

4. Йереб Л., Сабо Ч., Исследование асинхронной системы с резервированием с помощью моделирования /в печати, на венгерском языке/.

5 . Abramson, N., The Aloha System, in Computer Communication Networks, Prentice-Hall, 1973, pp. 5o1-518.

6 . Dallos, Gy., A Modified Carrier Sense Multiple Access Procedure for Interactive Radio Terminals. Proc. 6th Coll. on Microwave Comm., OMKDK-Technoinform, Budapest, 1978.

7 . Sindhu, P.,S., Retransmission Error Control with Memory. IEEE Tr. on Comm.,vol. 25, No. 5. pp. 473-479.

8 . Metzner, J., J., Improvements in Block-Retransmission Schemes. IEEE Tr. on Comm., vol. 27, No. 2., pp. 524-532.

9 . Györfi, L., Dallos, Gy., An Error Control Scheme Using Memory for Simple Aloha Channels /to be published/.

ОПРЕДЕЛЕНИЕ КАЧЕСТВА ПРИЁМА СИГНАЛОВ И УСЛОВИЙ ВЫСТУПЛЕНИЯ* ПОРОГОВОГО ЭФФЕКТА ИХ ПРАВИЛЬНОГО ПРИЁМА В КАНАЛЕ СИСТЕМЫ

Aleksander Kozlowski [1/] , Jozef Wozniak [2/]

I. Введение. Предметом рассмотрения настоящей статьи будет система дистанционного многодоступа /типа ALOHA /, в которой отдельные потребители имеют свободный доступ к наземному радиоканалу связи с центром телеобработки /ЦТ/ [I] , [3] , [5] , [6] . Свободный доступ влечёт возможность интерференции последовательностей сигналов, передаваемых различными передатчиками. Интерференция сигналов во многих случаях /но не всегда/ повреждает их в такой степени, что их правильный приём делается невозможным и надо их повторить. Главной проблемой этой статьи будет определение условий, связанных с взаимными расстояниями потребителей от ЦТ, при которых возможен почти безошибочный приём /с определённо малой вероятностью ошибки/ одного из интерферирующих пакетов. Эта проблема тесно связана с оценкой качества приёма элементарных сигналов.

Вследствие невозможности правильного приёма интерферирующих пакетов, среднее число G пакетов, введённых в канал, больше, чем среднее число S пакетов, генерированных всеми потребителями. Зависимость $S=f(G)$ является главной зависимостью, которая определяет степень использования общего канала. Обеспечение возможности почти безошибочного приёма одного из интерферирующих пакетов уменьшает количество переспросов, и вследствие этого растёт эффективность использования общего канала.

На практике оказывается, что в радиоканале выступает пороговый эффект. Он позволяет принимать с определённым качеством тот из интерпретирующих сигналов /пакетов/, который имеет в точке приёма самую большую мощность [2] , [4] . Тогда при определённом G получаем S большее по сравнению с тем случаем, когда этот эффект не учитывается.

В литературе пока нет точного анализа влияния порогового эффекта на вероятность ошибки приёма. В связи с этим дальше определим зависимость между мощностями сигналов в точке приёма, при которых возможен приём сигналов с заданной вероятностью элементарной ошибки. Предполагаем, что

1/ Politechnika Gdanska Instytut Telekomunikacji
ul. Majakowskiego 11/12 80-952 Gdansk

2/ Politechnika Gdanska Instytut Telekomunikacji
ul. Majakowskiego 11/12 80-952 Gdansk

все передаваемые сигналы одинаковы по мощности и их мощность в точке приёма /если принять однородность затухания на всех направлениях /зависит только от расстояния передатчиков от приёмника. В связи с этим условия выступления порогового эффекта правильного приёма самого мощного сигнала зависят только от соотношения расстояний от ЦТ, передающих сигналы передатчиков. Дальше получим критическое отношение расстояний потребителей от ЦТ, при котором начинает выступать пороговый эффект правильного приёма сигнала, передаваемого ближайшим потребителем.

2. Оценка качества приёма элементарных сигналов. Предположим, что в системе используются сигналы с бинарной фазовой модуляцией и корреляционный приёмник. Для анализа выбираем одного из потребителей системы, расположенного на расстоянии r_d от ЦТ. Случайный сигнал $\underline{Y}(\cdot)$ на входе центрального приёмника во время $t \in \langle t_a, t_b \rangle$ приёма элементарного сигнала $s_l(\cdot), l=1,2,$ этого потребителя в присутствии интерференционных и аддитивных внешних помех можно представить формулой :

$$\underline{Y}(t) = s_l(t) + \underline{S}(t) + \underline{Z}(t) \;;\; t \in \langle t_a, t_b \rangle, \qquad (1)$$

где $\underline{S}(\cdot), \underline{Z}(\cdot)$ - это независимые случайные процессы, описывающие интерференционные и внешние помехи.

Учитывая вид элементарных сигналов и принцип их приёма, а кроме того, предполагая, что имеется возможность синхронизации центрального приёмника и принимаемого пакета при отсутствии интерференционных помех, можно принять, что в интервале времени $\langle t_a, t_b \rangle$, соответствующем времени передачи любого элементарного сигнала из данного пакета, решения будут приниматься на основе функционала :

$$\mu(\underline{Y}_l) = \int_{t_a}^{t_b} [s_2(t) - s_1(t)]\, \underline{Y}_l(t)\, dt = \mu_l + \underline{\mu}_s + \underline{\mu}_z, \qquad (2)$$

где μ_l - это величина, связанная с приёмом сигнала $s_l(\cdot)$; $\underline{\mu}_s, \underline{\mu}_z$ - это случайные величины, связанные соответственно с интерференционной и внешней помехой.

Для уравновешенного источника качество этих решений определяет вероятность $P_b^{(l)}$ элементарной бинарной ошибки. Оказывается, что при учёте симметрии канала в случае, когда средняя интенсивность потоков пакетов пользователей небольшая и, вследствие этого, вероятностью интерференции более чем два пакета можно пренебречь, вероятность $P_b^{(l)}$ имеет такую зависимость:

$$P_b^{(l)} = P\left\{ \underline{Z} \geqslant \frac{A(0)(t_b - t_a)}{2 S_b} \left[A(r_d) - A(r_i) \right] \right\}, \qquad (3)$$

где

$A(0)$ - амплитуда передаваемого сигнала,

$A(r_d)$ - амплитуда в точке приёма сигнала, передаваемого данным потребителем, находящимся на расстоянии r_d от ЦТ,

$A(r_i)$ - амплитуда в точке приёма сигнала, передаваемого интерферирующим передатчиком, находящимся на расстоянии r_i от ЦТ,

$\underline{Z}$ - функционал внешнего шума, о котором предположим, что это белый гауссовский шум, имеющий спектральную плотность S_b.

Формула (3) описывает условия, при которых элементарные сигналы интерферирующих пакетов накладываются в период их длительности в интервале времени $\langle t_a, t_b \rangle$ с противоположной фазой. Это эквивалентно вычитанию их амплитуд.

<u>3. Определение условий выступления порогового эффекта</u>. Предположим дальше, что для самого дальнего потребителя вероятность элементарной ошибки при отсутствии интерференционных помех равна P_b и что она позволяет достигнуть хорошее качество приёма последовательностей элементарных сигналов - пакетов [6]. В этом случае нас удовлетворяет неравенство:

$$P_b^{(i)} \leq P_b \tag{4}$$

Исполнение этого условия можно считать проявлением порогового эффекта, т.е. правильного приёма самого мощного сигнала. Затухание сигналов в радиоканале увеличивает вероятность элементарной ошибки /при отсутствии интерференционных помех/ при увеличении расстояния потребителя от центра. Принимая, что затухание мощности сигналов растёт с четвёртой степенью расстояния от ЦТ, на основе формул (3) и (4) получаем условия критического расстояния $r_{i_{min}}$ потребителей от центрального приёмника:

$$r_{i_{min}} = \frac{r_d}{1 - \frac{r_d}{r_{max}}}, \tag{5}$$

где r_{max} - расстояние самого удалённого потребителя от ЦТ. Зависимость расстояния $r_{i_{min}}$ потребителя, интерферирующего с данным, удалённым от центра r_d, показана на рис.I.

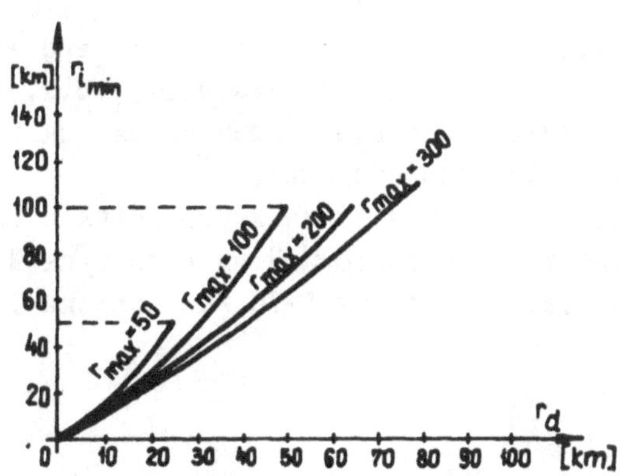

Рис.I. Иллюстрация условия приёма сигналов с вероятностью, меньшей P_b, в случае интерференции

При этом условии сигналы, передаваемые данным потребителем, будут /в присутствии интерференционных помех и шума/ приниматься с вероятностью, не большей $P_{B_{max}}$

4. Выводы. Описанные зависимости допускают количественную оценку качества приёма сигналов в присутствии интерференционных и внешних помех при предположении разных расстояний потребителей от ЦТ. Допуская, что передатчики могут иметь разную мощность, можно принять, что разным мощностям равноудалённых передатчиков эквивалентны некоторые передатчики, расположенные на разных расстояниях от ЦТ и имеющие одинаковые мощности [3] . Используя полученные результаты, можно получить условия, накладываемые на мощности передатчиков, при которых пороговый эффект правильного приёма позволяет получить систему с повышенной степенью использования общего канала /потребители - ЦТ/. Оказывается, что, соответственно выбирая мощности передатчиков, можно получить систему с максимальной степенью использования канала. Для реализации такой системы, однако, необходим большой излишек мощности, выше мощности, обеспечивающей хорошее качество приёма /при отсутствии интерференционных помех/. Однако в случае меньших излишков мощности сознательное использование порогового эффекта правильного приёма сигналов тоже имеет определённые преимущества в смысле повышения степени использования общего канала связи/.

Литература

1. Abramson N., The Throughput of Packet Broadcasting Channels, IEEE Trans.on Comm.,vol.25,No.1 January 1977,
2. Bruyland I., The Influence of Finite Bandwidth on the Capature Effect in FM Demodulators, IEEE Trans.on Comm.,vol.26, No.6 June 1978,
3. Kozlowski A., Анализ радиовых сетей телеобработки со свободным доступом употребителей к каналу, кандидатская диссертация, Гданьск 1979 /по польски/.
4. Roberts L.G., ALOHA Packet System with and without Slots and Capature, Computer Comm. Review,vol.5,No.2,1975,
5. Seidler J.,Анализ и синтез сетей связи для систем телеобработки, ГНВ Варшава 1978 /по польски/.
6. Wozniak J., Оценка влияния кодирования и обратной связи на качество передачи в асинхронной многодоступной системе, кандидатская диссертация, Гданьск 1976 /по польски/.

О широкополосных асинхронных системах связи

Иштван Вайда

Системы связи,работающие на принципе расширения энергетического спектра информационного сигнала с использованием кодовой последовательности,теперь живут второй период развития.В этой короткой статье, из многочисленных применений принципа расширения спектра, занимаемся одним типом широкополосных асинхронных систем связи /AACC/, когда:

I.кодирование с суммированием по модулю 2 связано с модулятором двоичного сдвига по фазе несущего сигнала

2.демодуляция осуществляется фильтром,согласованным с псевдошумным сигналом передатчика.

Мы занимаемся в Институте и практическими вопросами,такими как построение схемы для синхронизации кодовых последовательностей на базе интегральных схем,а также итеоретическими, например вычисление эффективности системы с точки зрения обмена информации между объектами систем.

В настоящей статье показан короткий анализ для вычисления вероятности ошибочной детекции информации у приемника.Схема исследованной системы показана на рис.I.

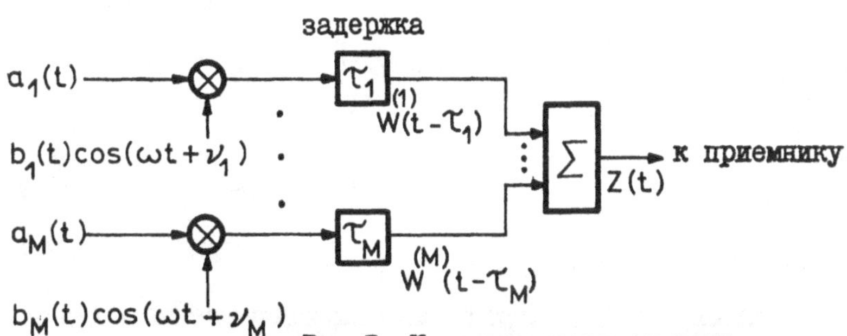

Рис.I: Исследованная система

"M"активный абонент передает двоичную информацию $A_j=\{a_i^{(j)}\}_{i=-\infty}^{\infty}$ $a_i^{(j)}\in\{+1,-1\}$,где $j=1,2,\dots,M$, через суммирующий канал.Каждый абонент пользуется общей полосой частот без ожидания свободного канала,и этой асинхронности соответствуют в модели параметры задержки $\tau_1,\dots,\tau_M$, $\tau_j\in[0,T]$,где T^{-1} обозначает частоту цифровой информации.Частота кодов $1/T_c$ и $N\triangleq T/T_c$ обозначает коэффициэнт расширения спектра, далее кодовые последовательности $B_j=\{b_i^{(j)}\}_{i=-\infty}^{\infty}$, $b_i^{(j)}\in\{+1-1\}$, периодические на период N,

$j=1,2,\dots,M$.

István Vajda, Technische Universität Budapest

Таким образом, сигнал, поступающий на вход приемника:

$$Z(t) = \sum_{j=1} W^{(j)}(t-\tau_j) =$$

$$= a_1(t-\tau_1)\, b_1(t-\tau_1) \cos(\omega t + \nu_1 - \omega\tau_1) + n_1(t),$$

где $n_1(t)$ обозначает внутрисистемную помеху с точки зрения передачи первого абонента. Прием внутрисистемной помехи совершается, как известно, корреляционным детектором. Предположим синхронизм между передатчиком I и его приемником, т.е. знание параметров τ_1, ν_1 у приемника.

Двоичный символ на выходе детектора:

$$\hat{a}_i^{(1)} \triangleq \operatorname{sign}\left\{ \int_{(i-1)T}^{iT} Z(t)\, b_1(t-\tau_1) \cos(\omega t + \nu_1 - \tau_1\omega)\, dt \right\}.$$

Задача – оценка вероятности ошибочной детекции – $P_{ош} \triangleq P\left\{\hat{a}_1^{(1)} \neq a_1^{(1)}\right\}$. После несложных преобразований получено:

$$\hat{a}_1^{(1)} = \operatorname{sign}\left\{ a_1^{(1)} + \frac{1}{N} \sum_{j=2}^{M} \left(\sum_{i=1}^{N} b_i^{(1)} \tilde{b}_i^{(j)} \right) \cos \tilde{\nu}_j \right\} \quad \text{, где}$$

$$\tilde{b}_i^{(j)} = b^{(j)}_{i-1-\operatorname{ent}\left(\frac{\tau_j}{T_c}\right)} \cdot \alpha_j + b_{i-\operatorname{ent}\left(\frac{\tau_j}{T_c}\right)} (1-\alpha_j), \quad \alpha_j = \frac{\tau_j}{T_c} - \operatorname{ent}\left(\frac{\tau_j}{T_c}\right)$$

и $\tilde{\nu}_j = \nu_j - \omega\tau_j$, $j = 2, \ldots, M$.

Для оценки $P_{ош}$ предположим случайную модель для кодов: $b_i^{(j)}$ – независимые случайные величины, принимающие $+1$ и -1 с вероятностью $1/2$, $i = 1, 2, \ldots, N$; $j = 1, 2 \ldots, M$. Для фиксированных параметров $\tau = (\tau_1, .., \tau_M)$, $\nu = (\nu_1, .., \nu_M)$, применяя технику Чернова, получаем нижеуказанную калькуляцию для оценки верхней границы на вероятности ошибки: $\lambda > 0$,

$$P_{ош} = \mathbb{E}\left[P\left(\left(\frac{1}{N} \sum_{j=2}^{M} \sum_{i=1}^{N} b_i^{(1)} \tilde{b}_i^{j} \right) \cos \tilde{\nu}_j \geq 1 / \nu, \tau, b_1^{(1)}, \ldots, b_N^{(1)} \right) / \nu, \tau \right] \leq$$

$$\mathbb{E}\left[P\left(\exp\left(\frac{\lambda}{N}\sum_{j=2}^{M}\left(\sum_{i=1}^{N} b_i^{(1)}\tilde{b}_i^{(j)}\right)\cos\tilde{\vartheta}_j\right)\geq e^{\lambda}\Big/\nu,\tau,b_1^{(1)},\ldots,b_N^{(1)}\right)\Big/\nu,\tau\right]$$

$$\leq \mathbb{E}\left[e^{-\lambda}\prod_{j>1}\prod_{i=1}^{N}\mathbb{E}\left(\exp\left(\frac{\lambda}{N}b_i^{(1)}\tilde{b}_i^{(j)}\cos\tilde{\vartheta}_j\right)\Big/\nu,\tau,b_1^{(1)},\ldots,b_N^{(1)}\right)\Big/\nu,\tau\right]$$

$$=\mathbb{E}\left[e^{-\lambda}\prod_{j>1}\prod_{i=1}^{N}\quad \mathrm{ch}\left(\frac{\lambda}{N}b_i^{(1)}\cos\tilde{\vartheta}_j\right)\Big/\nu,\tau\right]\leq$$

$$\leq \mathbb{E}\left[e^{-\lambda}\prod_{j>1}\prod_{i=1}^{N}\exp\left(\frac{\lambda^2}{2N^2}\,{b_i^{(1)}}^2\cos^2\tilde{\vartheta}_j\right)\Big/\nu,\tau\right]\leq$$

$$\leq \mathbb{E}\left[\exp\left(-N\Big/\left(2\sum_{j=2}^{M}\cos^2\tilde{\vartheta}_j\right)\right)\Big/\nu,\tau\right]=\exp\left(-N\Big/\left(2\sum_{j=2}^{M}\cos^2\tilde{\vartheta}_j\right)\right)$$

Если введем суммированную скорость информации $R_{SUM}=\frac{M}{N}$ для одинаковых скоростей абонентов, получим:

$$P_{ош}\leq\exp\left[-1\Big/\left(2R_{SUM}\frac{1}{M}\sum_{j=2}^{M}\cos^2\tilde{\vartheta}_j\right)\right]\leq\exp\left(-1\big/2R_{SUM}\right).$$

Для примера $P_{ош}<10^{-6}$, если $R_{SUM}<0.036$. В статье [3] покажем, что, используя кодирование блока информации в блок символов канала, R_{SUM} может быть увеличено до $1/2\ln 2=0.723\ldots$.

Литература:

1 M.B. Pursley, "Performance evaluation for phase-coded spread-spectrum multiple-access communication - Part I: System analysis", IEEE Trans. Comm., vol. COM-25, pp. 795-799, 1977.

2 K. Yao, "Error probability of asynchronous spread-spectrum multiple-access communications systems", IEEE Trans. Comm., vol. COM-25, pp. 803-809, 1977.

3 L.Győrfi and I. Vajda: "Block coding and correlation decoding for an M-user weighted adderchannel", before publication.

СБОРОЧНО-РАСПРЕДЕЛИТЕЛЬНЫЕ ПЕТЛЕВЫЕ СЕТИ СВЯЗИ С КОММУТАЦИЕЙ ПАКЕТОВ

Krzysztof Pawlikowski [1)]

1.Введение. Петлевые сети связи (ПСС) используются прежде всего в телеинформатических системах как для обеспечения связи ЭВМ с терминалами, так и связи между несколькими ЭВМ. В сетях этого рода все источники и приёмники сообщений размещены вдоль общего симплексного канала, замкнутого в кольцо. Иногда такие петли взаимно соединяются, составляя многопетлевые сети, или подключаются к другим сетям, с другими структурами. Принципы действия ПСС подробно обсуждены, например, в [3,4].Специфический способ соединения узлов ПСС даёт возможность простой децентрализации управления потоками информации; достаточно локально наблюдать состояние общего канала. Вследствие того сети этого рода отличаются особенно низкими затратами на постройку и большой эластичностью структуры. Благодаря этим достоинствам круг использования этих сетей постоянно расширяется. Между прочим, для них была выделена отдельная секция во время международного семинара ICCC в 1978 году в Киото. В [4] цитируется около 60 описаний локальных или географически-распространенных действующих ПСС или их проектов.

Сборочно -распределительные ПСС используются прежде всего для связи территориально-удаленных терминалов с вычислительным центром (ВЦ). Наши рассуждения относим к запросно-ответным телеинформатическим системам, работающим в реальном масштабе времени. Учитывая выступающие в таких применениях строгие ограничения длительности времени реакции системы (время от момента сформулирования запроса с терминала к ВЦ до момента получения ответа в этом терминале), принимаем, что в рассматриваемых сетях применяется коммутация пакетов, т.е. пересылаются одинаковой длины пакеты. Длинное сообщение передается в нескольких пакетах.

В зависимости от функционального предназначения узлов ПСС, выделяем главный узел (ГУ), интерфейс вычислительного центра, и оконечные узлы (ОУ), интерфейсы оконечных устройств, рис. 1 .В ГУ находится генератор тактовых импульсов, с помощью которых определяются временные рамки, перемещающиеся по общему каналу в фиксированном направлении. В течение одной рамки, длительности T секунд, может передаваться лишь один пакет, длиной l битов. Правило, по которому в каждом узле выбираются пакеты, помещающие его в очередных рамках, имеет сильное влияние на качество действия. Среди большего множества возможных правил доступа к каналу, смотри [3,4], возьмем

1) Instytut Telekomunikacji, Politechnika Gdańska
80-952 Gdansk VR Polen

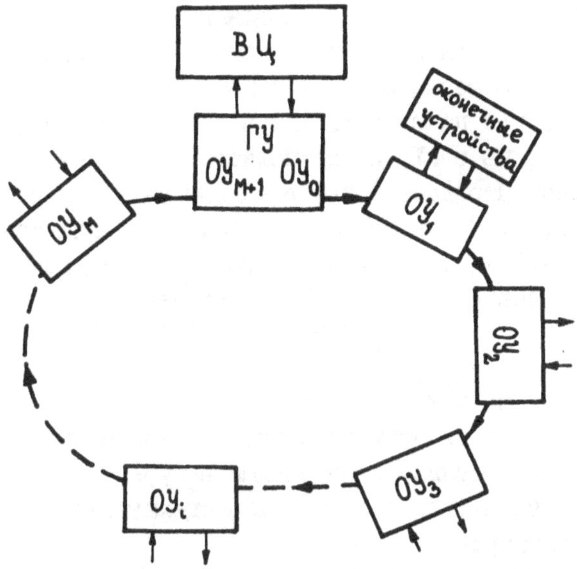

Рис. 1 . Сборочно-распределительная ПСС. ВЦ - вычислительный центр, ГУ - главный узел, ОУ$_i$ - оконечный узел номер i .

здесь во внимание два из них, наиболее интересные в вышеупомянутых применениях: т.н. петлевое правило без освобождения рамок (БОР) и петлевое правило с освобождением рамок (СОР). Они подробно описаны дальше.

Качество действия рассматриваемых ПСС оценим средним опозданием в сеансе связи (среднее время реакции системы без времени обработки в ВЦ и времени распространения сигналов). Все представленные результаты получены, предполагая, что:

- буферы в узлах имеют неограниченные ёмкости;
- система находится в стационарных условиях;
- распределения числа пакетов, поступающих в узлы в течение разных временных рамок, не зависят от номеров этих рамок;
- потоки сообщений, передаваемые между разными источниками и приёмниками, взаимно независимы.

В дальнейшем принимаем, что в системе находится М оконечных узлов ОУ$_1$, ОУ$_2$,..., ОУ$_M$ и ГУ, обозначенный тоже как ОУ$_0$ или ОУ$_{M+1}$, рис. 1.

2. Петлевое правило без освобождения рамок. В случае БОР каждую временную рамку последовательно передают в распоряжение узлам вдоль петлевого канала, начиная от ГУ. Если в ГУ нет пакетов, адресованных к оконечным устройствам, рамку передают в распоряжение ОУ$_1$ и далее. Рамка будет занята пакетом из первого встреченного непустого буфера, т.е. пакет из ОУ$_i$ можно выслать в данную рамку лишь в случае, если эта рамка не встретила пакетов в ОУ$_0$, ОУ$_1$,..., ОУ$_{i-1}$. Пакеты в узлах обслуживаются согласно принципу "первым пришёл - первым обслужен".

Для максимального упрощения оборудования узлов рамки используются однократно, лишь только для передачи пакета из ВЦ к оконечному устройству или наоборот. Таким образом, рамка, в которой передано пакет к $ОУ_i$, является недоступной для пакетов, ждущих в этом и последующих узлах. Рамки "освобождаются" лишь в ГУ, после полного окружения петли. Ввиду вышесказанного очевидно, что достаточно в каждом узле задержать рамку в течение одного бита, чтобы распознать, свободна она или занята. Потому в случае запроса длиной n_i пакетов и ответа длиной n_o пакетов организационное опоздание в сеансе связи с $ОУ_i$ не менее

$$D(i) = \frac{T}{l}\left[\left(M+1-i\right)n_i + i\,n_o\right] \qquad (1)$$

секунд, где l - длина пакета (число битов).

Важным составным элементом опоздания в сеансе связи являются в этом случае времена, проведенные сообщениями в буферах узлов, ожидая свободные рамки. Анализ этих времён можно сделать, используя теоретический подход, предложенный в [2].

Опоздание сообщения - запроса. Принимаем, что сообщение длиной n_i пакетов, передаваемое из $ОУ_i$ к ГУ, прибывает к $ОУ_i$ сразу после начала в нём рамки номер j, т.е. в момент $t_o=(j-1)T+0$. Это наиболее невыгодный момент заявки в течение рамки; даже при пустых всех узлах передача первого пакета может начаться спустя T секунд. Пусть

$N_i(j)$= длина очереди пакетов, ждущих передачи в $ОУ_i$ в момент $t=jT-0$, т.е. перед самым началом рамки номер $j+1$,

$X_i(j)$= число пакетов, прибывших в $ОУ_i$ в течение рамки номер j.

Легко констатируем, что в момент заявки наше сообщение находится в конце очереди пакетов, ждущих уже передачи в $ОУ_i$ и в предыдущих узлах, т.е. в конце очереди пакетов длиной

$$\left[\sum_{k=0}^{i} N_k(j-1) - 1\right]^+ ,$$

где $A^+=\max(A,0)$. После первых T секунд пакеты этого сообщения добавочно отступают назад, в очередь из $\sum_{k=0}^{i-1} X_k(j)$ пакетов, прибывших в предыдущие узлы. Как видим, в момент $t=jT-0$ пакеты этого сообщения находятся в конце очереди длиной

$$N(j) = \left[\sum_{k=0}^{i} N_k(j-1) - 1\right]^+ + \sum_{k=0}^{i-1} X_k(j) + n_i \,. \qquad (2)$$

В следующие моменты $t=(j+w)T-0,\ w=1,2,\dots,W$, последний пакет нашего сообщения будет находиться в конце очереди длиной

$$N(j+w) = N(j) + X(j+1) + X(j+2) + \dots + X(j+w) - w \qquad (3)$$

пакетов, где

$$X(j+w) = \sum_{k=0}^{i-1} X_k(j+w), \qquad (4)$$

$$W = \min_{w} \{ w : N(j+w) = 1 \}. \tag{5}$$

Здесь W обозначает время первого достижения состояния 1 при выходе из состояния $N(j)$ в цепи Маркова, определяемой формулы (2). В момент $t = WT$ последний пакет нашего сообщения покинет буфер. Учитывая принятый момент заявки сообщения в ОУ$_i$, время, проведённое сообщением в буфере, равно $W+1$. Распределение случайной величины W определено в [2]. На основе представленных там результатов получаем среднее время, проведённое в буфере сообщением длиной n_i пакетов, передаваемым из ОУ$_i$ к ГУ,

$$\bar{W}(i, M+1) = \frac{\bar{L}_{0i} - \sum_{k=0}^{i} \bar{X}_k + n_i}{1 - \sum_{k=0}^{i-1} \bar{X}_k} T, \tag{6}$$

где
$$\bar{L}_{0i} = 0.5 \sum_{k=0}^{i} \sigma^2 X_k / (1 - \sum_{k=0}^{i} \bar{X}_k) + 0.5 \sum_{k=0}^{i} \bar{X}_k \tag{7}$$

обозначает среднюю длину суммарной очереди пакетов в ОУ$_0$, ОУ$_1$, ... и ОУ$_i$. Здесь $\sigma^2 X_k$, $\bar{X}_k$ – соответственно дисперсия и среднее число пакетов, прибывших в течение одной рамки к ОУ$_k$.

Опоздание сообщения – ответа. Как и выше, принимаем, что сообщение длиной n_0 пакетов, передаваемое из ГУ к ОУ$_i$, прибывает с ВЦ к ГУ сразу после начала рамки номер j, т.е. в момент $t_0 = (j-1)T+0$. Поскольку в случае анализированного правила пакетам в ГУ первым предоставляются рамки, единственной причиной опоздания пакетов нашего сообщения будут пакеты, прибывшие с ВЦ к ГУ перед t_0. В момент $t = jT-0$ сообщение будет находиться в конце очереди пакетов длиной

$$N(j) = [N_0(j-1) - 1]^+ + n_0 \tag{8}$$

и, согласно методу, предложенному в [2], надо анализировать число рамок, после которого в этой очереди остаётся только один пакет. Используя результаты [2], получаем, что среднее время, проведённое в буфере сообщением длиной n_0 пакетов, передаваемым из ГУ к ОУ$_i$,

$$\bar{W}(0, i) = \left(\frac{\sigma^2 X_0}{2(1 - \bar{X}_0)} - 0.5 \bar{X}_0 + n_0 \right) T. \tag{9}$$

Учитывая все составные среднего опоздания в сеансе связи с ОУ$_i$, получаем, что оно равно

$$\bar{W}(i) = \bar{W}(i, M+1) + \bar{W}(0, i) + D(i), \tag{10}$$

смотри формулы (1), (6), (7) и (9).

3. Петлевое правило с освобождением рамок. В случае СОР, похожем на БОР, каждую временную рамку предоставляем в распоряжение последовательно узлам вдоль петлевого канала, начиная от ГУ. К тому же добавляем освобождение рамок во всех узлах, которые получат адресованные к ним пакеты. Следовательно, возникает возможность повторного использования рамок, в которых были переданы пакеты из ГУ, для передачи пакетов из оконечных узлов к ВЦ. Рамку, в которой передано пакет к данному ОУ, снова предостав-

ляем в распоряжение тому же и последующим оконечным узлам.

Ввиду вышесказанного очевидно, что в каждом узле надо задержать рамку на время, достаточное для распознания, является ли она свободна, а если нет - к которому узлу она предназначена. Из этого следует, что надо распознать по крайней мере $\lceil \lg_2(M+1) \rceil$ битов в каждой рамке, где $\lceil A \rceil$= ближайшее целое число, не меньшее, чем A, и в случае запроса длиной n_i пакетов и ответа длиной n_0 пакетов организационное опоздание в сеансе связи с $ОУ_i$ не меньше, чем

$$D(i) = \frac{T}{l}\left[(M+1-i)\,n_i + i\,n_0\right]\lceil \lg_2(M+1) \rceil \tag{11}$$

секунд, где l - длина пакета (число битов).

До сих пор не получено точных аналитических результатов теоретического анализа ПСС в случае СОР. Поэтому используем здесь результаты статистического моделирования [5], в котором исследовано опоздание тестовых сообщений, согласно методу, предложенному в [2]. Среднее опоздание в сеансе связи с $ОУ_i$ получаем по формуле (10).

4.<u>Сравнение.</u> Для упрощения принимаем одинаковые характеристики потоков заявок, поступающих в узлы. Моделью процесса прибывания сообщений в $ОУ_i$, $i=0,1,2,\ldots,M$, принимается простой процесс Пуассона с интенсивностью $\lambda_i=\lambda$. Кроме того, принимается, что длины сообщений типичны для запросно-ответных систем, т.е. запросы пересылаются одним пакетом каждый, а ответы несколько раз длиннее. Число пакетов, переносящих одно сообщение - ответ, определено геометрическим распределением с математическим ожиданием $m=(1-q)^{-1}$, $0<q<1$. В этом случае $\bar{X}_0=M\lambda m$, $\sigma^2X_0=M\lambda(1+q)(1-q)^{-2}$, $\bar{X}_i=\lambda$, $\sigma^2X_i=\lambda$, $i=1,2,\ldots,M$.

Среднее опоздание в сеансе связи с $ОУ_i$ может сильно зависеть от номера узла. Упрощая анализ, вводим среднее опоздание в сеансе связи, усредненное во всех узлах,

$$\bar{W} = \frac{1}{M}\sum_{k=1}^{M}\bar{W}(k). \tag{12}$$

На рис.2 представлена зависимость $\bar{W}$ от суммарной загрузки ρ, т.е. от среднего суммарного числа пакетов, прибывающих в сеть в течение одной рамки, как для правила БОР, так и для правила СОР. Как видим, качество действия ПСС в обоих случаях сильно зависит от длины пакетов. В случае представленном на рисунке для пакетов длины $l=1000$ битов, всегда лучше правило СОР, но для пакетов длины $l=100$ битов это правило является лучше только при средней загрузке $\rho>0.66$. Штриховыми линиями обозначено среднее время, проведённое в буферах. Как видим, влияние организационного опоздания увеличивается с сокращением длины пакетов. Надо добавить, что, предполагая неограниченные ёмкости буферов, ПСС в случае БОР будет находиться в стационарном режиме при $\rho<1$, а в случае СОР-при $\rho<1+1/m$, т.е. $\rho<2$ при ответах, переданных единичными пакетами.

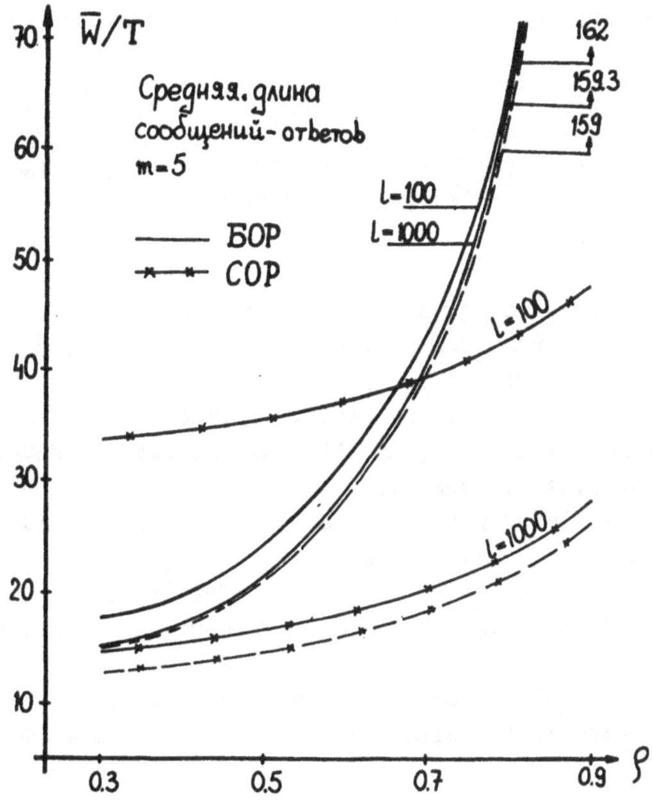

Рис.2. Зависимость среднего опоздания в сеансе связи в ПСС от суммарной загрузки.

Из подробного анализа следует, что с увеличением загрузки и длины сообщений-ответов увеличивается неравенство обслуживания отдельных узлов. В случае БОР более привилегированным является первый, а в случае СОР - последний оконечный узел. Этот эффект, однако, можно практически ликвидировать, выбирая соответствующее правило обслуживания очереди пакетов, ждущих передачи в ГУ, [6].

5. <u>Заключение.</u> К приведенным рассуждениям близка статья [7], в которой используется метод приближенного анализа. Здесь рассмотрено только два из многих возможных правил доступа к общему каналу в ПСС. Другие технические средства повышения качества действия ПСС указаны в [6]. Для полной оценки ПСС нужно сравнить их действие с действием других сетей. Этой проблеме, кроме краткого исследования, представленного в[1], не уделено до сих пор должного внимания.

6. <u>От автора.</u> Автор выражает благодарность д-ру Мирославу Роевскому

из Гданьского Политехнического Института за ценные дискуссии при подготовке этой работы.

7. Литература

1. Hayes, J.F., Sherman, D.N.: A study of data multiplexing techniques and delay performance. BSTJ 11 (1972), 1983-2011.
2. Pawlikowski, K.: Message waiting time in a packet switching system. JACM 1 (1980), 30-41.
3. Павликовски, К.: Организация работы петлевых сетей связи телеинформатических систем. В: Проблемы польско-советского рабочего семинара. Варшава 1978, изд. PWN, Warszawa 1979, 165-182.
4. Pawlikowski, K.: Petlowe sieci lacznosci w systemach teleinformatycznych. Problem Resortowy RI-14 MNSWiT. Politechnika Gdanska, Instytut Telekomunikacji. Gdansk 1979.
5. Pawlikowski, K., Kurleto, R.: Simulated performance of a loop computer communication network. (готовится к печати).
6. Pawlikowski, K.: Analiza statystyczna teleinformatycznych splywowo-rozplywowych sieci petlowych. Докторская диссертация, Politechnika Gdanska. Gdansk 1975.
7. Richardson, T.G., Yu, K.W.: The effect of protocol on the response time of loop structures for data communications. Computer Networks 3 (1979), 57-66.

Kapitel 3

Kodierung - Signalsynthese

Wellenformkodierung von Analogsignalen

S. Csibi

Inhalt

- Fragestellung
- Zeitweise Aktivität und Belegung
- Die Ausnutzung der Zeit in einem typischen Paket-Verfahren
- Differenz-Verfahren
- Prediktive Kodierung
- Anhang
- Literaturverzeichnis

Fragestellung

Der heutige Stand und vor allem die Weiterentwicklung von VLSI-Bauelementen ermöglichen die Ausnutzung der zeitweisen Aktivität und einiger kurzzeitiger Redundanzeigenschaften von Analogsignalen auch unter Umständen, unter denen diese früher nicht ökonomisch waren. Alltägliche praktische Anwendungen findet man zur Zeit in der digitalen Fernmessung von Analogquellen. Eine wesentliche Verbreitung von solchen Verfahren kann man auch innerhalb des digitalen Fernsprechens antreffen.

In dieser Hinsicht sind diejenigen Verfahren besonders zeitgemäß, durch die in einer zweifellos zu strengen, aber gut handhabbaren Weise die treue Wiedergabe der Wellenform selbst erzielt wird.

Sprechsignalkodierung dieser Art wird üblich Wellenformkodierung genannt, um solche Verfahren von der Tonkodierung /voice coding/ zu unterscheiden, durch die bekannterweise dem Zuhörer durch eine treue Wiedergabe nur wesentliche Merkmale vermittelt werden, aber zur Zeit keine CII-Qualität verwirklicht wird [5].

Eine ökonomische Datenkompression hat in digitalen Abonnent-Netzen eine besondere Bedeutung an Konzentrations- sowie an Anwendungsstellen, z.B. an Sprechstellen /Figure 1/.

Bevor jedoch an den Anwendungsstellen eine individuelle Kodierung für diese Zwecke unbedingt notwendig wird, ist es einfacher, an den Konzentrationsstellen die unwesentlichen kleinen Momentanmuster während der Signalpausen weg zu lassen.

In dieser Arbeit werden einige aktuelle Fragen der Datenkompression von Analogsignalen, z. B. Sprechsignalen auf der Basis von Wellenformkriterien, betrachtet, mit besonderer Rücksicht auf diejenigen digita-

---

TU Budapest /BME/, Inst. f. Nachrt. u. Elektronik /HEI/, Budapest
Stoczek utca 2, H-1111

len Verfahren, welche für eine ökonomische Anwendung an Konzentrations- und Anwendungsstellen schon jetzt aussichtsreich scheinen.

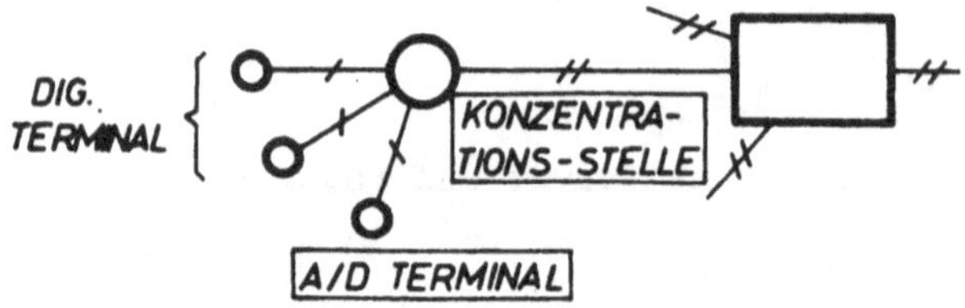

Figure 1 - Digitale Abonnent-Netze

Zeitweise Aktivität und Belegung

Die meisten Nachrichtenquellen benötigen bekannterweise eine Bedienung nur zeitweise, innerhalb sogenannter Belegungsperioden, und sind auch während dieser Perioden nur zeitweise aktiv. Typische Daten der entsprechenden Wahrscheinlichkeiten siehe Tabelle 1.

Tabelle 1: Typische Daten

Quelle	Belegung in der kritischen Stunde	Aktivität in den Belegungsperioden
Sprechstelle	0,05 ... 0,2	0,3 ... 0,7
Interaktive Programmierung	0 ... 1	0,005 ... 0,05
Interaktive Massinterpretation /z. B. EKG/	0 ... 1	0,02 ... 0,1

Beide Tatsachen sind in der Nachrichtentechnik seit langem wohlbekannt, aber ihre Ausnutzung war unter den klassischen Umständen an die Linien-Schaltung gebunden. / Ein für die Ausnutzung der Aktivität klassisches Sonderbeispiel ist das TASI-Verfahren im Überseeverkehr [1]./

Dagegen ermöglichen praktische digitale Nachrichten-Verfahren das Ausschliessen der passiven Signalperioden schon jetzt auf Grund ihres Arbeitsprinzips durch verhältnismässig einfache algorithmische Maßnahmen.

Diese Maßnahmen, ebenso wie die Bündelung mehrerer Signale, sind besonders naheliegend, falls die Übertragung mittels Paketen stattfindet. Es ist in diesem Falle natürlich eine grundlegende Frage, wie groß der Verlust wegen der unvollkommenen Ausnutzung der Zeit ist, die bei Verfahren mit einem zufälligen Zugang unumgänglich ist und die erreichbare Kompression vermindert.

Im folgenden werden die zeitlichen Verhältnisse eines besonders instruktiven Grundtyps der Paketübertragung unter diesem Gesichtspunkt untersucht.

Die Ausnutzung der Zeit in einem typischen Paket-Verfahren

Das folgende Maßbedienungs-Modell wird betrachtet:

Seien $Q_1, Q_2, \ldots, Q_m$ unabhängige, stationäre Nachrichtenquellen, wobei jede Quelle eine, in der Zeit mehr oder weniger abhängige Binärfolge liefert. Zum Beispiel ist im Falle einer digitalen Sprechstelle die Quellenfolge das binärkodierte Sprechsignal. Figure 2.

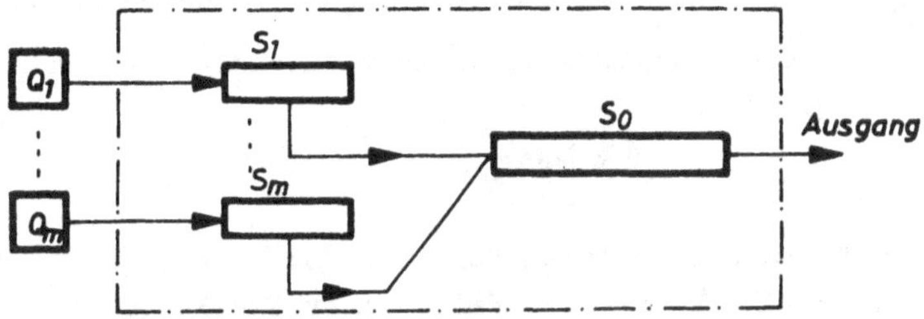

Figure 2 - Das betrachtete Maßbedienungs-Modell

Die von den Q_i nacheinander abgesendeten Binärziffern werden mit einer Rate r bit/s in den Eingangspuffer S_1 eingeschrieben, bis $K-H$ Binärziffern aufgenommen worden sind. Sobald das geschehen ist, werden weitere H Identifikationsziffern zu den $K-H$ Informationsziffern hinzugeführt, um ein K bit langes Paket zu bilden. Dieses wird während einer Arbeitsperiode, welche durch M Bitperioden der Ausgangsfolge bestimmt wird, in den Ausgangspuffer S_0 von rechts nach links eingefüllt /sofern dieser Arbeitsschritt nicht durch eine der in den folgenden aufgeführten Bedingungen verboten ist/. Der Puffer S_0 sei L bit lang.

In jeder M/R s langen Arbeitsperiode werden aus S_0 die M rechtsliegenden binären Ziffern ausgelesen und durch den Ausgang mit einer Rate R bit/s abgesendet. Gleichzeitig werden die im S_0 verbliebenen Binärziffern mit M bit nach rechts verschoben.

Das angebotene Paket wird einfach weggelassen, falls /1/ sich während ein- und derselben Arbeitsperiode mehrere Eingangsspeicher am Eingang von S_0 anmelden, oder /2/ am Anfang der eben betrachteten Arbeitsperiode in S_0 schon mehr als $L-K$ bit gespeichert sind.

Sei X_K die Zufallsgröße, welche der Zahl der im Ausgangsspeicher S_0 am Anfang der n-ten Arbeitsperiode gespeicherten Binärziffer entspricht. Sei A_K das Ereignis, daß in der n-ten Arbeitsperiode gerade ein Paket dem Speicher S_0 angeboten wird, und $B_K \triangleq \{X_K \leq L-K\}$. Ein Paket wird in den Speicher nur dann eingeschrieben, wenn das Ereignis $D_K = A_K \cap B_K$ eintrifft. Dieses Paket wird mit einer Verzögerung von x_K bit $[x_K/R$ Sekunden$]$ abgesendet.

Beschränken wir uns nur auf stationäre Verteilungen.
Sei $q \triangleq P(A_1^c) = P(A_K^c)$ und

$$1-q < M/K. \qquad /1/$$

A_K^c bezeichnet das Komplement von A_K .
Weiterhin nehmen wir an, daß

$$L < (K-H)\,R/r. \qquad /2/$$

Diese Bedingung ist nur für die Vereinfachung der Analyse notwendig.
Charakterisieren wir die zeitliche Ausnutzung des Ausgangskanals durch folgenden Ausnutzungsfaktor:

$$c \triangleq \lim_{N \to \infty} \frac{1}{N} \sum_{k=1}^{N} I_{D_k}. \qquad /3/$$

Aus der Ergodizität des betrachteten Vorgangs folgt, daß es einen Grenzwert gibt und $c = (K-H)(1-q)$. Im Falle einer PCM-Folge: $c = 1$.

x_n verursacht eine Paket-Verzögerung nur dann, wenn in der n-ten Arbeitsperiode das Ereignis D_n eintrifft. Die mittlere Verzögerung sei durch den folgenden bedingten Erwartungswert charakterisiert:

$$V(K) \triangleq E(X_1/D_1) = E(X_k/D_k). \qquad /4/$$

$E(\cdot)$ bzw. $E(\cdot/\cdot)$ bezeichnen die unbedingten bzw. bedingten Erwartungswerte.
Aus /2/ folgt die Unabhängigkeit von (X_K, I_{B_K}) und I_{A_K} .
So ist

$$V(K) = \frac{1}{P(B_k)} \sum_{i=1}^{L-K} i\,P(X_k = i) = \frac{1}{P(B_k)}\,E X_k. \qquad /5/$$

($V(K) \simeq E X_K$, falls L genügend groß ist. Aus /5/ und aus der Markov-Ungleichung folgt die folgende grobe obere Abschätzung: $V(K) < 2\,E X_K$ für $(L-K+M)/E X_K > 2{,}5$.)
Weiterhin ist

$$E X_k < \left(1 + \frac{4M}{K}\right) F(K) \qquad /6/$$

für $c < 0{,}9$ und $H/K < 0{,}1$ $(E X_k \sim F(K)$ für $K \to \infty)$,wobei

$$F(K) \triangleq \frac{K}{2}\;\frac{c}{1-(H/K)-c} \qquad /7/$$

(Anhang und [2]).

Aus /7/ und [2] folgt, daß sich das einzige Minimum von K bei der Paketlänge

$$K = K_0 \triangleq \frac{2H}{1-c} \qquad /8/$$

befindet und der Minimalwert

$$F(K_0) = \frac{c}{1-c} K_0 = \frac{2c}{(1-c)^2} H \qquad /9/$$

ist.
Nach /2/, /8/ und /9/:

$$L / F(K_0) < (K_0 - H) \frac{R}{r} . \qquad /10/$$

Sei z. B.: $K_0/r = 3$ ms , $r = 64$ kbit/sek, $R/r = 16$ $H = 16$ Bit . Dann ist $F(K_0)/R = 1$ ms . Es folgt aus /10/, daß die Unabhängigkeit von (X_K, I_{B_K}) und I_{A_K} für $L/F(K_0) < 2{,}85$ erfüllt ist.

Es folgt aus diesem Beispiel, daß sich mit einem Ausnutzungsfaktor von $c = 0{,}8$ eine Paketübertragung auch für das Fernsprechen mit aussichtsreichen Systemparametern bestimmen läßt. Dadurch wird bei einer Aktivität von 0,5 eine Datenkompression von 1,5 : 1 und eine entsprechende Erweiterung der Zahl der gleichzeitig bedienten Abonnenten ermöglicht. Die identifizierten Pakete ermöglichen außerdem auch bei einer Belegung von 0,2 die Bedienung einer um drei- bis fünfmal größeren Zahl von Abonnenten.

Ein anderer Grundtyp der Paketübertragung, besonders geeignet für Funkkanäle, wird in [3] und [4] betrachtet. Versuchsanordnungen für beide Grundtypen sind im BME-HEI für Daten- und digitalisierter Meßsignalübertragung mit einer Rate von 1,2 und 9,6 kbit/s zusammengestellt.

Differenz-Verfahren

Datenkompression von digitalisierten Sprech- und Meßsignalen an kostenempfindlichen Anwendungsstellen, z. B. an Fernsprechstellen, sind eine wesentliche, aber ökonomisch besonders kritische Aufgabe, weil alle entstehenden Kosten direkt die Kosten je Abonnent vergrößern. Deshalb ist es besonders günstig, wenn einfache und gut handhabbare Signaleigenschaften eine wesentliche Datenkompression durch ein robustes Verfahren ermöglichen.

Für digitalisierte Signale, die genaue Messungen ermöglichen, sind z. B. die folgenden zwei Eigenschaften typisch: Zwei nacheinanderfolgende Momentanmuster unterscheiden sich immer nur wenig voneinander im Vergleich mit der, von Spitze zu Spitze gemessenen, Aussteuerung des Signals und auch die Differenzen dieser Muster befinden sich meistens in der Nähe der Nullamplitude. Typische Beispiele sind die EKG-Signale unter normalen Meßumständen.

Diese zwei einfachen Eigenschaften werden gut ausgenutzt, falls ein

Differenzverfahren, z. B. gemäß Figure 3, und danach eine Kodierung mit Kodewörtern verschiedener Länge angewandt wird.

Differenzverfahren sind robust in dem Sinne, daß die Datenkompression auf den zwei oben genannten, recht allgemeinen Eigenschaften beruht, und sie sind auch in anderer Hinsicht sehr unempfindlich. Das ist die hauptsächliche Ursache für die Anwendung dieser Verfahren auch für Signale, die die Markovität nicht aufweisen.

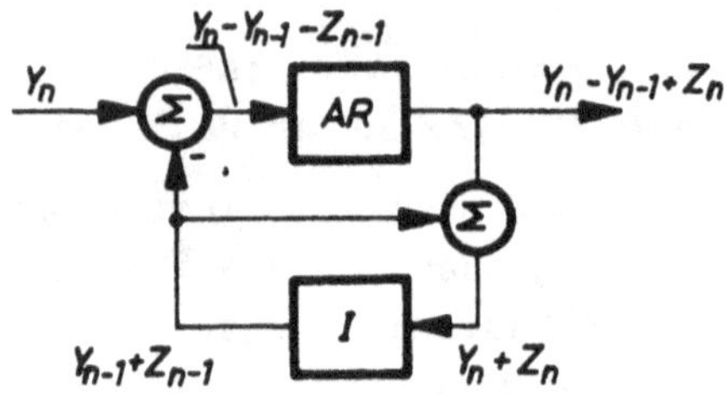

Figure 3 - Ein typisches Differenzverfahren
/ Y = Quellenfolge, Z = Fehlerfolge,
AR = Abrundung auf wenige Binärziffern,
I = 1 Bit Verzögerung, Σ = Addition /

Verfahren dieser Komplexität lassen sich für mikrorechnergesteuerte Meß- und Fernmeßstellen einfach verwirklichen. Eine Datenkompression von 2 : 1, bei einer Ausgangsrate von 1,2 kbit/s wurde in dieser Weise in einer Kassetteneinheit und in einem Fernmeßterminal, deren Labormuster für EKG-Dienste im BME-HEI entworfen wurden, auf einfache Art erreicht.

Prediktive Kodierung

Für Datenkompression von digitalisierten Sprechsignalen findet man leider keine trivial greifbaren Eigenschaften, abgesehen von der früher schon betrachteten Tatsache, daß auch die zusammenhängende Sprache durch Pausen häufig unterbrochen wird.

Es ist für diese Zwecke naheliegend, in der Kodierung gemäß Figure 3 statt einer 1 bit Verzögerung einen Prediktor mit höherem Grad anzuwenden.

Es ist aber wohlbekannt, daß man für eine Datenkompression, welche an individuellen Fernsprechstellen wirklich wünschenswert ist, die Prediktor-Parameter recht oft (z. B. je 10 ... 30 ms) aufs neue bestimmen muß. In der Fachliteratur findet man verwirklichte Kompressionen von 56 kbit/s auf 16 kbit/s mit adaptiver prediktiver Kodierung gemäß CCI - Empfehlungen. Solche Kompression wurde mit einem Prediktor mit 14 Parametern erreicht, wobei vier Parameter speziell für die Pitch-Prediktion dienen [5].

Datenkompression dieser Komplexität erscheint zur Zeit sehr unökonomisch für einen Einbau in digitale Fernsprechgeräte. Die Aussichten in dieser Beziehung hängen genau genommen davon ab, wieweit solche Verfahren mit VLSI-Bauelementen entworfen werden können.

Anhang

Die Differenzgleichung des Systems lautet:

$$\tilde{X}_{n+1} = (\tilde{X}_n - 1)^+ - \tilde{K} I_{D_n} . \qquad /11/$$

[$\tilde{X}_n = X_n / M$ und $\tilde{K} = K/M$. $(.)^+$ bezeichnet den positiven Teil. /3/ folgt aus /11/ mittels /2/, und Betrachtungen gemäß [2] für die Bestimmung von $E X_n$.

Literaturverzeichnis

[1] Bullington, K. und Fraser, J. M. "Engineering aspects of TASI" Bell System Technical Journal, vol. 38, pp. 353 - 364, 1959.

[2] Csibi, S., Gyórfi, L. und Vajda, I. "Information transmission with intermediate storage under the special conditions of microcomputers, Periodica Polytechnica, EE, Budapest, to appear

[3] Cybakov, B. S. "Algoritmy mozestvennogo dostupa paketov v sirokovescatelnij kanal" in dieser Veröffentlichung

[4] Dallos, Gy. und Szabó, Cs., "O nekotoryh effektivnyh metodah obespecenija mnogostacionnogo dostupa s ispol'zovaniem radiokanala so slubcajnym dostupom" in dieser Veröffentlichung

[5] Flanagan, J. L., Schroeder, M., Atal, B., Crochere, R., Jayant, N. S. und Tribolet, J. M., "Speech coding", IEEE Trans. Vol. COM-27, No. 4. pp 710 - 737, 1979.

[6] Gold, B., "Digital speech networks", Proc. IEEE. Vol. 65., No. 12. pp. 1636 - 1658, 1977.

[7] Minoli, D., "General geometric arrival - constant server queue with applications to packetized voice", ICC 78 Conf. Record, Vol. 3., IEEE Cat. No. 78 CH 1350 - 8 CSCB / Intntl. Conf. on Com., Toronto, Can./1978.

[8] Naszlady, A., Várady, T., Németh, J., Györfi, L., Molnár, L., Droba, L., Kerekes, Il., Györfi, Z., Pomózi, A., Vajda, I., Goméz, H. "Cardiological mass examination with microcomputer data acquisition and central processing", Periodica Polytechnica, EE, Budapest, to appear

KODIEREN UND DEKODIEREN VON RADARIMPULSEN

Ludvík Prouza [1)]

Inhaltsverzeichnis

1. Einleitung
2. Kodes
3. Dekodieren
4. Detektion der Kodes

1. Einleitung

Wir wollen uns hier auf reelle binäre Kodes beschränken. Diese sind besonders für einen Impuls- Rundsichtradar geeignet.

Da man in der Radiolokation meistens mit relativ kurzen Kodes arbeitet und oft sogar einen einzigen Kode benutzt, könnte man denken, es gebe hier im Vergleich mit den Kommunikationsanwendungen keine Probleme. Es ist aber nicht der Fall.

2. Kodes

Ein Kode ist eine- allgemein komplexe- endliche Folge

$$(b_0, b_1, \dots , b_h),\ h \geq 1,\ b_0, b_h \neq 0 \ . \qquad (1)$$

Ein guter Kode besitzt einige spezielle Eigenschaften. Im weiteren wird der Kode reell vorausgesetzt. Definiert man zu (1) die zugehörige Korrelationsfolge

$$m_k = \sum_{i=0}^{h-k} b_i b_{i+k} \qquad , k= 0,1, \dots, h \qquad (2)$$

$$m_{-k} = m_k \qquad , k= -1, \dots, -h \qquad ,$$

so interessiert uns in erster Reihe die Eigenschaft, dass

$$\operatorname*{Max}_{k\neq 0} | m_k | = M \qquad (3)$$

klein gegenüber m_0 ist.

Weiter seien die Kodes binär, d.i. $b_j = \pm 1$. Das direkte Suchen der guten Kodes mit Hilfe einer Rechenmaschine ist bei den Kodes mit mehr als etwa 50 Elementen b_j sehr zeitraubend, so benutzt man bisher besondere Vorschriften, um brauchbare Kodes zu bekommen.

---

1) RNDr. Ludvík Prouza, DrSc., Tesla- ÚVR Opočínek, 533 31 p. Lány na Důlku, ČSSR.

Wir werden die heutige Situation mit folgendem Diagramm darstellen:

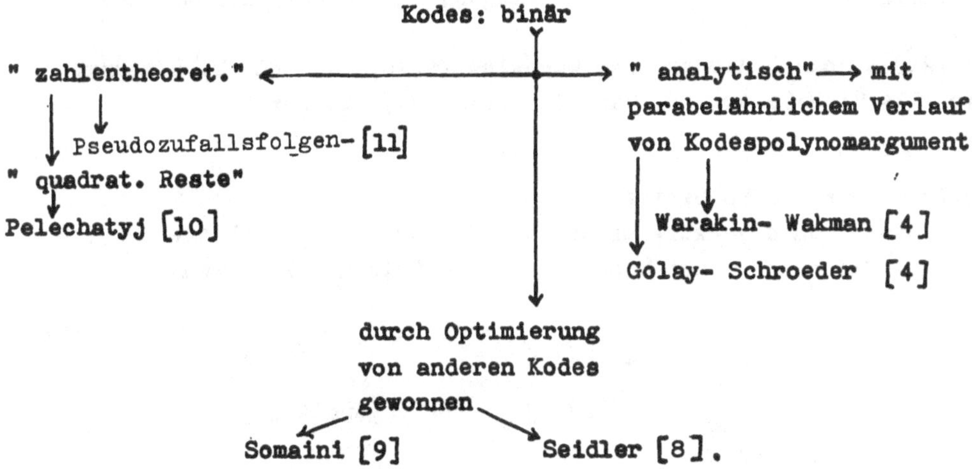

Die Pseudozufallsfolgen sind gut bekannt. Eine Vorschrift zur Konstruktion der Pelechatyj-Kodes findet man in [10] . Es ist hervorzuheben, dass in beiden Fällen gute Kodes (im Sinn von (3)) erst durch eine zyklische Permutation von einer Grundfolge gewonnen werden [11] .

Die Vorschrift zur Konstruktion, z.B. der " analytischen" Golay-Schroeder-Kodes, ist [4]

$$b_k = (-1)^{\left[\frac{(k+1/2)^2}{2(h+1)}\right]} , \quad k = 0, 1, \ldots, h \quad (4).$$

Die Klammer im Exponenten bedeutet die größte ganze Zahl $\leq$ der Zahl in der Klammer. Ähnlich konstruiert man die Warakin- Wakman-Kodes [4] .

Die +1 und -1 erscheinen in beiden diesen Kodes (und auch den anderen " analytischen" [4]) in Blocks. Diese füllen Intervalle auf der reellen Achse aus, welche annähernd durch Durchschnittspunkte der Achse mit der Abbildung einer Fresnelschen Funktion (von geeignetem Masstab) begrenzt werden.

Definiert man das Kodespolynom

$$B(z) = b_0 z^h + b_1 z^{h-1} + \ldots + b_h , \quad (5)$$

so verläuft arg B (exp $i\lambda$) (wenn man dafür eine stetige Änderung verlangt) für alle bisher bekannten "analytische" Kodes für $\lambda \in \langle 0, \pi \rangle$ parabelähnlich. Dagegen kann man sich an Beispielen von Pelechatyj- Kodes überzeugen, dass für sie arg B (exp $i\lambda$) annähernd linear verläuft. Dieser Unterschied hängt mit einer unterschiedlichen Wurzelverteilung der zugehörigen Kodespolynome zusammen.

Wir nennen " die strenge Warakin- Vermutung " die Behauptung, dass alle Binärkodes, für die (3) klein ist, die Anzahl

$$l = (h+2) / 2 \tag{6}$$

der Vorzeichenblocks besitzen.

Es sei nun h gerade. Es sei das Element $b_{h/2}$ = +1 oder -1 (beliebig). Man nennt einen Kode schiefsymmetrisch [1] , wenn .

$$b_{h/2-j} = \begin{cases} b_{h/2+j} & \text{für gerade } j \;, \\ -b_{h/2+j} & \text{für ungerade } j \;, \end{cases} \tag{7}$$

$j = 1, 2, \ldots , h/2.$

Die Schiefsymmetrie ist eine wichtige Kodeseigenschaft, es sind nämlich bei einem schiefsymmetrischen Kode die m_k mit ungeraden k gleich 0.

Man kann beweisen, dass die Golay- Schroeder- und die Warakin-Wakman- Kodes schiefsymmetrisch sind.

Beispiele:

a) Golay- Schroeder-Kode mit 23 Elementen (+ bedeutet +1, - bedeutet -1) :

+++++ ++--- ++--+ --+-+ -+- (8)

Er hat M= 5, erfüllt (6) und (7).

b) Pelechatyj- Kode mit 23 Elementen:

-++-- ++--+ -+--- --+++ +-+ (9)

Er hat M= 3, erfüllt (6) und nicht (7).

c) Seidler- Kode [8] mit 17 Elementen:

---+- --+++ -+--+ -+ (10)

Er hat M= 2, (6) und (7) sind nicht erfüllt.

Es entsteht die Frage, ob es einen anderen Kode mit 17 Elementen und mit M= 2 gibt, der (6) oder (7) erfüllt. Die Antwort ist negativ. Verzichtet man auf (das minimale) M= 2, so existiert ein Kode mit 17 Elementen [1]

++--- --++- -+-+- -+ (11)

Er hat M= 3, erfüllt (6) und (7).

Optimierungsmethoden [8] , [9] können hier näher nicht behandelt werden. Man kann sagen, dass für die direkte Minimisierung von (3) keine der allgemein bekannten Methoden geeignet ist. Das Minimum

(gewöhnlich ist es nur ein lokales Minimum) wird bisher auf einem Umweg gesucht und man geht dabei von einem guten Kode aus.

3. Dekodieren

Wir werden die heutige Lage mit folgendem Diagramm darstellen:

Dekodierungsfilter: allgemein

signalangepasst ←	↓ invers
(Korrelations-)	("kleinster Quadrate").

Die Korrelationsfilterung ist gut bekannt, sie ist durch das maximale Signal-Rausch-Verhältnis S/N im "Zeitpunkt" des Korrelationsmaximums gekennzeichnet. Gewöhnlich wird ein weisses Rauschen vorausgesetzt, das Filter ist dann sehr einfach.

Die inverse Filterung wird z.B. in [6] behandelt. Bezeichnen wir das nichtrekursive Inversionsfilter mit

$$(a_0, a_1, \dots , a_N) , \quad N \geqq h \tag{12}$$

und den Filterausgang mit

$$(c_0, \dots, c_{T-1}, c_T, c_{T+1}, \dots, c_{N+h}) \tag{13}$$

(T wählbar, gewöhnlich T = (N+h) / 2) .

Die Elemente in (12) werden von der folgenden Bedingung bestimmt:

$$c_0^2 + \dots + c^2_{T-1} + (1-c_T)^2 + c_{T+1}^2 + \dots + c_{N+h}^2 = \min. \tag{14}$$

Es handelt sich darum, die Nebenzipfel am Ausgang (sie können bei Benutzung des Korrelationsfilters zu hoch sein für eine gleichzeitige Detektion von zwei benachbarten ungleich grossen Radarzielen) "auszugleichen". Das System der linearen Gleichungen für die a_j besitzt eine Toeplitz- Matrix und wird mit Vorteil mittels spezieller Verfahren gelöst.

Man kann die Güte eines Kodes z.B. mit

$$E = \frac{m_0^2}{M^2} \quad , \quad F = \frac{m_0^2}{\sum\limits_{j \neq 0} m_j^2} \tag{15}$$

messen [1] , [10] . Diesen Ausdrücken entsprechen bei der Inversionsfilterung

$$G_N = \frac{c_T^2}{\max\limits_{j \neq T} c_j^2} \quad , \quad H_N = \frac{c_T}{1 - c_T} \tag{16}$$

Es kann bewiesen werden, dass $c_T \longrightarrow 1$ für $T \longrightarrow \infty$. Da aber auch N wächst, hat es seine Grenze, denn das Filter wird immer komplizierter(und man hat eine immer grössere Auswertungsverspätung). Daneben verschlechtert sich das Signal-Rausch-Verhältnis . Bewertet man nämlich sein Maximum (im Falle eines Korrelationsfilters) mit 1, so beträgt S/N im " Zeitpunkt" c_T nur

$$n_N = 1/ \left(\sum_0^h b_k^2 \cdot \sum_0^N a_j^2 \right) < 1 \quad . \qquad (17)$$

Den Ausdruck für den Fall eines rekursiven Inversionsfilters findet man in [6] .

Es kann von zwei binären Kodes mit derselben Elementenzahl der eine bei der Korrelations-, der andere bei der inversen Filterung besser sein.

Beispiel:

a) Barker- Kode mit 11 Elementen:

+++−− −+−−+ −

E= 20,8 , F= 10,8 , n_{30}= -0,71 , G_{30}= 27,2 , H_{30}= 17,1 .

b) Golay- Schroeder- Kode mit 11 Elementen:

+++++ −−+−+ −

E= 11,3 , F= 6,7 , n_{30}= -1,14 , G_{30}= 38,1 , H_{30}= 30,- .

Alle numerischen Werte sind in Dezibels ausgedrückt.

Es hat also einen Sinn, beim heuristischem Suchen guter Kodes mittels einer Rechenmaschine [3] nicht nur die Kodes mit minimalem M auszusuchen, sondern auch die Kodes mit etwas grösserem M. Übrigens wird bei den Kodes im Diagramm das Minimum von M nicht immer erreicht.

4. Detektion der Kodes

Wir werden die heutige Situation mit folgendem Diagramm darstellen:

Detektionsmethoden: allgemein
↓
CFAR
↙ ↘
mit Inversionsfilterung [5] , [7] — mit Korrelationsfilterung
↓
binär
↙ ↘
[2] [12]

Die binären Methoden sind stark nichtlinear. Es wird entweder die Anzahl der Vorzeichenkoinzidenzen der empfangenen Folge (Kode + Störungen) und des ausgesandten Kodes gezählt und mit einer Schwelle verglichen oder man bedient sich eines Binärkorrelator's (beide Methoden sind bis auf eine andere Schwelle gleichwertig).

Die Methode von [5] , [7] ist eine Verallgemeinerung des sog.

Siebert- Detektors. Es wird der folgende Ausdruck "gleitend" berechnet (j= 0, 1, 2, ...)

$$C_{T+j}^2 \Big/ \sum_{k=j}^{N+h+j} C_k^2 \tag{18}$$

und mit einer Schwelle verglichen. Die C_j entsprechen den c_j in (13), sie enthalten aber auch Störungen. Werden alle C_i mit derselben Konstanten multipliziert, ändert sich (18) nicht, so daß die CFAR- (constant false alarm rate) Eigenschaft ohne weiteres ersichtlich ist.

5. Schluss

Wir versuchten in der Kürze zu zeigen, dass bei Anwendung von Kodes für einen Radarimpuls neben Problemen, die mit denen der Nachrichtenübertragung gemeinsam sind, auch spezifische Probleme (und deren Lösungsmethoden) existieren.

Literatur

[1] Golay, M.J.E.: Sieves for Low Autocorrelation Binary Sequences. IEEE Trans., IT- 23 (1977), 1, 43- 51.

[2] Kajiji, S.H. , Rao, B.V. , Rao, V.P. : Statistical signal detection in correlated clutter using digital matched filters. Int. J. Electron. , 44 (1978), 6, 577- 584.

[3] Lindner, J.: Binary Sequences up to Length 40 with Best Possible Autocorrelation Function. El. Letters, 11 (1975), Oct., 507.

[4] Prouza, L.: Über Binärkodes für einen Impulsradar (russisch) . IV. Internat. Sympos. über die Informationstheorie, Moskau- Leningrad, 1976, II, 112- 114.

[5] Prouza, L.: On a Detection Method for Known Finite Sequences. Kybernetika, 14 (1978), 6, 421- 428.

[6] Prouza, L.: On Recursive Filters Inverse to Finite Sequences in the Minimum Mean Square Sense. Kybernetika, 15 (1979), 1, 40- 50.

[7] Prouza, L.: Appendix to the Article " On a Detection Method for Known Finite Sequences ". Kybernetika, 15 (1979), 6, 464- 467.

[8] Seidler, P.: Nebenmaximumreduction bei Korrelationsempfang binär phasencodierter Impulssignale. NTZ, 29 (1976), 2, 154- 159.

[9] Somaini, U.: Binary sequences with good correlation properties. El. Letters, 11 (1975), 13, 278- 279.

[10] Swërdlik, M.B.: Optimale diskrete Signale (russisch), Moskau, Sowjet. Radio, 1975.

[11] Szajnowski, W.: Własności korelacyjne podciągów binarnych ciągów pseudoprzypadkowych. Prace PIT, 24 (1974), 81, 22- 30.

[12] Turin, G.L.: An Introduction to Digital Matched Filters. Proc. IEEE, 64 (1976), 7, 1092- 1112.

VERGLEICH DER IN DEN RADIOKANÄLEN VERWENDBAREN CODEVERFAHREN

Dr. M. Szokolay[1]

1. Die Fehlerstruktur in den Radiokanälen
2. Kombinierte Codesysteme
3. Der Effekt der Spreizung

In den binären Radiosystemen verursachen oft Rauschen und Verzerrungen der Radiokanäle Übertragungsfehler. Die wichtigsten Störeffekte sind folgende:

- Schwankungen der Empfangsfeldstärke (Fading). Es ist wichtig zu erwähnen, daß sich die Feldstärke im Vergleich zu der elementaren Zeichenzeit langsam verändert.
- Atmosphärisches und "man made" Rauschen. Der Zeitablauf der Rauschwellenform ist impulsförmig und die Zeitdauer kann mit der Zeichenzeit verglichen werden.
- Interferenzrauschen. Dadurch werden mehrmals periodische Störungen verursacht.

Der vollständige Effekt der vielen Störquellen ist durch die Schilderung der Struktur der Übertragungsfehler zu charakterisieren.

2. Die Fehlerstruktur in den Radiokanälen

Bezeichen wir die senderseitige binäre Zeichenserie mit X, die empfängerseitige Serie mit Y. Wir ordnen Y eine neue Serie E, die sog. Fehlerserie, in folgender Weise zu:

$$e_i = x_i + Y_i \qquad \text{mod. } 2. \qquad (1)$$

Bei falscher Übertragung ist $e_i = 1$, sonst $e_i = 0$. Erscheinen in der Serie E die Zeichen 0 und 1 zufällig, so können die Eigenschaften der Serie nur statistisch ausgedrückt werden. Die statistischen Parameter, die aus realen Kanalmeßergebnisse festzustellen sind, sind für diesen bestimmten Radiokanal charakteristisch.

Die statistische Charakterisierungsmethode der Fehlerserie soll sorgfältig und zweckmäßig gewählt werden. Um die Übertragungsfehler

---

[1] Technische Universität Budapest, Lehrstuhl für Mikrowellen-Nachrichtentechnik

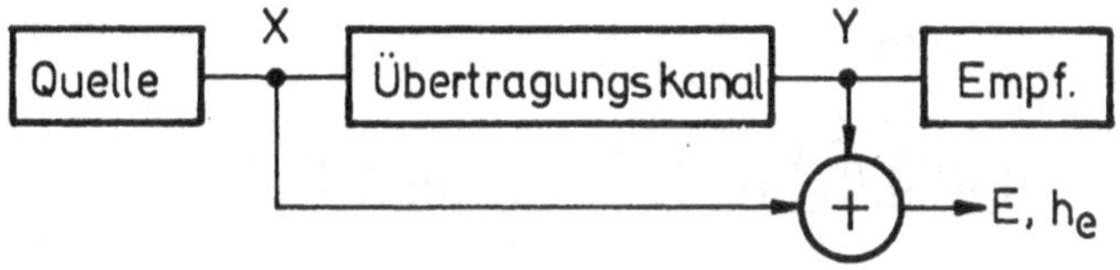

Abb. 1

zu vermindern, verwendet man oft Fehlerverbesserungskodierung. Bei der Dimensionierung des Codesystems ist es vorteilhaft, wenn die die Fehlerstruktur kennzeichenden Parameter mit den Parametern des Codeverfahrens übereinstimmen.

Nach der Aufnahme der Serie E ist es zweckmäßig, in einem beliebigen Radiokanal die folgende statistischen Kenngrößen festzustellen:

- die elementare Fehlerwahrscheinlichkeit h_e
- die Verteilung $P_o(n)$ der homogenen Null bzw. Einsserie
- die Verteilung der Fehlerpakete im Zeitbereich.

Die Wahrscheinlichkeit des Auftretens eines Fehlers ist unabhängig davon, ob das vorhergehende Zeichen fehlerhaft oder richtig war Pr (0/1) = Pr (0/0). Solche Fehler werden unabhängige Fehler genannt. Bei einem Schwund oder bei stärkerem Rauschen wird die Fehlerwahrscheinlichkeit höher, d.h. nach einem Fehler treten die anderen mit erhöhter Wahrscheinlichkeit auf und es entsteht eine Gruppe von Fehlern (Fehlerpakete oder Burst).

Die Länge der Fehlerpakete L ist folgendermaßen zu charakterisieren:

- Am Anfang und am Ende des Fehlerpaketes steht immer eine Eins; innerhalb der Fehlerpakete gibt es auch richtige Zeichen.
- In den Fehlerpaketen gibt es keine homogene Nullserie länger als b, wobei b der Parameter der Fehlerpakete ist oder
- durch das Verhältnis der Fehler in den Fehlerpaketen zu den in den Fehlerpaketen vorkommenden gesamte Zeichen ist größer als d_1. d_1 die Fehlerhäufigkeit.

Ein Fehlerpaket ist durch das Parameterpaar L, b oder L, d_1 zu charakterisieren.

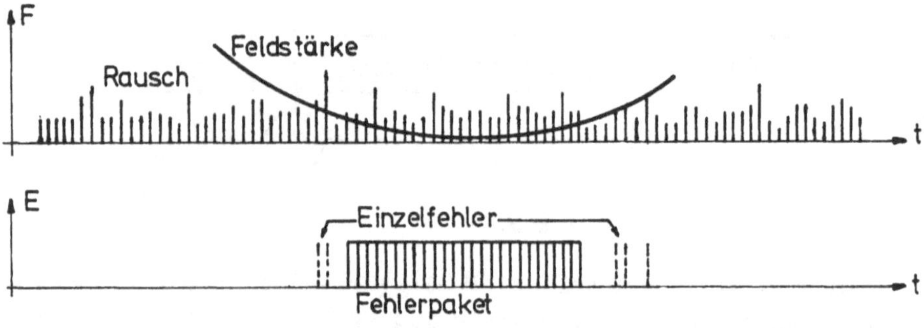

Abb. 2

In einem Radiokanal, in dem das elementare Fehlerverhältnis schlechter als 2-3.10^{-3} ist, liegt wenigstens die Hälfte der Fehler in den Paketen. Die anderen Fehler, die also nicht zu den Fehlerpaketen gehören, liegen zwischen den Fehlerpaketen, und die Zahl der Fehler dort ist sehr niedrig.

Nach unserer Erfahrung darf trotz der niedrigeren Fehlerhäufigkeit zwischen den Fehlerpaketen die Verteilung nicht als unabhängig betrachtet werden.

2. Kombinierte Codesysteme

Im Laufe unserer bisherigen Experimente haben wir mehrere Kanäle und verschiedene Codeverfahren studiert.

In den Fällen, wo die Fehler durch den Dekoder nicht verbessert wurden, haben wir die Ursache des Fehlers untersucht. (Die elementare Fehlerwahrscheinlichkeit in den Kanälen war schlechter als 1-2.10^{-3}.)

Wir haben festgestellt, daß über die Hälfte der falschen Detektionen vorgekommen sind, wenn vor und nach den mit Parametern L, d_1 charakterisierten Fehlerpaketen oftmals Einzelfehler erschienen sind.

In unabhängigen Kanälen wäre die Wahrscheinlichkeit des Auftretens dieser Fehler theoretisch niedriger. Tatsächlich sind also oft in der Umgebung der Fehlerpakete andere Pakete von geringerer Fehlerdichte zu finden, die die größeren Fehlerpakete sozusagen "einführen".

In dem Radiokanal gibt es verschiedene Gründe, durch die dieser Effekt erklärt werden kann. So schwankt z. B. auch die elementare Fehlerwahrscheinlichkeit langsam im Falle eines sich langsam ändernden Schwundes. Vor einem tiefen Schwund kommen also viele Einzelfehler vor (Abb. 2).

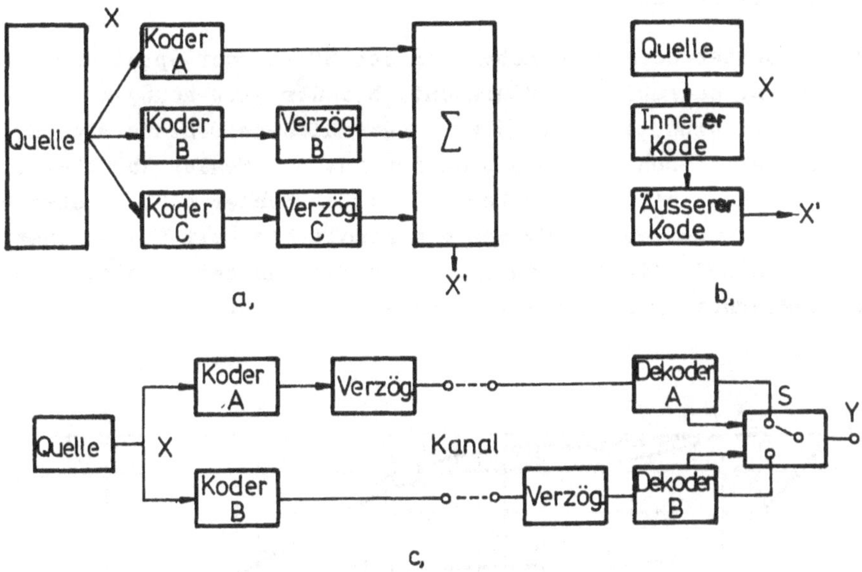

Abb. 3

In realen Kanälen ist also mit einem kombinierten Auftreten der verschiedenen Fehlergruppen zu rechnen.

Eine optimale Verbesserung der Fehler kann deshalb im allgemeinen nicht nur durch die Verwendung eines einzigen Codesystems durchgeführt werden. In Radiokanälen sind mehrmals mehrere Codeverfahren zusammenzusetzen.

Die Abbildungen 3.a - 3.c zeigen ein parallelgeschaltetes, ein seriengeschaltetes und ein Zeitdiversity Codesystem.

In unseren Experimenten haben wir ein zweistufiges Seriencodesystem ausprobiert. Beide Einzelcodes waren Konvolutionscodes. Der innere Code hat die unabhängigen Fehler und die Pakete geringerer Fehlerdichten, der äußere Code dagegen die Pakete mit größeren Fehlerdichten verbessert.

Unseren Erfahrungen gemäß ist die Fehlerverbesserungsbereitschaft dieses Codesystems ausreichend, aber wegen des erhöhten Paritätszeichen-Verhältnisses wird die Übertragungsgeschwindigkeit langsamer.

3. Der Effekt der Spreizung

Nebem dem Seriencodesystem haben wir den Effekt der Spreizung (interleaving scrambling) untersucht. Bei der Verwendung der Bit-Spreizung sind laut Abb. 5 zwei verschiedene Fehlerserien E und E' zu definieren. In beiden Serien ist die Fehlerwahrscheinlichkeit gleich $h_e = h_e'$, bei der Verteilung der Fehler gibt es aber einen wesentlichen Unterschied. Werden die Kanalfehler mit Hilfe einer Markov-Kette modelliert, entspricht der Einfluß der Spreizung der Stichprobenerhebung der Serie. In diesem Fall ist:

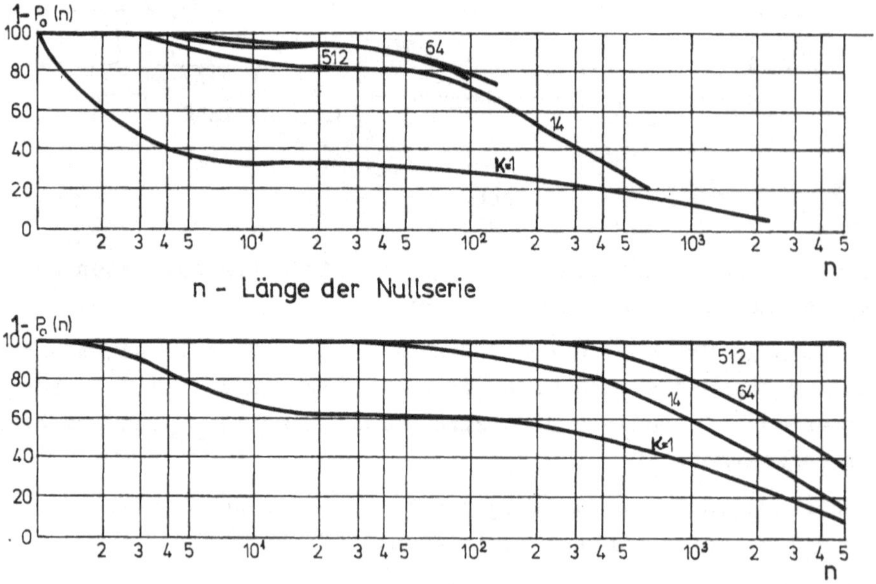

Abb. 4

$$P_k(0) = C_0 + (1 - D_0)^k \; (P_0(0) - C_0) \tag{2}$$

$$P_k(1) \doteq C_1 + (1 - D_1)^k \; (P_1(0) - C_0), \tag{3}$$

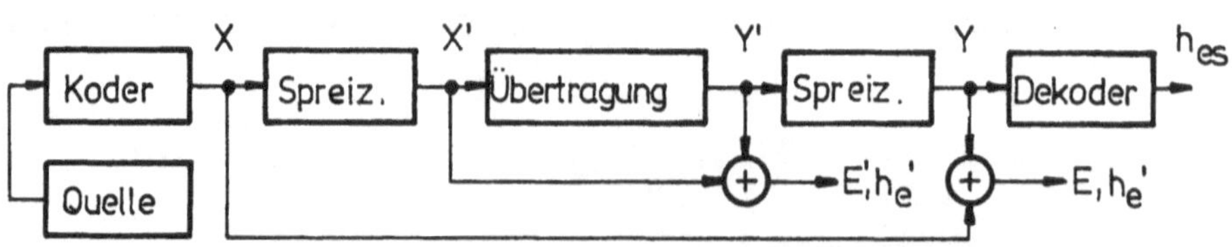

Abb. 5

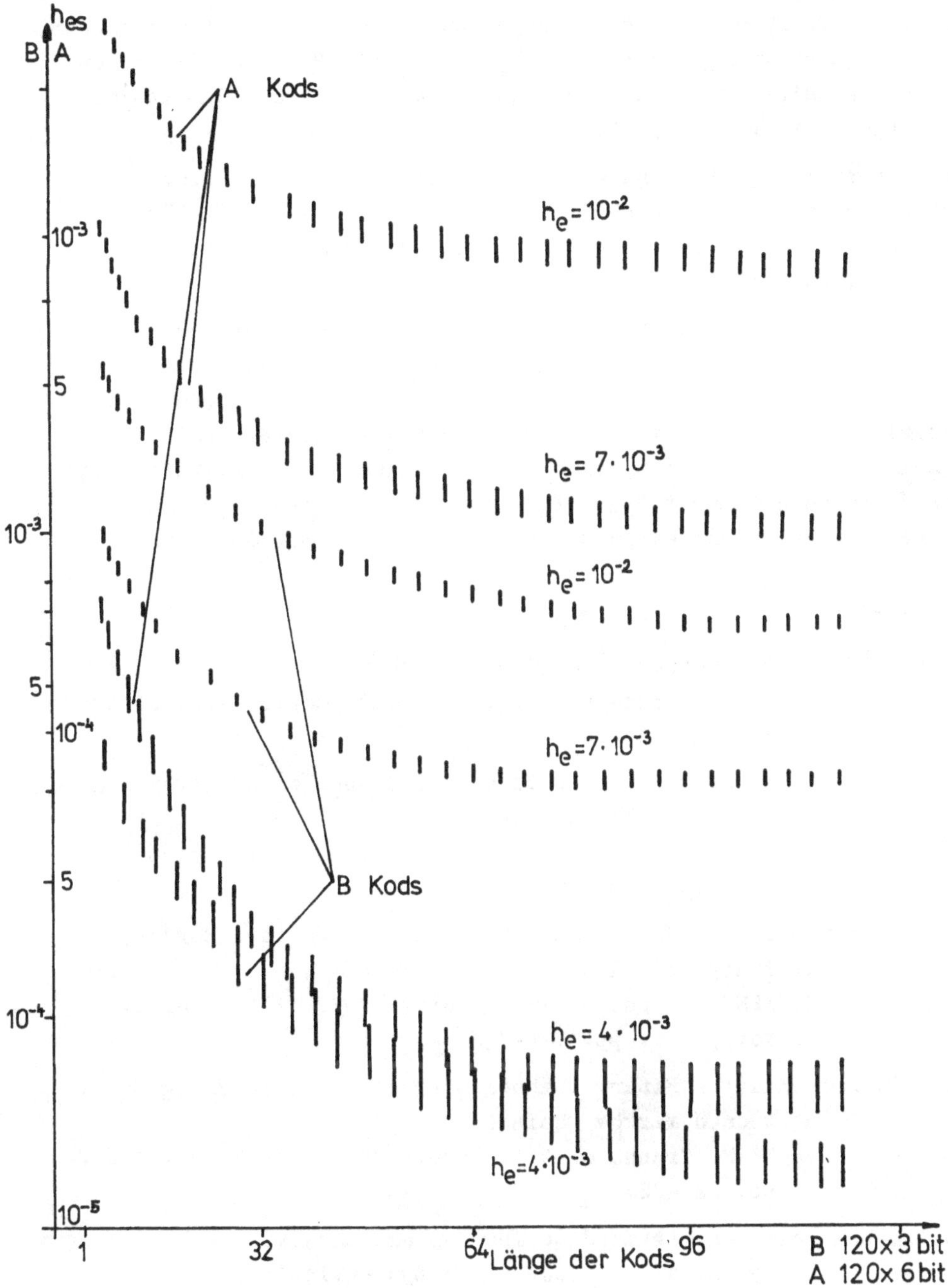

h_{es}
B A
A Kods
$h_e = 10^{-2}$
10^{-3}
5
$h_e = 7 \cdot 10^{-3}$
10^{-3}
$h_e = 10^{-2}$
5
10^{-4}
$h_e = 7 \cdot 10^{-3}$
5
B Kods
10^{-4}
$h_e = 4 \cdot 10^{-3}$
$h_e = 4 \cdot 10^{-3}$
10^{-5}
1
32
64
Länge der Kods
96
B 120x 3 bit
A 120x 6 bit

Abb. 6

wo C, C_o, D, D_o nur von den Übergangswahrscheinlichkeiten abhängen, sie sind aber von k unabhängig. $P_k(o)$, $P_k(1)$, $P_o(o)$, $P_o(1)$ geben die Wahrscheinlichkeit der Zeichen 0 und 1 bei einer Schrittzahl der Stichprobe von k und 0.

Ähnlicherweise gibt es auch eine Differenz im Kurvenverlauf der homogenen Null- und Einsserie. Abb. 4a. - 4b. zeigen die Verteilung verschiedener Nullserien. Wir haben den Radiokanal mittels einer Rechenanlage modelliert.

Abb. 6 zeigt den erreichbaren Gewinn in der Fehlerverbesserung bei der kombinierten Verwendung der Spreizung und der Codierung. Die Codes A und B sind zwei verschiedene Konvolutionscodes Die Parameter $h_e' = 10^2, 4\cdot10^{-3}, 7\cdot10^{-3}$ geben die Ausgangsfehlerwahrscheinlichkeit der Codesysteme ohne Spreizung. Die Ordinate zeigt die Wahrscheinlichkeit h_{es} bei Verwendung der Spreizung. Die Kurven zeigen die Effektivität der Codesysteme mit Spreizung.

Literatur

1. E.L. Bloh, O.V. Popov, V.J. Turin: Modeli istochnika oschibok v kanal peredachi zifrovoj informazii. Izdatelstvo svjazi. Moskva 1971.

2. K. Brayer: Error Correction Code Performance on HF, Troposcatter and Satellite Channels.
IEEE. Trans. on Com. Techn. Vol. COM-19. part II. Oct. 1971. pp. 781 - 789.

3. H.O. Burton, D.D. Sullivan, S.Y. Tong: Generalized Burst-Trapping Codes.
IEEE. Trans. on Inf. Theory. Vol. 11-17. No. 6. Nov. 1971. pp. 736-742

4. B.D. Fritchman: A Binary Channel Characterization Using Partitioned Markov Chains.
IEEE. Trans. on Inf. Theory. Vol. 11-13.Apr. 1967. pp. 221-227

5. Lin-Nan Lee: Concatenated Coding Systems Employing a Unit-Memory Convolutional Code and a Byte-Oriented Decoding Algorithm.
IEE. Trans. on Com. Vol. COM-25. No. 10. Oct. 1977. pp. 1064-1074.

СТАТИСТИЧЕСКАЯ ТЕОРИЯ ФАЗОМАНИПУЛИРОВАННЫХ ШУМОПОДОБНЫХ СИГНАЛОВ

Л.Е.Варакин

СССР, Москва, Всесоюзный заочный электротехнический институт связи

Введение

Фазоманипулированные (ФМ) сигналы находят широкое применение в системах связи.Они представляют собою последовательности одинаковых радиоимпульсов,начальные фазы которых принимают значения 0 или π ,определяемые соответствующими кодовыми последовательностями [2,3]. Пусть число импульсов равно N .База ФМ сигналов определяется соотношением $B=N$. Шумоподобными ФМ сигналами называются такие, у которых $N\gg 1$ [2].

Для обеспечения совместной работы многих абонентов в общей полосе частот, отведенной для системы связи, необходимо иметь соответствующую систему ФМ сигналов,под которой понимаем множество сигналов,построенных в соответствии с некоторым алгоритмом. Число сигналов в системе или объем системы обозначим через L . Как показывают исследования в перспективных системах связи необходимо использовать большие системы сигналы,объем которых много больше базы [3,15], т.е. $L \gg N$

Сигналы,входящие в систему, должны обеспечивать минимально возможный уровень взаимных помех, который в основном определяется допустимым уровнем максимальных пиков корреляционных функций (КФ) $R_{макс}=\alpha/\sqrt{N}$, где α - пик-фактор КФ, в общем случае зависящий от N . Чем меньше α , тем лучше корреляционные свойства.

Следует отметить, что в настоящее время еще не существует алгоритмов построения больших систем ФМ сигналов, у которых пик-фактор КФ достигал бы значений нескольких единиц. Например, если $N=10^4$, то может оказаться необходимой система с $L=10^6,\dots,10^8$ и $\alpha\simeq 2,\dots,5$. Но такие системы пока что неизвестны, хотя факт их существования не отрицается . Именно поэтому в настоящее время существует следующая нерешенная проблема - разработка алгоритмов построения больших систем шумоподобных фазоманипулированных сигналов с хорошими корреляционными свойствами.

Естественно, алгоритмы построения систем ФМ сигналов должны быть детерминированными, поскольку сигналы должны быть известными в точке приема.Но решение сформулированной проблемы во многом будет зависеть от исследований статистических свойств систем ФМ сигналов,поскольку статистические(вероятностные) методы позволяют описывать(в среднем) и анализировать большие множества,к которым можно отнести и большие системы ФМ сигналов.Именно по этой причине в данной работе рассматриваются статистические свойства ФМ сигналов.

Основные определения

ФМ сигнал и его свойства полностью определяются кодовой последовательностью[2], символы которой принимают два значения I и -I, если начальные фазы - 0 и π. Кодовая последовательность j-го сигнала обозначается

$$A_j = \{a_{j\nu}\}_{\nu=1}^{N} = (a_{j1}, \dots, a_{j\nu}, \dots, a_{jN}).$$

Корреляционные функции (КФ) обычно рассматриваются для двух режимов - периодического и апериодического. В общем случае КФ определяется соотношением

$$R_{jk}(\lambda) = (1/N) \sum_{\nu=1}^{n} b_\nu(\lambda) , \qquad (I)$$

где производный символ $b_\nu(\lambda) = a_{j\nu} a_{k,\nu-\lambda}$, а число слагаемых $n = N$ для периодической корреляционной функции (ПКФ) и $n = N - \lambda$ для апериодической корреляционной функции (АПКФ). Если $j = k$, то (I) определяет автокорреляционную функцию (АКФ). Если $j \neq k$, то (I) определяет взаимокорреляционную функцию (ВКФ).

Случайные последовательности

Наиболее простая модель ФМ сигнала описывается случайной кодовой последовательностью, символы которой выбираются случайным образом. Допустим, что символы $a_{j\nu}$ случайной последовательности могут принимать значения I или -I с вероятностями, равными $p = 0{,}5$ и все символы между собою статистически независимы. Число различных последовательностей, отличающихся хотя бы одним символом, равно 2^N. Вероятность появления любой последовательности равна 2^{-N}.

Введем понятие блока, под которым будем понимать последовательность символов одного знака. Вероятность появления блока длиною μ символов равна

$$p_\mu = p^\mu = 1/2^\mu .$$

Чередование блоков различной полярности определяет структуру ФМ сигнала, т.е. его структурные свойства. Распределение числа кодовых последовательностей с заданным числом блоков М определяется биномиальным законом [3] $P(M) = 2^{-(N-1)} C_{N-1}^{M-1}$, где C_{N-1}^{M-1} -биномиальный коэффициент. Асимптотически при $N \gg I$ имеем нормальный закон распределения, у которого среднее значение числа блоков в длинной последовательности

$$\overline{M} = (N+1)/2 , \qquad (2)$$

а среднее число блоков длиною μ равно[8]

$$\overline{\Lambda}_\mu = \overline{M}\, 2^{-\mu} \qquad (3)$$

Полагая $b_\nu(\lambda)$ в (I) независимыми случайными величинами, находим, что среднее значение КФ $\overline{R} = 0$, а дисперсия $\sigma_R^2 = n/N^2$.

Среднеквадратичное значение КФ равно $\sigma_R = (1/\sqrt{N})\sqrt{1-(\lambda/N)}$. Соответственно для ПКФ при $\lambda = 0$

$$\sigma_R = 1/\sqrt{N} . \qquad (4)$$

Усредняя σ_R^2 по всем значениям λ, для АПКФ имеем

$$\sigma_R = 1/\sqrt{2N} . \qquad (5)$$

Среднеквадратичные значения(4),(5) характеризуют основное свойство шумоподобных ФМ сигналов: с ростом базы - числа символов N среднеквадратичное значение КФ уменьшается и при $N \to \infty$ $\sigma_R \to 0$.

Распределение ПКФ определяется биномиальным законом, который при $N \gg 1$ аппроксимируется нормальным законом со среднеквадратичным значением (4)

$$w(R) = \sqrt{N/2\pi}\, exp(-NR^2/2), \quad -1 \le R \le 1. \qquad (6)$$

Соответственно, распределение АПКФ приближенно можно полагать нормальным со среднеквадратичным значением (5)

$$w(R) = \sqrt{N/\pi}\, exp(-NR^2), \quad -1 \le R \le 1. \qquad (7)$$

В работе [I] была найдена вероятность превышения АПКФ заданного уровня R_0 :

$$P_{прев} \approx 2^{3/2} \pi^{-1/2} N^{-3/2} R_0^{-3} exp(-NR_0^2/2), \qquad (8)$$

которая в дальнейшем будет использована для оценки максимальных пиков КФ.

Следует отметить, что многие так называемые псевдослучайные последовательности (ПСП) по своим статистическим характеристикам АПКФ близки к случайным последовательностям. К таким ПСП относятся широко известные (и используемые) М-последовательности Хаффмана-Цирлера, циклические последовательности Голда (см., например, [2, 3, I2] и др.) и некоторые другие, в том числе последовательности максимальной вероятности (ПМВ).

Последовательности с заданной структурой

Под структурой ФМ сигнала подразумеваем совокупность чередования блоков и их состава в сигнале. Пусть число блоков длиной μ равно Λ_μ. Общее число блоков $M = \sum_{\mu=1}^{\mu_{max}} \Lambda_\mu$, где μ_{max} - длина максимального блока. Длина последовательности $N = \sum_{\mu=1}^{\mu_{max}} \mu \Lambda_\mu$. Число блоков Λ_μ заданной длины μ, их общее число М и чередование блоков полностью определяют структуру ФМ сигнала и его корреляционные свойства.

В работе [4] была выдвинута гипотеза о том, что ФМ сигналы с хорошими корреляционными свойствами (оптимальные ПСП) следует искать среди множества таких сигналов, число блоков которых равно $(N+1)/2$, что совпадает со средним значением числа блоков(2) в случайной последовательности.

В работе [6] равенство $M_{опт} = (N+1)/2$ было доказано на основе определения максимальных пиков ПКФ и условия их минимизации. Оказывается, что для минимизации максимальных пиков ПКФ необходимо, чтобы производная последовательность $A_{jk} = \{a_{j\nu}\, a_{k,\nu-\lambda}\}_{\nu=1}^{N}$ в (I) имела бы максимальное число блоков.

На основе исследования структурных свойств ФМ сигналов в [8] был предложен новый тип кодовых последовательностей - последовательности максимальной вероятности (ПМВ). Эти последовательности формируются случайным или детерминированным образом из блоков, длина μ и число Λ_μ которых выбираются из условия

$$\delta = \sum_{\mu=1}^{\mu_{max}} \mu \left| \Lambda_\mu - \overline{\Lambda}_\mu \right| = \overset{min}{\Lambda_\mu}, \qquad (9)$$

где среднее значение Λ_μ совпадает со средним значением числа блоков длины μ в случайной последовательности (3). Результаты исследований, приведенные в [8] показали, что ПМВ обладают статистическими характеристиками, близкими к характеристикам лучших последовательностей, а именно М-последовательностей, но число ПМВ существенно больше М-последовательностей.

ПМВ обладают хорошими АКФ, но их ВКФ могут иметь центральный пик, близкий к единице. Поэтому для построения систем сигналов ПМВ могут использоваться только в качестве производящих сигналов. Задача построения больших систем сигналов на основе использования структурных свойств в настоящее время еще не решена.

Полный код

Исследования полного кода имеют значения потому, что любая система сигналов является подклассом полного кода [3]. Закон распределения ПКФ полного кода является биномиальным, справедливым для случайных последовательностей, поскольку последние принадлежат полному коду. Закон распределения АПКФ полного кода равен взвешенной сумме биномиальных законов [3, I0], а дисперсия σ^2 и коэффициент эксцесса γ АПКФ равны соответственно [5]:

$$\sigma^2 = 1/(2N), \quad \gamma = 1-(4/N)+(2/N^2). \tag{I0}$$

В [I0] показано, что закон распределения АПКФ при больших N аппроксимируется суммой

$$w(R) = \frac{1}{N}\left[\sum_{x=1}^{N-1} \varphi(x) + 0,5\,\varphi(N)\right], \tag{II}$$

где $\varphi(x) = (2\pi x)^{-1/2} exp(-R^2/2x)$ - плотность вероятности нормального распределения с дисперсией, равной x. Дисперсия и коэффициент эксцесса плотности вероятности (II) совпадают со значениями (I0).

Объем больших систем

Впервые доказательство существования больших систем ФМ сигналов было дано в работе [I6]. С помощью границы Чернова в [I6] найдено, что среднее значение объема большой системы удовлетворяет неравенству

$$\bar{L} > (8N)^{-1}\left[(1+R_0)^{1+R_0}(1-R_0)^{1-R_0}\right]^{N/2}, \tag{I2}$$

где R_0 - допустимый уровень максимума модуля КФ. При $R_0 \ll$ I неравенство (I2) преобразуется в следующее:

$$\bar{L} > (8N)^{-1} exp(NR_0^2/2), \tag{I3}$$

которое и свидетельствует об экспоненциальном росте объема большой системы ФМ сигналов. Работа [I6] имеет принципиальное значение для теории ФМ сигналов. Вместе с тем, необходимо отметить, что оценка биномиального распределения КФ с помощью границы Чернова дает хорошие результаты только при больших значениях КФ. В случае малых допустимых значений КФ корректнее использовать аппроксимацию биномиального закона рядом Эджворта [7]:

$$w(R) \simeq \frac{1}{\sqrt{2\pi}\,\sigma} \exp\left(-\frac{R^2}{2\sigma^2}\right)\left[1+\frac{\delta}{4!} H_4\left(\frac{R}{\sigma}\right)\right], \quad (14)$$

где дисперсия и коэффициент эксцесса определяются согласно(10),H_4- полином Эрмита.При этом среднее значение объема большой системы равно[7]:

$$L > 3\pi^{1/2} 4^{-1} R_o^{-3} N^{-5/2} \exp(R_o^2 N). \quad (15)$$

Из формулы (15) также следует экспоненциальный рост объема большой системы с ростом длины последовательностей,что совпадает с результатом работы [16]. Вместе с тем при увеличении N уменьшается и дисперсия КФ согласно (10).Поэтому возникает вопрос, как правильно задавать совместно допустимый уровень R_o и длину последовательности N .Исследование этого вопроса, приведенное в [7], показало, что КФ обладают пороговым свойством: при $R_o < R_{пор}$ КФ произвольного сигнала превышает порог с вероятностью,близкой к 1, при $R_o > R_{пор}$ это событие происходит с малой вероятностью. Пороговое значение

$$R_{пор} = \sqrt{\ln(aN)/N}, \quad (16)$$

где $a \simeq 1{,}6$. Если положить,что допустимый уровень $R_o = \sqrt{\varepsilon}\, R_{пор}$, то среднее значение объема большой системы определяется так [7]:

$$\bar{L} > C(\varepsilon)[\ln(aN)]^{-3/2} N^{\varepsilon-1}, \quad (17)$$

где $C(\varepsilon) = 3\pi^{1/2} a^{-\varepsilon} 2^{-2} \varepsilon^{-3/2}$. Из (17) следует, что среднее значение объема больших систем с допустимыми корреляционными свойствами растет по степенному закону,который существенно отличается от экспоненциального. Введение "относительной единицы" измерения уровня КФ в виде $R_{пор}$ позволило корректно определить объем большой системы сигналов.Например, если необходимо построить систему сигналов с объемом,равным базе, т.е. длине последовательности N ,то надо положить $\varepsilon = 2$. При этом допустимый уровень КФ должен в $2\sqrt{\ln(aN)}$ превышать среднеквадратичное значение,равное $1/\sqrt{2N}$.

Таким образом, более реальная задача, которую возможно решить, это построить системы сигналов с объемом,который определяется степенным законом $L = AN^{\varepsilon-1}$,где A - некоторая постоянная, зависящая от N и ε .

Большие системы сигналов

Системы ФМ сигналов,известные до 1977 года,приведены в [3]. Объем известных систем равен длине последовательности, т.е.$L=N$.Такие системы принято называть нормальными в отличие от больших систем с $L \gg N$.В настоящее время известно два алгоритма построения нормальных систем и несколько их модификаций[3].Первый алгоритм позволяет получить так называемые производные системы сигналов с помощью посимвольного перемножения кодовых последовательностей Уолша на кодовую последовательность производящего сигнала.Поскольку объем системы Уолша равен N ,то и объем производной системы равен N.Корреляционные свойства производной системы определяются в основном АКФ производящего сигнала[3] .Второй алгоритм[3] позволяет получить так называемые циклические системы путем посимвольного перемножения М-последовательности с некоторым производящим многочленом с последовательностями, являющимися циклическими сдвигами М-последовательности с другим производящим многочленом(так называемые последовательности Голда). Расчеты показывают, что КФ таких циклических систем имеют максимальные значения, близкие к $3/\sqrt{2N}$.

Для построения больших систем в настоящее время известен только один регулярный алгоритм [I3], основанный на использовании усеченных последовательностей Уолша для создания матриц, аналогичных матрице Адамара, с последующим посимвольным умножением на последовательность с хорошей АКФ, например, ПМВ. Объем таких систем равен $L = N(\ell/m)^{\kappa}$ где ℓ - число усеченных последовательностей Уолша, m -их длина, κ -целое число. Объем таких систем при $\ell > m$ может быть получен существенно больше N .

Можно эвристически предложить несколько алгоритмов построения больших систем ФМ сигналов, но оценки их корреляционных функций в настоящее время еще не найдены.

Большие циклические системы(БЦС) основаны на посимвольном произведении производных последовательностей с циклическими последовательностями, что символически записывается следующим образом: $A_j = VW_{\kappa} G_n$,где A_j -последовательность БЦС, V-производящая последовательность, W_{κ}- последовательность Уолша, $\kappa = \overline{1,N}$, G_n - циклическая последовательность Голда, $n = \overline{1,N}$. Очевидно, что $j = \overline{1,N^2}$, т.е. объем БЦС $L = N^2$.

Большие перестановочные системы сигналов (БПС)можно построить следующим образом. Пусть имеем исходную кодовую последовательность длины N_0. Полный код содержит $\ell = 2^{N_0}$ кодовых последовательностей. Положим, что составная кодовая последовательность представляет собою последовательность m исходных кодовых последовательностей, т.е. длина составной кодовой последовательности равна $N = mN_0$. Если для построения БПС используются все исходные кодовые последовательности, число которых равно $\ell = 2^{N_0}$, то объем БПС $L = 2^{N_0}/m$.

Число различных БПС, отличающихся хотя бы одной исходной кодовой последовательностью, равно $\ell!$,т.е. при $N \gg 1$ может быть весьма значительно. Но при таком методе построения могут быть значительными пики КФ из-за совпадения исходных кодовых последовательностей с большими пиками ВКФ. Поэтому для построения БПС необходимо использовать меньшее число исходных кодовых последовательностей $\ell_0 = 2^{\beta N_0}$,где $\beta <$ I. При этом объем БПС будет равен $L_0 = 2^{\beta N_0}/m$. Очевидно, что величина β определяет как объем БПС, так и уровень КФ. Можно предположить, что чем она меньше (до некоторого предела), тем проще составить БПС с хорошими КФ. Но задача определения β и уровня КФ в настоящее время не решена.

Большие выборочные системы (БВС) основаны на использовании полного кода, последовательности которого записаны в определенном порядке, с последующим отбором последовательностей, номера которых отстоят друг от друга на некотором расстоянии. Положим, что номера отстоят друг от друга на величину К. В этом случае объем БВС равен $L = 2^N/K$.От величины К зависит как объем БВС, так и уровень КФ. Выбор К, как и выбор β в настоящее время не определен.

Объем как БПС, так и БВС согласно формулам растет экспоненциально, но при выводе этих формул полностью игнорировались корреляционные свойства последовательностей, образующих системы. Так как объем больших систем(I7)растет по степенному закону при учете корреляционных свойств, то можно предполагать, что объем БПС и БВС также будет расти по степенному закону при введении ограничений на уровень КФ. В этом случае, например, величина К также может расти с ростом N.

Следует отметить, что алгоритмы построения БПС и БВС заранее содержат возможность частичного совпадения кодовых последовательностей. Это приводит к увеличению уровня КФ, что доказано в следующем разделе.

Частичное совпадение кодовых последовательностей

Допустим, что две кодовые последовательности совпадают в n символах, а остальные $N-n$ символы статистически независимы между собой. Для простоты рассмотрим только ПКФ, поскольку приведенные далее результаты легко обобщаются на АПКФ. При сделанных предположениях значение ПКФ определяется следующим образом

$$R = \frac{1}{N}\left(n + \sum_{\nu=1}^{N-n} b_\nu\right), \tag{I8}$$

где b_ν - случайные, статистически независимые величины с нулевым средним и дисперсией, равной I. Обозначим $x = n/N$. При этом среднее значение и дисперсия величины R (I8) равны соответственно: $\bar{R} = x,\ \sigma_R^2 = (1/N)(1-x)$. Предполагая, как и обычно в таких случаях, что сумма в (I8) распределена приближенно по нормальному закону, имеем плотность вероятности

$$w(R) = \frac{\sqrt{N}}{\sqrt{2\pi(1-x)}}\, exp\left(-\frac{N(R-x)^2}{2(1-x)}\right).$$

Вероятность превышения порога R_1 при этом равна $P(R_1) = F\left(-\sqrt{N}\frac{R_1 - x}{\sqrt{1-x}}\right)$, где $F(z)$ - интеграл вероятности. В том случае, когда все N символов в кодовых последовательностях можно считать статистически независимыми, вероятность превышения порога R_0 можно найти, положив $x = 0$ и заменив R_1 на R_0, т.е. $P(R_0) = F(-\sqrt{N}R_0)$. Полагая вероятности превышения пороговых уровней равными, т.е. $P(R_1) = P(R_0)$, получаем уравнение для аргументов $(R_1 - x)/\sqrt{1-x} = R_0$, которое позволяет найти допустимое значение частичной корреляции при заданном отношении пороговых уровней $d = R_1/R_0$, причем $d > 1$. Полагая $R_0 \ll 1$, что обычно имеет место для $N \gg 1$, получаем приближенное решение $x \simeq R_0(d-1)$, откуда следует, что чем больше допустимый уровень R_1 по сравнению с R_0 (т.е. чем больше d), то тем большее частичное совпадение последовательностей можно допустить. Например, положим, что пороговый уровень $R_0 = \sqrt{\alpha/N}$. При этом имеем

$$n \simeq \sqrt{\alpha N}\,(d-1). \tag{I9}$$

Формула (I9) позволяет по заданному увеличению КФ из-за частичного совпадения сигналов найти допустимое число совпадающих символов.

Оценки пиков корреляционных функций

Исторически первой оценкой КФ была оценка,полученная из условия ограниченности объема тела неопределенности.Поскольку в дальнейшем была доказана ограниченность объема взаимной функции неопределенности (ВФН), то из условия ограниченности объема получается следующая оценка среднеквадратичного значения ВФН при усреднении по времени и по частоте [2,3] $\sigma_{RВФН} = 1/2\sqrt{N}$,что в $\sqrt{2}$ раз меньше,чем оценка ВКФ σ_R для случайных последовательностей (5).Среднеквадратичная оценка АПКФ (5) для случайных последовательностей,в которой $\sigma_R = 1/\sqrt{2N}$, одна из наиболее характерных для ФМ сигналов, поскольку многие иные оценки пропорциональны ей.

Оценка $\sigma_{RВФН}$ по своей сути является интегральной оценкой,поскольку производится усреднение по времени и по частоте. Можно найти несколько оценок КФ на основе других интегральных равенств,справедливых для корреляционных функций [2, 3]. Одним из наиболее распространенных является интегральное равенство Сталдера-Кана, которое было обобщено в работе [I4]. Это равенство для АПКФ имеет следующий вид:

$$\sum_{n=-(N-1)}^{N-1} R_{jk}^2(n) = \sum_{n=-(N-1)}^{N-1} R_j(n)\, R_k(n) \,. \tag{20}$$

Левая часть равенства равна сумме произведений квадратов значений ВКФ, а правая часть - сумме произведений значений АКФ.Обозначим среднеквадратичное значение ВКФ через $\sigma_{RВКФ}$. Из (20) получаем

$$\sigma^2_{RВКФ} = (1/(2N-1))\left[1 + 2\sum_{n=1}^{N-1} R_j(n) R_k(n)\right] \tag{2I}$$

Равенство (2I) соответствует тому, что АКФ- симметричная функция и $R_j(0) = R_k(0) = 1$.Из этого равенства можно получить ряд оценок.Сначала допустим для простоты,что $R_j(n) = R_k(n) = 0$ при $n \neq 0$.В этом случае $\sigma_{RВКФ} \simeq 1/\sqrt{2N}$, что совпадает с оценкой среднеквадратичного значения АПКФ случайных последовательностей.

Преобразуем равенство (2I),используя неравенство Коши-Буняковского

$$\left|\sum_{n=1}^{N-1} R_j(n) R_k(n)\right| \leqslant \left[\sum_{n=1}^{N-1} R_j^2(n)\right]^{1/2} \left[\sum_{n=1}^{N-1} R_k^2(n)\right]^{1/2} . \tag{22}$$

Применяя неравенство (22) к (2I),получаем две оценки:

оценка сверху

$$\sigma^2_{RВКФ} \leqslant (1/(2N-1))\left\{1 + \left[\sum_{n=1}^{N-1} R_j^2(n)\right]^{1/2} \left[\sum_{n=1}^{N-1} R_k^2(n)\right]^{1/2}\right\} , \tag{23}$$

оценка снизу

$$\sigma^2_{RВКФ} \geqslant (1/(2N-1))\left\{1 - \left[\sum_{n=1}^{N-1} R_j^2(n)\right]^{1/2} \left[\sum_{n=1}^{N-1} R_k^2(n)\right]^{1/2}\right\} . \tag{24}$$

Найдем статистические характеристики величины $\sigma^2_{RВКФ}$ (2I).Поскольку можно полагать,что АКФ в правой части (2I) распределены по биномиальному закону с нулевым средним значением и дисперсией $1/N$,то среднее значение $\overline{\sigma^2_{RВКФ}} \simeq 1/2N$,а дисперсия $M_2\{\sigma^2_{RВКФ}\} \simeq 1/3N^3$ . .Отношение $M_2\{\sigma^2_{RВКФ}\}/\overline{\sigma^2_{RВКФ}} \simeq 2/3N^2$ убывает с ростом N.Поэтому при $N \gg 1$ среднее значение $\overline{\sigma^2_{RВКФ}}$ достаточно точно характеризует величину $\sigma^2_{RВКФ}$.Поскольку отклонение $\sigma^2_{RВКФ}$ от среднего значения с ростом N уменьшается,то в неравенствах (23),(24)приближенно квадраты значений АКФ можно заменить их дисперсиями. В результате из неравенства (23) получаем, что $\sigma_{R\,ВКФ\,макс} \simeq 1/\sqrt{N}$, а из (24) $\sigma_{R\,ВКФ\,мин} \simeq 1/\sqrt{2N}$.

Среди интегральных оценок следует отметить оценку, найденную в работе [II], обозначим

$$G = \left[2\sum_{i=1}^{N-1} R_i^2\right]^{-1}. \qquad (25)$$

Величина G для случайных последовательностей равна единице. Если G найдена каким-либо способом, то она может быть использована для нахождения среднеквадратичного значения пиков АКФ $\sigma^2_{R\,АКФ}$ следующим образом: полагая в (25) все R_i равными $\sigma_{R\,АКФ}$ получаем $\sigma^2_{R\,АКФ} = 1/2(N-1)G$. В работе [II] вероятностными методами найдено максимальное значение $G_{макс}$, которое равно $G_{макс} = 2e^2(2^9\pi^3N^3)^{-\frac{1}{2N}}$. При $N\to\infty$ предел $G_{макс} = 2e^2 \simeq 14{,}8$. Поэтому

$$\sigma^2_{R\,АКФ\,мин} \simeq 1/(2e\sqrt{N})^{-1}. \qquad (26)$$

Необходимо подчеркнуть, что интегральные оценки дают представление только о среднеквадратичном уровне КФ и не позволяют судить о максимальных пиках. Проблеме минимизации максимальных пиков КФ, в том числе и синтезу ФМ сигналов с минимальными пиками, посвящено большое число работ. Верхняя и нижняя экспериментальные оценки распределены в интервале от $R_{макс\,мин} \simeq 1/\sqrt{2N}$ до $R_{макс\,макс} \simeq 5{,}1/\sqrt{N}$. Для оценки максимальных пиков можно использовать выражение (8) для вероятности превышения пиком КФ допустимого уровня. Если положить вероятность превышения $P = 1/4N$, то из (8) приближенно можно получить следующую вероятностную оценку максимальных пиков КФ:

$$R_{макс} \simeq \sqrt{2\ln(aN)/N}\;, \qquad (27)$$

где $a \simeq$ I,6. Как видно из (27) максимальные пики растут относительно среднеквадратичного значения $1/\sqrt{2N}$ как $2\sqrt{\ln(aN)}$ с ростом N.

Оценки максимальных пиков можно получить с помощью метода моментов, развитого в работе [9]. Он заключается в следующем. Допустим КФ имеет Q пиков со значением $R_{макс}$ и $2N-1-Q$ пиков со значением R_n, причем $R_n \ll R_{макс}$. Момент КФ p-го порядка по определению будет равен

$$m_p = 1/(2N-1)\left[Q R^p_{макс} + \sum_{n=1}^{2N-Q-1} R_n^p\right]. \qquad (28)$$

С ростом p второе слагаемое в правой части (28) становится существенно меньше, чем первое. Поэтому при $N \gg 1$ из (28) приближенно имеем

$$R_{макс} \simeq \sqrt[p]{m_p\, 2N/Q}\,. \qquad (29)$$

Если можно найти значение момента m_p каким-либо косвенным образом, то в соответствии с (29) можно найти и оценку максимальных пиков. В работе [9] показано, что верхняя и нижняя моментные оценки КФ определяются следующими приближенными выражениями:

верхняя оценка:

$$R_{макс\,макс} \simeq \sqrt{(1+\sqrt{6N})/2N}\;, \qquad (30)$$

нижняя оценка:

$$R_{макс\,мин} \simeq \sqrt{2/N}\,. \qquad (31)$$

Следует отметить, что оценки (30), (3I) получены на основе второго и четвертого момента.Если будут найдены моменты более высокого порядка, то они позволят получить более точные оценки. Вместе с тем необходимо подчеркнуть, что в настоящее время не решена основная задача в теории оценок КФ:не создан метод нахождения оценок максимальных пиков для конкретной системы сигналов по структурным свойствам сигналов.

Заключение

К настоящему моменту статистическая теория шумоподобных фазоманипулированных сигналов имеет ряд интересных результатов, однако самая главная проблема, сформулированная во введении - разработка алгоритмов построения больших систем сигналов с хорошими корреляционными свойствами - ещё не решена.

Литература

I. Вакман Д.Е. Сложные сигналы и принцип неопределенности в радиолокации. М., "Сов.радио", I965.

2. Варакин Л.Е. Теория сложных сигналов. М., "Сов.радио", I970.

3. Варакин Л.Е. Теория систем сигналов. М., "Сов.радио", I978.

4. Варакин Л.Е. Оптимальные фазоманипулированные сигналы. -"Радиотехника", I97I, № II.

5. Варакин Л.Е. Свойства полного кода. - "Радиотехника", I973, № 8.

6. Варакин Л.Е. Экстремумы корреляционных функций фазоманипулированных сигналов. - "Известия вузов СССР. Радиоэлектроника", I975, № II.

7. Варакин Л.Е. Объем больших систем фазоманипулированных сигналов. - "Радиотехника и электроника", I978, № 4.

8. Варакин Л.Е., Моисеева Г.Г. Последовательности максимальной вероятности. - "Труды учебных институтов связи",I978, вып.80.

9. Варакин Л.Е.,Сальников Ю.К. Оценки максимальных пиков корреляционных функций фазоманипулированных сигналов. - "Труды учебных институтов связи.Приемо-передающая техника и антенны", I978.

I0.Глобус И.А. О функции распределения ВКФ полного кода. - "Радиотехника", I977, № 3.

11.Goley M.J.E. Sieves for Low Autocorrelation Binary Sequences. - "IEEE Trans"., 1977, N 1, IT-23.

I2.Диксон Р.К. Широкополосные системы. Пер. с англ. Под ред.В.И.Журавлева, М., "Связь", I979.

I3.Моисеева Г.Г.Построение больших производных систем ФМ сигналов. - "Электросвязь", I977, № 6.

14. Pursley M.B., Sarwate D.V. Evaluation of Correlation Parameters for Periodic Sequences. - "IEEE Trans", 1977, IT-23, N 8.

15. Статистическая теория связи и её практические приложения. Под ред. Б.Р.Левина, 1979, М., "Связь".

16. Schneider K.S., Orr R.S. Aperiodic Correlation Constraints on Large Binary Sequences Sets. - "IEEE"Trans.",1975, IT-21, N 1.

КОДИРОВАНИЕ ИНФОРМАЦИОННЫХ СИГНАЛОВ ДЛЯ ИДЕНТИФИКАЦИИ СИТУАЦИЙ

Ю.П. Маринов, Е.С. Рангелова [1]

Распознавание ситуаций в технике охватывает ряд задач, например идентификацию производственных ситуаций, фаз технологических процессов, состояний объектов и т.п. Эти задачи связаны с получением информации, необходимой и достаточной для различения возможных и вероятных классов ситуаций. Для этой цели осуществляется замер и регистрирование определённых информационных параметров характеризуемых ситуаций /в частности, процесса или объекта/.

Большое внимание при распознавании ситуаций уделяется способу кодирования информационных сигналов. В то время,как само распознавание, как процесс принятия решений, чаще всего сводится к применению известных методов для данной задачи, кодирование сигналов требует самого детального изучения объекта или его модели. Это объясняется возможностями в различной степени использовать информацию,приносимую сигналами, причём при кодировании применяется более или менее сложная преобразующая аппаратура и вычислительная техника.

Одним из классов информационных сигналов при распознавании ситуаций в технике являются аналоговые электрические сигналы объекта. Они бывают двух типов:

1. численно-измеримые параметры $D_i(a_1, a_2, \dots, a_L)$ объекта $i = 1, 2, \dots, n$, значение которых в данный момент времени обусловлено значениями его внутренних параметров a_ℓ $(\ell = 1, 2, \dots, L)$, определяющих ситуацию;

2. характеристики объекта вида $A = \varphi(y, a_1, a_2, \dots, a_L)$, которые являются функцией φ независимого аргумента y /например, времени t, частоты f задающего генератора, напряжения U источника сигнала и т.п./ и его внутренних параметров $a_\ell (\ell = 1, 2, \dots, L)$.

К первому типу информационных сигналов относятся электрические напряжения, коэффициенты условий работы объекта и т.п., а ко второму - частотные и фазовые характеристики, временные кривые электрических сигналов и др. Информационные сигналы второго типа, однако, надо дискретизировать по независимому аргументу y, т.е. кривую $A = \varphi(y, a_1, a_2, \dots, a_\ell)$ следует превратить в совокупность n дискретизированных значений:

$$A(y_i, a_1, a_2, \dots, a_L), \quad i = 1, 2, \dots, n$$

При распознавании классов ситуаций необходимо построить модель объекта, т.е. определить соответствия между значениями информационных

[1] ВМЭИ им. Ленина, София

сигналов и каждым классом ситуаций. Задача моделирования связана с задачей выбора способа представления информационных сигналов, т.е. их кодирования.

Если допустить, что информационные сигналы независимы, любой класс ситуаций можно определить допустимыми изменениями отдельных информационных сигналов. Если для описания ситуаций используются n сигналов $d_1, d_2, \dots, d_n$, класс ситуации $S_m (m = 1, 2, \dots, M)$ задаётся граничными значениями d'_{im} и d''_{im}, $d'_{im} \leq d''_{im}$.

При распознавании неизвестного состояния S_h совокупность измеренных значений информационных сигналов $d_{1h}, d_{2h}, \dots, d_{nh}$ можно закодировать следующим образом:

$$x_{ih}^{(m)} = \begin{cases} 1, & \text{если } d'_{im} \leq d_{ih} \leq d''_{im}, \\ 0, & \text{если } d'_{im} \succ d_{ih} \succ d''_{im}, \end{cases} \qquad /I/$$

где d'_{im} и d''_{im} - допуски сигналов.

Этот способ кодирования приводит к суммарной решающей функции при классификации ситуации S_h :

$$S_h \in S_q,$$

$$\text{если} \quad \sum_{i=1}^{n} x_{ih}^{(q)} = \max \sum_{i=1}^{n} x_{ih}^{(m)} \quad ; \quad m = 1, 2, \dots, M \quad . \qquad /2/$$

Допускается и введение весовых коэффициентов α_{im} информационных сигналов, выражающих информативность сигнала для каждого класса ситуаций. В [I] можно использовать весовой коэффициент, пропорциональный интервалу допустимого изменения :

$$\alpha_{im} = d''_{im} - d'_{im} , \qquad /3/$$

при котором решающая функция /2/ принимает вид $S_h \in S_q$,

$$\text{если} \quad \sum_{i=1}^{n} \frac{1}{1 + D^2_{qi}(h)} = \max \sum_{i=1}^{n} \frac{1}{1 + D^2_{mi}(h)^2} , \qquad /4/$$

где

$$D_{mi}(h) = \frac{|d_{ih} - d''_{im}| + |d_{ih} - d'_{im}|}{\alpha_{im}} .$$

Решающую функцию /4/ можно применить для информационных сигналов первого или второго вида, причём неизвестная ситуация включается в некоторую из областей, заданных своими границами.

Этот подход применим и для цели минимизации описаний, но требует предварительного моделирования областей, причём нужно иметь аналитическое выражение зависимости информационных параметров от внутренних параметров объекта, обуславливающих ситуацию, или же достаточную статистику для их экспериментального определения.

Рассмотренный метод кодирования информационных сигналов использован в системе контроля и диагностики радиоэлектронных систем [2]. Разработана программа DIAGV1 на языке PL-1. Она классифицирует ситуации, выдавая решение "в норме" или определяя класс вненорменных ситуаций. Программа применима для аналоговых радиоэлектронных объектов. Информационными сигналами в этом случае являются напряжения для дискретных частот, поступающих от задающего генератора определённой амплитуды, или же n дискретов амплитудно-частотной или фазочастотной характеристики, или видеосигналы.

Разработана также программа DIAMO3 для формирования класса ситуаций по заданному аналитическому выражению функции $A=\varphi(\dot{y},a_1,a_2,\dots,a_L)$, чем на самом деле определяются и параметры решающей функции.

Самую простую реализацию распознающей системы можно получить, если закодировать информационные сигналы в соответствии с принципом "норма-вне нормы", причем измеренное значение сигнала можно заменить, например, значением I или 0. В общем случае, при n сигналах, число распознаваемых ситуаций равно 2^n-1.

Этот подход находит широкое применение в задачах контроля качества продукции или нормального протекания технических процессов. Измерительную подсистему такой системы контроля можно построить на пороговых датчиках, а решающая подсистема чаще всего реализует какой-либо тестовый метод.

Если расширить задачу контроля до задачи распознавания более двух ситуаций, кодирование по принципу "норма-вне нормы" приводит к утрате диагностической информации. Поэтому предпочтение отдаётся кодированию сигналов в три уровня по принципу "под нормой-норма-над нормой". Это приводит к возможности различения 3^n-1 ситуаций, причём датчиковую систему без существенных изменений можно реализовать также на основе пороговых устройств.

При кодировании информационных сигналов по принципу "под нормой-норма-над нормой" измеренное значение сигнала принимает, например, одно из следующих значений x_i : $x_i=1$, если $d_i < d_{imin}$; $x_i=0$, если

$$d_{imin} \le d_i \le d_{imax} \;;\quad x_i=2, \text{ если } d_i > d_{imax},$$ где

d_{imin} и d_{imax} - нижнее и верхнее допустимые значения сигнала d_i, $i=1,2,\dots,n$.

Совокупность X_j из n кодированных значений x_i информационных сигналов описывает ситуацию S_j [3]. При распознавании конечного числа M классов ситуаций описание класса S_m состоит из J_m кодовых записей X_{jm}, $j=1,2,\dots,J_m$; $m=1,2,\dots,M$. Они соответствуют отдельным ситуациям, формирующим класс S_m.

При детерминированной модели объекта совокупность кодовых записей $X^{(m)}$ m -го класса не должна иметь общих записей ни с одной из других совокупностей $X^{(r)}$, $r \neq m$, r, $m = 1, 2, \ldots, M$, что вытекает из условия различимости распознаваемых классов [4].

При распознавании неизвестной ситуации S_h зарегистрированные значения информационных сигналов $d_{1h}, d_{2h}, \ldots, d_{nh}$ приводятся к кодированной записи $X_h = (x_{1h}, x_{2h}, d_{nh})_{(m)}$. Она сравнивается поочерёдно с каждой записью из матриц $X^{(m)}, m=1,2,\ldots,M$, и при совпадении с одной из них, например x_{kq}, выводится решение о наличии класса S_q. Очевидно, что рассмотренный способ кодирования при детерминированной модели приводит к использованию тестовых методов распознавания ситуаций [3].

При вероятностной модели объекта возможно, что одна и та же кодовая запись x_j существует в более чем одной совокупности $X^{(m)}$, $m = 1,2,.., M$, так как допускается некоторое пересечение классов. Тут, однако, для любой записи x_{jm} определяется априорная условная вероятность $P(X_{jm}/S_m)$, $m=1,2,\ldots,M$, причём $\sum_{m=1}^{M} P(S_m) = 1$.

При распознавании неизвестной ситуации S_h в этом случае, аналогично детерминированному подходу, используется тестовый метод обнаружения записей. Затем, однако, применяется одна из модификаций решающих функций Байеса, например критерий максимальной апостериорной вероятности, т.е. решение принимается для класса S_q, если

$$P(S_q/X_{hq}) = \max_k P(S_k/X_{hq}), \quad k \in \{1, 2, \ldots, M\}.$$

Рассмотренный способ кодирования и его применение в задачах распознавания ситуаций даёт возможность минимизировать число диагностических параметров с помощью таблиц различимости, составленных для совокупностей кодовых записей пар классов ситуаций [4].

Описанный способ кодирования был использован при построении системы контроля и диагностики радиоэлектронных объектов. Разработаны программы DIAM01 и DIAGP1 на языке PL-1 для ЭВМ ЕС10-20, функции которых следующие [3].

а/ программы DIAM01:

- кодирование измеренных информационных сигналов;
- составление описания классов ситуаций;

б/ программы DIAGP1:

- распознавание неизвестной ситуации на основе зарегистрированных информационных сигналов.

При исследовании программы DIAGP1 для распознавания поступили 58 неизвестных ситуаций, причём 4 из них не диагностированы, так как их кодовые записи не были обнаружены в модели. Ошибка системы распознавания $\mathcal{E}$ = 6,9%. Путём введения обучения на основе обратной связи эту ошибку можно уменьшить до заданной величины [3] .

Литература

I. Маринов Ю., Рангелова Е. Машинно изследване на диагностични обекти с непрекъснато действие. Доклады III национальной конференции по оптимизированию систем "человек-машина", т.2., кн.2., Казанлък-София, 1974.

2. Маринов Ю., Рангелова Е., Димитров В. Автоматизированная система диагностики электронных структур с помощью ЭЦВМ.

3. Маринов Ю., Рангелова Е. Об одном подходе к принятию решения об оптимальной совокупности диагностических параметров больших электронных структур. Труды IУ международного симпозиума по теории и применению больших систем, Варна, 1973.

Zur Entwicklung des Entropiebegriffes in der Informationstheorie

Dr. Dieter Pötschke, Berlin

Im Jahre 1949 wurde von Shannon in Anlehnung an v. Neumann der Begriff der Entropie als eine grundlegende Größe in die Informationstheorie eingeführt. Dies erfolgte zunächst für stationäre Markowsche Quellen. Im Falle unabhängiger stationärer Quellen $[X,\mathfrak{X}]$, X endliche, nichtleere Menge, $\mathfrak{X}$ Wahrscheinlichkeitsmaß auf X, ist die Shannon-Entropie (S-Entropie) definiert als

$$H(X,\mathfrak{X}) =_{\mathrm{Df.}} -\sum_{x\in X}\mathfrak{X}(x)\ \mathrm{ld}\ \mathfrak{X}(x).$$

In den letzten 30 Jahren hat sich die Informationstheorie zu einem selbständigen Zweig der mathematischen Kybernetik entwickelt. Fortschritte beim Studium der Entropie und bei ihrer Anwendung wurden stets dann erzielt, wenn die Struktur der zugrundegelegten signalerzeugenden und -übertragenden Systeme mathematisch genauer erfaßt werden konnte. Hier soll anhand ausgewählter Beispiele gezeigt werden, daß eine bessere Kenntnis der Entropieeigenschaften zu allgemeineren Bedingungen führt, unter denen Nachrichten, die von ergodischen Quellen ausgesandt werden, über stationäre Kanäle mit und ohne Gedächtnis übertragbar sind. Darin besteht eine Bedeutung der Entropie für die Informationstheorie.
Für neue Problemstellungen, wie Anwendungen in der Statistik, wurden nichtklassische Entropiemaße untersucht, die in einem gewissen Sinne Verallgemeinerungen der S-Entropie darstellen.

1. S-Entropie

Zunächst wurde durch McMillan (1953) ein enger Zusammenhang zur <u>Ergodentheorie</u> hergestellt, indem er Nachrichtenquellen als spezielle dynamische Systeme und damit als stochastische Prozesse auffaßte.
Sei $Q = [A,\mathfrak{A},T,\alpha]$ ein dynamisches System, d. h. A ein beliebiger, nichtleerer Grundraum, $\mathfrak{A}$ eine Sigma-Algebra über A, T eine $\mathfrak{A}$-meßbare Transformation und α ein T-invariantes Wahrscheinlichkeitsmaß auf $\mathfrak{A}$.
Ist $A = X^{gz}$, die Menge aller Funktionen der Menge gz der ganzen Zahlen in die endliche, nichtleere Menge X, so bezeichnen wir Q als <u>Quelle</u>.
Jedes Element $a \in A$ hat dann die Form $a = \ldots x_{-1}x_0x_1 \ldots$ und wird als von der Quelle ausgesandte Nachricht bezeichnet. Damit konnten Methoden und Begriffe der Ergodentheorie wie Mischungsbegriffe und ergodische Dekom-

position zur Untersuchung asymptotischer Eigenschaften von Quellen und ihrer Entropie verwendet werden.
Für $n \geq 1$ sei X^n die Menge aller Wörter der Länge n und $Z(1,\ldots,n;p)$ für $p \in X^n$ die Menge aller $a \in X^{gz}$ mit dem Wort p an den Stellen $1,\ldots,n$.
Sei weiterhin

$$Z_1^n =_{Df.} \left\{ Z(1,\ldots,n;p) \,\middle|\, p \in X^n \right\},$$

und

$$H(Z_1^n,\pi^n,\mathfrak{b}^n) =_{Df.} -\sum_{Z \in Z_1^n} \pi^n(Z) \text{ ld } \pi^n(Z).$$

Wenn π stationär (invariant) bezüglich T ist, dann existiert der Grenzwert

$$h(X,\pi) =_{Df.} \lim_{n\to\infty} \frac{1}{n} H(Z_1^n,\pi^n) \tag{1}$$

und ist endlich. $h(X,\pi)$ bezeichnen wir als die S-Entropie der Quelle.

Als grundlegend hat sich nun die folgende Eigenschaft der S-Entropie erwiesen. Wenn die Quelle Q ergodisch ist, d. h. alle meßbaren invarianten Mengen haben das Maß Null oder Eins, so konvergiert auch die Funktion $-\frac{1}{n}$ ld $\pi(a[1,n])$ gegen die Entropie. Dabei ist $a[1,n]$ das Wort, das in a an der Stelle $[1,n]$ steht.

Satz 1.1. (Shannon (1948), McMillan (1953), Breiman (1957))
Wenn π ergodisch ist, so gilt für π - fast alle $a \in X^{gz}$

$$\lim_{n\to\infty} -\frac{1}{n} \text{ ld } \pi^n(a\,[1,n]) = h(X,\pi). \tag{2}$$

Diese Eigenschaft der S-Entropie kann bei ergodischen Quellen benutzt werden, um einen Code zu konstruieren: Da aus der π -Fastüberall-Konvergenz die stochastische Konvergenz folgt, existiert für jedes $\varepsilon > 0$ und jedes $\delta > 0$ ein $N(\varepsilon,\delta)$ derart, daß man für alle $n \geq N(\varepsilon,\delta)$ die Menge X^n in zwei Teilmengen W_n und $\overline{W_n}$ zerlegen kann, so daß gilt

(1) $W_n \cap \overline{W_n} = \emptyset$

(2) Wenn $p \in W_n$, so $\left|\frac{1}{n} \text{ ld } \pi^n(p) + h(X,\pi)\right| < \varepsilon$

(3) $\pi^n(\overline{W_n}) < \delta$.

Somit ist W_n eine hochwahrscheinliche Menge, die bei der Übertragung über ergodische Kanäle eineindeutig codiert werden kann, um einen vorgegebenen Decodierungsfehler nicht zu überschreiten.

Diese Konstruktion kann aber nur im ergodischen Fall durchgeführt werden. Nun ist X^{gz} ein vollständiger und separabler, metrischer Raum und daher $\mathcal{Q}_e$, die Menge der ergodischen Quellen über X^{gz}, eine dichte G_δ-Menge in $\mathcal{Q}_s$, der Menge der stationären Quellen, unter der schwachen Topologie. Folglich ist $\mathcal{Q}_s \setminus \mathcal{Q}_e$ von 1. Kategorie im topologischen Sinne. Das besagt aber, daß die ergodischen Quellen in einem gewissen Sinne den allgemeinen Fall darstellen.

Im nichtergodischen Fall versagt die oben dargestellte Methode, da die Gültigkeit von Satz 1.1. nur im ergodischen Fall nachgewiesen ist. Nichtergodische Quellen lassen sich aber leicht konstruieren - so ist etwa jede konvexe Linearkombination von ergodischen Quellen nichtergodisch.
In diesem Falle ist es nützlich, die bereits von Shannon definierte S-Rate und ihre Eigenschaften zu untersuchen. Sei Q eine stationäre Quelle, dann bezeichnen wir für ε, $0<\varepsilon<1$, und $n \in$ nz, die Menge der natürlichen Zahlen,

$$S^{\mathfrak{X}}(n,\varepsilon) = \min\{\, |E| \mid E \subseteq X^n \wedge \mathfrak{X}^n(\bar{E}) \leq \varepsilon \,\} \tag{3}$$

als S-Rate der Quelle Q.
Falls $\mathfrak{X}$ ergodisch ist, so gilt

$$\lim_{n\to\infty} \frac{1}{n} \operatorname{ld} S^{\mathfrak{X}}(n,\varepsilon) = h(X,\mathfrak{X}), \tag{4}$$

d. h. die S-Rate konvergiert gegen die S-Entropie.
Für stationäre Quellen gilt ein Analogon, mit dessen Hilfe die Hauptsätze der Shannonschen Informationstheorie für Nakamura-ergodische Kanäle ohne Vorgriff und mit endlicher Gedächtnistiefe verallgemeinert werden können, vgl. Pötschke (1977).

Übrigens konnte Winkelbauer nachweisen, daß diese verallgemeinerte S-Entropie für die Existenz von Erzeugern von Sigma-Algebren (Verallgemeinerung des Satzes von Krieger) bedeutsam ist.
Es hat sich also gezeigt, daß die S-Entropie bzw. die S-Rate eine ententscheidende Rolle bei der Übertragbarkeit von Nachrichten von ergodischen und nichtergodischen Quellen spielt.
Für den nichtstationären Fall liegen, vorwiegend im unabhängigen Fall, ähnliche Teilresultate vor, aber der allgemeine Fall ist noch offen.
Für den Fall, daß die S-Entropie die Kanalkapazität übersteigt, sind in der Distorsionstheorie (distortion rate theory) Ergebnisse erzielt worden, die dennoch Aussagen über die Übertragbarkeit von Nachrichten gestatten. Dabei wird außerdem die Verzerrung (Distorsion) der Nachrichten im Mittel berücksichtigt, so daß man von einer Nachrichtenübertragung

unter qualitativem Aspekt spricht. An die Stelle der S-Entropie tritt dabei die Distorsionsfunktion $R^{\pi}(D)$, vgl. Kap. 4 von Pötschke/Sobik (1980).

2. Die B-Rate und die B-Entropie

Neben verschiedenen Verallgemeinerungen der S-Entropie wurde von Kerridge und Bongard die B-Entropie eingeführt. Aus methodischen Gründen definieren wir die B-Rate, die in Spezialfällen gegen die B-Entropie bzw. die Divergenz exponentiell konvergiert.
Sei $[X^{gz},\mathfrak{X},\pi,T]$ eine stationäre Quelle und $s = (s_n)_{n\in nz}$ eine Familie von endlichen Maßen in X^n, die positiv auf den Zylindermengen sind. Für $\varepsilon>0$ und $n\in nz$ bezeichnen wir

$$B^{\pi,s}(n,\varepsilon) =_{Df.} \min\left\{\sum_{p\in E}\frac{\pi^n(p)}{s^n(p)}\,\middle|\, E\subset X^n \wedge \pi^n(\bar{E})\leq\varepsilon\right\}$$

als die B-Rate von π und s.
Wenn $s_n = \pi^n$, $n\in nz$, so erhalten wir als Spezialfall der B-Rate die S-Rate (3):

$$B^{\pi,\pi}(n,\varepsilon) = \min\left\{ |E| \,\middle|\, E\subseteq X^n \wedge \pi^n(\bar{E})\leq\varepsilon\right\}, \tag{5}$$

die nach (4) exponentiell gegen die S-Entropie konvergiert.
Für $s_n = \delta^n$, $n\in nz$, bezeichnen wir die B-Rate mit

$$B_1^{\pi,\delta}(n,\varepsilon) = \min\left\{\sum_{p\in E}\frac{\pi^n(p)}{\delta^n(p)}\,\middle|\, E\subset X^n\wedge \pi^n(\bar{E})\leq\varepsilon\right\}.$$

Es gilt dann

Satz 2.1. (Pötschke (1977 a))
Wenn $[X^{gz},\mathfrak{X},\pi,T]$ eine ergodische Quelle ist und δ stationäres k-Markowsches Wahrscheinlichkeitsmaß auf $[X^{gz},\mathfrak{X}]$, $k\geq 0$, das positiv auf den Zylindermengen ist, dann gilt für jedes ε, $0<\varepsilon<1$,

$$\lim_{n\to\infty}\frac{1}{n}\,\mathrm{ld}\, B_1^{\pi,\delta}(n,\varepsilon) = h(X,\pi,\delta).$$

Dabei ist

$$h(X,\pi,\delta) = \lim_{n\to\infty} -\frac{1}{n}\sum \pi^n(a[1,n])\,\mathrm{ld}\,\delta^n(a[1,n]). \tag{6}$$

Wir bezeichnen $h(X,\pi,\delta)$ als B-Entropie. Diese hat ähnliche Eigenschaften wie die S-Entropie (Additivität), erfüllt aber im allgemeinen nicht die Shannonsche Ungleichung und daher ist die analog zur S-Information definierte B-Information negativer Werte fähig, vgl. Kap. 6 Pötschke/Sobik (1980).

Da die S-Entropie die B-Entropie nicht übersteigt, d. h. es gilt stets

$$h(X,\mathcal{X}) \leq h(X,\mathcal{X},\ell),$$

so ist die <u>Divergenz</u> der Verteilungen $\mathcal{X}$ und ℓ

$$d(X,\mathcal{X},\ell) =_{Df.} h(X,\mathcal{X},\ell) - h(X,\mathcal{X})$$

stets nichtnegativ.

Ähnlich wie die S-Entropie (im ergodischen Fall) sowohl als Grenzwert der Funktion $-\frac{1}{n}\,\mathrm{ld}\,\mathcal{X}^n(a[1,n])$ als auch als Grenzwert der S-Rate $S^{\mathcal{X}}(n,\varepsilon)$ dargestellt werden kann, so existieren analoge Darstellungen der B-Entropie. Die Darstellung der B-Entropie als Grenzwert der B-Rate ist mit Satz 2.1. gegeben. Außerdem gilt

Satz 2.2. (Pötschke (1977 a))

Sei $\mathcal{X}$ ergodisch und ℓ k-Markowsch und stationär auf $[X^{gz},\mathfrak{X}]$, $k \geq 0$, und positiv auf $Z \in Z_1^n$, $n \in nz$, dann gilt $\mathcal{X}$-fast-überall

$$\lim_{n\to\infty} -\frac{1}{n}\,\mathrm{ld}\,\ell^n(a[1,n]) = h(X,\mathcal{X},\ell). \qquad (7)$$

Dies ist ein Analogon zum Satz von McMillan-Breiman (Satz 1.1.) für die B-Entropie. Diese Eigenschaft der B-Entropie kann für die Untersuchung der Nachrichtenübertragung über ergodische Kanäle benutzt werden, wenn dem Code statt der wahren Verteilung $\mathcal{X}$ nur eine Hypothese ℓ bekannt ist, vgl. Fischer (1978), Pötschke (1979).

3. Eine statistische Interpretation der B-Rate

Seit dem Bestehen der mathematischen Informationstheorie gibt es eine fruchtbare Wechselwirkung zwischen ihr und der mathematischen Statistik. Dieser Zusammenhang ist in den letzten Jahren immer wieder durch neue Resultate bestätigt worden. Ein aktuelles Anwendungsgebiet sind dabei asymptotische Fehlerabschätzungen für die Testtheorie.

Wir wollen dies hier an einem Beispiel zeigen.

Ein wichtiges Problem in der Theorie des Hypothesentestens ist die Bestimmung eines Testes mit minimaler Fehlerwahrscheinlichkeit 2. Art bei einem gegebenen Signifikanzniveau (Neyman-Pearson-Theorie). Seien für $n \in nz$ π^n und ι^n Hypothesen für eine unbekannte Verteilung auf X^n. Für einen gegebenen Test χ_E, $E \subseteq X^n$, lehnen wir π^n ab, wenn die Stichprobe $p \in \bar{E}$ und entscheiden für π^n, wenn $p \in E$. Sei $s_n(p) = \pi^n(p)/\iota^n(p)$, $p \in X^n$, dann ist für jedes $\varepsilon > 0$ und $n \in nz$

$$B_2^{\pi,\iota}(n,\varepsilon) = \min\left\{ \sum_{p \in E} \iota(p) \middle| \; E \subseteq X^n \wedge \pi^n(\bar{E}) \leq \varepsilon \right\}$$

$$= \min\left\{ \iota^n(E) \middle| \; E \subseteq X^n \wedge \pi^n(\bar{E}) \leq \varepsilon \right\}$$

gerade die minimale Wahrscheinlichkeit eines Fehlers 2. Art, wenn die Wahrscheinlichkeit des Fehlers 1. Art durch ε beschränkt ist.
Für diesen Fehler kann nun mit informationstheoretischen Methoden eine asymptotische Abschätzung angegeben werden.

Satz 3.1. (Pötschke (1977 a))
Wenn $[X^{gz}, \mathfrak{X}, \pi, T]$ eine ergodische und ι eine stationäre und k-Markowsche Hypothese ist, die positiv auf den Zylindermengen ist, dann gilt für jedes ε, $0 < \varepsilon < 1$,

$$\lim_{n} \left(-\frac{1}{n} \operatorname{ld} B_2^{\pi,\iota}(n,\varepsilon)\right) = d(X,\pi,\iota). \tag{8}$$

Damit tritt also die Divergenz hier als exponentieller Grenzwert auf. Satz 3.1. stellt eine Verallgemeinerung des bekannten Satzes von C. Stein dar, der einen Beweis im unabhängigen Fall gab, vgl. Chernoff (1956). Im unabhängigen Fall (π und ι statistisch unabhängige Hypothesen, stationär) habe ich durch verschärfte Abschätzungen die Konvergenzgeschwindigkeit bestimmen können. Dies ist für praktische Anwendungen wichtig.

Ein verwandter Zusammenhang besteht zum Sequentiellen Quotienten-Test (S.P.R.T. = sequential probability ratio test), auf den ich an anderer Stelle eingehe.

Literatur

CHERNOFF, H.: (1956) Large-sample theory: parametric case. Ann. Math. Stat. 27 (1956), 1 - 22;

FISCHER, Th.: (1978) Some remarks on the role of inaccuracy in Shannon's theory of information transmission. Trans. 8th Prague Conf. Inf. Theory etc. A (1978), 211 - 226.

MCMILLAN, B.: (1953) The basic theorems of information transmission.

Ann. Math. Stat. 24 (1953), 196 - 219;

PEREZ, A.: (1974) Data compression in discriminating stochastic processes. Kybernetik 10 (1974), 187 - 198;

PÖTSCHKE, D.: (1977a) A statistical interpretation of the B-rate of information theory. Trans. European Meeting of Statisticians & 7th Prague Conf. Inf. Theory 1977, 409 - 418;

PÖTSCHKE, D.: (1977b) On the classical approach to the Shannon transmission problem. In: I. Csiszár, P. Elias: Topics in Information Theory. North-Holland Publ. Comp., Amsterdam-Oxford-New York 1977, 527 - 538;

PÖTSCHKE, D.: (1979) Übertragung von Nachrichten ergodischer Quellen, wenn der Coder statt der wahren Verteilung nur eine Hypothese kennt (unveröffentlicht);

PÖTSCHKE, D., SOBIK, F.: (1980) Mathematische Informationstheorie. Akademie-Verlag, Berlin 1980;

SHANNON, C. E., WEAVER, W.: (1976) Mathematische Grundlagen der Informationstheorie. R. Oldenburg-Verlag, München-Wien 1976.

Dr. Dieter Pötschke

Akademie der Wissenschaften der DDR
Zentralinstitut für Kybernetik und
Informationsprozesse

1199 Berlin
Rudower Chaussee 5

Kapitel 4

Synthese stochastischer Systeme

- Signalempfang und -verarbeitung -

F. H. Lange
Rostock (DDR)

Informations-Redundanz und Informations-Reduktion als Grundprinzipien der Informationstechnik

Störfestigkeit als Optimierungs-Kriterium:

Beim Ausbau von Fachdisziplinen in den Naturwissenschaften und in der Technik sucht man nach allgemein gültigen Prinzipien, die das Fachgebiet leichter überschaubar machen und die den Entwicklungstrend kennzeichnen. In der Technik sind dies die Optimierungs-Kriterien. Ein wichtiges Optimierungskriterium der Informationstechnik ist die Störfestigkeit.

In meinem heutigen Referat möchte ich an vorangegangene Veröffentlichungen anknüpfen, u. a. auch an mein Referat vor 2 1/2 Jahren beim I. Internationalen Seminar in Pustschino. Es handelte sich um die Methoden zur Erhöhung der Störfestigkeit. Mir erscheint es als notwendig, dies als Problem der allgemeinen Informationsverarbeitung darzustellen. Es erscheint mir geeignet, der Informationstheorie praxisnahe Akzente zu geben. Zur Zeit besteht nämlich die umgekehrte Tendenz, die Informationstheorie stärker nach einer rein theoretischen Richtung auszubauen, indem sie an die mathematische Meßtheorie anknüpft. Dies hat natürlich auch seine Berechtigung, nützt aber der Informationstechnik wenig.

Die Verbindung der Theorie der Störfestigkeit mit der Informationstheorie ergibt sich durch eine Verknüpfung der Störfestigkeit mit der Informationsredundanz. Dies war ja auch die Grundidee von Shannon und von Kotelnikov. Dies ergibt auch heute noch eine Antwort auf die Frage, welches Prinzip zur Erhöhung der Störfestigkeit benutzt wird.

Methodischer Gesamtüberblick:

Es soll nachfolgend gezeigt werden, daß die Informations-Redundanz als Verfahrens-Strategie ein integrierender Aspekt der gesamten Informationstechnik ist. Man kann sich damit einen Überblick über die Verfahren der Informationstechnik, d. h. über ihre Arbeitsprinzipien und Entwicklungstendenzen, verschaffen. Dies kommt besonders der Lehre zugute, bei der es weniger auf Spezialkenntnisse in einer einzelnen Disziplin, als vielmehr auf allgemein gültige Grundlagen und auf einen Gesamtüberblick über die Methoden der Informationstechnik ankommt. Es handelt sich darum, einen einheitlichen Gesichtspunkt zur Darstellung der vielverzweigten Spezialdisziplinen zu finden, eine Art von "rotem Faden", der durch das Labyrinth der Methoden führt. Damit soll aber nicht mehr als ein Denkanstoß gegeben werden.

Eine schon gut ausgebaute Brücke zwischen den Spezialdisziplinen bietet die Signal- und die Systemtheorie. Sie enthält das Handwerkszeug, auf das die Informationstechnik zur Beschreibung von Signalen und Systemen bei Aufgaben der Informationsverarbeitung zurückgreift. Doch vernachlässigt die Signal- und die Systemtheorie den methodischen Aspekt. Sie sagt aus, wie man informationstechnische Aufgaben löst, aber sie sagt nichts über die Motivation, über das "Warum?" aus. Diese Frage wird von einzelnen Disziplinen beantwortet, aber nicht generell von einem einheitlichen Standpunkt aus.

Es soll hier gezeigt werden, daß ein einheitlicher Standpunkt möglich ist. Die Motivation ist die Erhöhung der Störfestigkeit und das Mittel dazu ist die Informationsredundanz und die Informationsreduktion.

Schutz gegen reversible Ausfälle:

Wir schränken hierbei die Aufgabenstellung ein und beschränken uns auf die Störfestigkeit bei reversiblen Systemausfällen. Bei diesen ist das System nach dem Verschwinden der Störung noch voll betriebsfähig; im Gegensatz zu den irreversiblen System-Ausfällen, bei denen das System nach Verschwinden der Störung nicht mehr funktionsfähig ist. Im letzteren Fall wendet man technologische und konstruktive Maßnahmen zur Verlängerung der Lebensdauer an. Abschätzungen liefert dazu die Zuverlässigkeits-Theorie. Hier in unserem Fall handelt es sich um methodische, speziell schaltungstechnische Maßnahmen bei der Einwirkung von additiven oder von multiplikativen Störungen.

Eine eingehende Betrachtung der Verfahren der Informationstechnik zeigt auf, daß das Optimierungskriterium der Störfestigkeit fast überall die Methodik und ihre Veränderungen und Fortschritte bestimmt hat und noch bestimmt.

Die Antwort, warum in der Informationstechnik eine bestimmte Methode der Informationsverarbeitung entwickelt wurde, findet sich in überwiegendem Maße in dem Bestreben, eine bestimmte Störung zu unterdrücken.

Potentielle und effektive Störfestigkeit:

Die Antwort, wie dies geschieht, ergibt sich aus der Analyse der Informationswandlung, die vorgenommen wird. Bild 1!

Das Optimierungsmittel ist die Informationswandlung, bestehend aus einer Ausnutzung einer Informations-Redundanz bzw. aus einem Mehraufwand an Information durch "induzierte" Redundanz. Damit wird eine potentielle Störfestigkeit a priori gewonnen. Es folgt als a posteriori-Maßnahme am Ende der Übertragungs- oder Meßstrecke eine Informations-Reduktion, die die potentielle Störfestigkeit in eine effektive Störfestigkeit umwandelt, indem die Störungen unterdrückt und ausgeschieden werden. Diese beiden Maßnahmen werden auch als "Sende-Regel" und als "Empfangs-Regel" bezeichnet.

Verallgemeinerung des Redundanz-Begriffes:

Als Basis dient das Theorem von Shannon:

"Jeder Mehraufwand an Bandbreite kann zur Erhöhung der Störfestigkeit ausgenutzt werden". Es gilt für einen konstanten Informationsfluß; der von Shannon als Kanalkapazität bezeichnet wurde:

$$I = C\ B.\ \mathrm{ld}(1 + k) = \text{konstant mit } k = {}^{P}\text{nutz}/{}^{P}\text{stör}$$

$$\text{oder} \quad (1+k_1)^{B_1} = (1+ k_2)^{B_2}.$$

Für den Entwurf der Methodik sagt das Shannon'sche Theorem nichts aus, das übrigens zunächst für additive und normalverteilte Störungen abgeleitet wurde.

Die Redundanz wurde bei Shannon als Kodierungs-Redundanz eingeführt. Sie lautet:

$r = 1 - \frac{H}{H_{max}}$, wobei H_{max} die maximal erreichbare Entropie bei Gleichverteilung und H die tatsächliche Quellenentropie ist.

Wir erweitern sinnvol den Begriff der Redundanz und bezeichnen als Informations-Redundanz jeden Mehraufwand an Information (bzw. Informationsfluß), der getrieben wird, um die Störfestigkeit zu erhöhen. Dies braucht keineswegs nur durch eine redundante Kodierung erfolgen.

Informations-Verlust als Entscheidungs-Kriterium:

Beim Entwurf oder bei der Auswahl einer Methode steht eine A-priori-Entscheidung: Wird kein Informationsverlust zugelassen oder ist ein Informationsverlust bei der nachfolgenden Informationsverarbeitung erlaubt oder sogar erwünscht?" Grob gesehen, gibt dies die Antwort, ob es sich um ein Verfahren der Informations-Übertragung, also um die Nachrichtentechnik, handelt oder um ein Verfahren der Informationsauswertung, also um die Meßtechnik.

Im Falle der Informations-Übertragung ohne wesentlichen Informationsverlust hat man, wie das Bild 2 zeigt, zwei Fälle zu unterscheiden: Entweder reicht eine natürliche Redundanz des Eingangs-Informationsflusses aus, um als potentielle Störfestigkeit ausgenutzt zu werden oder sie reicht nicht aus. In diesem zweiten Falle wird eine künstliche Informationsredundanz geschaffen, die wir als induzierte Redundanz bezeichnen. Dazu dienen die klassischen Verfahren der Modulation und der Kodierung.

Die dritte Gruppe arbeitet ohne A-priori-Redundanz. Dies bedeutet, daß eine effektive Störfestigkeit nur durch einen Informationsverlust bei der nachfolgenden Informationsreduktion erkauft werden kann. Daher sind diese Verfahren typisch für alle meßtechnischen Methoden der Informationsverarbeitung.

A-priori-Kenntnisse über die Störungen:

Ganz entscheidend ist die Gewinnung von A-priori-Kenntnissen der Störungen. Hierbei haben wir zwei Gruppen zu unterscheiden: entweder handelt es sich um additive Störungen oder um multiplikative Störungen. Dieser Unterschied beeinflußt ebenfalls maßgebend die Methodik.

Außerdem muß man determinierte und nicht determinierte Störungen unterscheiden. Erstere sind Bestandteil der klassischen Nachrichtentechnik, letztere das eigentliche Arbeitsgebiet der Stochastik.

Bei den additiven Störungen sind zeitdiskrete und zeitkontinuierliche additive Störungen, sowie frequenzdiskrete und frequenzkontinuierliche (Schmalband- und Breitband-Störungen) zu unterscheiden. In der Lehre muß darauf hingewiesen werden, daß der Typ der Störungen maßgebend die Methodik beeinflußt, z. B. in der Wahl der Informationsredundanz zur Erhöhung der potentiellen Störfestigkeit.

Methoden mit natürlicher Informations-Redundanz und additiven Störungen

Bei der ersten Gruppe mit ausreichender natürlicher Informations-Redundanz hat man vier Selektionsverfahren zu unterscheiden: die räumliche, die zeitliche, die spektrale und statistische Selektion, die sich auf A-priori-Maßnahmen und auf A-posteriori-Maßnahmen aufteilt. So kann eine räumliche Selektion durch eine Antennenbündelung sowohl auf der Sendeseite als auch auf der Empfangsseite vorgenommen werden.

Methoden mit induzierter Informations-Redundanz und additiven Störungen

Bei der zweiten Gruppe mit induzierter Informationsredundanz haben wir die bekannten Modulations- und Kodierungsverfahren zu unterscheiden, die auch quantitativ bereits sehr gründlich analysiert worden sind. Obwohl die technische Entwicklung seit Jahrzehnten abgeschlossen schien, hat die unterschiedliche Wirksamkeit bei unterschiedlichen Störungen doch immer wieder zu einer Weiterentwicklung geführt. Als Beispiel sei das Versagen der klassischen FM-Demodulation an der Rauschschwelle genannt, bei dem die Phasen-Kopplungs-Demodulation (PLL=phase locked loop) einen Fortschritt durch die Bandbreite-Reduktion vor der Umsetzung in die NF brachte. Es sei ferner erinnert, daß die Puls-Code-Modulation bei Impulsstörungen, besonders für die Datenübertragung, versagt, jedoch durch die fehlerkorrigierenden Codes einsatzfähig wurde. Hier wird zweifach Inf.-Redundanz induziert: erstens durch den Bandbreite-Aufwand für die Binärsignale und zweitens durch den zusätzlichen

Aufwand an Prüfbits. Beide Maßnahmen ergänzen sich. Dies ist oft der Fall. Die Kunst des Systementwurfes in der Informationstechnik besteht darin, alle sich bietenden Möglichkeiten zur Erhöhung der Störfestigkeit zu kombinieren.

Methoden bei multiplikativen Störungen:

Besonders wichtig sind die multiplikativen Störungen für die Verfahrensweiterentwicklung geworden. Durch die Einbeziehung von determinierten Störungen, die durch innere Systemfehler hervorgerufen werden, erreicht man eine Übersicht fast über die gesamte Informationstechnik. Der Mehraufwand besteht hier aus schaltungstechnischen Mitteln. Ich nenne nur die Begriffe Frequenzgang-Kompensation und Phasen- oder Laufzeitkompensation, die sowohl für die Nachrichten- wie für die Meßtechnik benötigt werden.

Die nichtdeterminierten multiplikativen Störungen bestehen aus Dämpfungs-Schwankungen des Übertragungskanals oder aus Phasen-Schwankungen des Übertragungskanals.

Bei Dämpfungsschwankungen arbeitet man mit einem Mehraufwand an Verstärkung durch die automatische Verstärkungsregelung und an der Rauschgrenze mit einer Methode des Diversity-Empfangs, z. B. mit Frequenz- oder Antennen-Diversity.

Für die Überwindung von Phasenschwankungen ist das PAL-Farbfernseh-System (phase alternating line) mit zeilenweiser Laufzeitspeicherung und Addition je zweier Zeilen ein außerordentlich instruktives Beispiel für die Wichtigkeit, eine Methode den Störungen anzupassen.

Methoden mit Informations-Verzicht:

Wenden wir uns nun der zweiten Hauptgruppe zu, die vorwiegend meßtechnische Methoden der Informationsverarbeitung umfaßt, bei denen ein wesentlicher Informationsverlust zugelassen, oft sogar gefordert wird. Man verzichtet bewußt auf einen Teil der Nutzinformation, weil sie nicht prozeßrelevant ist.

Einen guten Überblick über die wichtigsten Verfahren ergibt sich, wenn man zwei Gruppen unterscheidet. Die eine Gruppe enthält Methoden, bei denen das Nutzsignal bzw. der Nutzinformationsfluß analysiert wird, während die hier meist als normalverteilt angenommenen Störungen ohne Analyse unterdrückt werden. Höchstens muß vorher der Charakter der Störung untersucht und als a priori-Kenntnis registriert werden. Sie liefern die Berechtigung für die Annahme einer Normalverteilung der Rauschstörungen.

Die zweite Gruppe ist dagegen durch eine A-posteriori-Analyse der Störung gekennzeichnet, während keine Analyse des Nutzsignals selbst vorgenommen wird. Es gibt natürlich auch hybride Methoden, bei denen eine Analyse des Nutz- und des Störsignals vorgenommen wird.

Nutzsignal-Analyse

Bei der Korrelationsanalyse des Nutzsignals muß man zwei Fälle unterscheiden: entweder wird das gestörte Empfangssignal mit einem determinierten Referenz-Signal verknüpft oder mit einem nicht determinierten Referenzprozeß.

Ein determiniertes Referenzsignal kann ein Standardsignal sein. Dann liegt eine Fourier- oder Walsh- oder eine sonstige Funktionsanalyse vor. Es kann aber auch eine Verknüpfung mit dem ungestörten Sendesignal, das als Testsignal bekannt ist, vorgenommen werden, entweder unmittelbar, wie beim Synchrondetektor oder mittelbar wie beim angepaßten Filter.

Zur Stochastik im engeren Sinne gelangen wir, wenn die Referenzinformation ein nicht determinierter Referenzprozeß ist. Dies führt zur Auto- und zur Kreuzkorrelationsanalyse, die ja hinreichend bekannt ist. Es geht hier darum, die Methoden zueinander in Beziehung zu setzen und die Unterschiede bzw. die Verwandtschaft zu charakterisieren. Dies geht nicht ohne neue Begriffe.

Strebt man hier eine Systematik der Informationsverarbeitungsmethoden an, so empfiehlt es sich, zunächst verallgemeinert von einer Verbundanalyse zu sprechen, indem der primäre Informationsfluß mit einer Referenz-Information verknüpft wird. Die Korrelationsanalyse ist davon ein Spezialfall, wobei eine Mittelwertbildung eines Zeitfunktionsproduktes vorgenommen wird. Dies sind bereits zwei mathematische Operationen, die Produktbildung und die Integration oder Aufsummierung.

Ich habe dafür den Begriff eines Verbundsystems vorgeschlagen. Er erfaßt u. a. auch die logischen Bauelemente und den Polaritätskorrelator, aber auch die in der Kodierungstechnik benutzten Matrizen und Polynom-Multiplikatoren als Systeme der Digitaltechnik. Bei einer derartigen Methodenanalyse erscheinen alt bekannte Systeme in einem neuen Licht. So kann man den Korrelator und das angepaßte Filter als ein Durchlaßfilter für Nutzsignale ansehen. Dagegen sind die eben genannten Digitalfilter der Dekodierungstechnik Sperrfilter für Nutzsignale. Sie ergeben bei Fehlerfreiheit Nullsignale, im Falle eines Fehlers die Fehlerstelle.

Die Kontrollmatrix des Hamming-Codes und das Kontrollpolynom der zyklischen Codes zur Fehlerkorrektur stellen mathematisch gesehen als Referenz-Information Nullteiler dar, ein außerhalb der Kodierungs-Theorie ein bisher kaum von der Informationstheorie benutzter Begriff.

Störsignal-Analyse

Weitere Methoden beruhen auf einer Analyse der Raumstörungen und zur Reduzierung des Rauschpegels in der medizinischen Diagnostik und werden in der Seismographie benutzt, um zeitdiskrete, d. h. impulsförmige Nutzsignale im Untergrundrauschen aufzufinden, unter Anwendung des Predictions-Theorems.

Zusammenfassung

Die allgemeine Informationsverarbeitung ist dann und nur dann in ihrer Gesamtheit überschaubar, wenn sie in ihrer Multivalenz als Methodik dargestellt wird, ohne an eine der vielen Spezialdisziplinen angebunden zu sein. Im internationalen Schrifttum findet man wenig eine derartige umfassende Betrachtungsweise. Daher soll mein Referat als Denkanstoß dienen. Der Ausbau einer Methodik der Informationstechnik auf der Basis der Signal- und Systemtheorie erscheint mir eine lohnende Aufgabe zu sein.

Literatur:

/1/ A. A. Charkewitsch — Kampf gegen Störungen (russ.) Moskau 1963, übersetzt als "Signale und Störungen", Oldenbourg-Verlag München

/2/ W. A. Kotelnikov — Theorie der potentiellen Störfestigkeit Staatl. Energie-Verlag Moskau 1956

/3/ F. H. Lange — Strategien der Störfestigkeit in der Informationstechnik Sitzungsberichte der AdW der DDR, Reihe Mathematik, Naturwissenschaften u. Technik, H. 16 N (1978) Akademie-Verlag Berlin

/4/ M. S. Nemirowski — Störfestigkeit der Radio-Verbindungen Energie-Verlag 1966, Moskau (russ.)

/5/ F. H. Lange — Methoden der Meßstochastik Akademie-Verlag Berlin 1978

/6/ F. H. Lange — Strategien der Störfestigkeit VEB Verlag Technik Berlin 1981 (in Druck)

Übersicht über die Strategien zur Erhöhung der Störfestigkeit in der Informations-Technik

Methoden bei additiven Störungen:

A-priori-Entscheidung: (1) Methoden ohne Informations-Verlust

unterteilt in:	(1.1):	Methoden mit natürlich vorgegebener Informations-Redundanz
	(1.1.1):	Räumliche Selektions-Verfahren
	(1.1.2):	Zeitliche Selektions-Verfahren
	(1.1.3):	Spektrale Selektions-Verfahren
	(1.1.4):	Statistische Selektions-Verfahren
und in:	(1.2):	Methoden mit künstlicher (induzierter) Informations-Redundanz
	(1.2.1):	Lineare Modulation
	(1.2.2):	Exponentielle Modulation
	(1.2.3):	Puls-Modulation
	(1.2.4):	Kodierung ohne Redundanz
	(1.2.5):	Kodierung mit Kodierungsredundanz
oder	(2)	Methoden mit Informations-Verzicht
	(2.1):	Methoden mit Analyse des Nutzsignals
	(2.1.1):	Selektions-Verfahren mit Informations-Verlust
	(2.1.2):	Verbund-Analyse mit determinierten Referenz-Signalen
	(2.1.3):	Verbund-Analyse mit nicht determinierten Referenz-Prozessen
	(2.2):	Methoden mit Analyse des Störsignals
	(2.2.1):	Prädictions-Verfahren zur Verminderung des Grundrauschens
	(2.2.2):	Dekorrelations-Verfahren
	(2.2.3):	Schätzverfahren nach Kalman

(3): **Methoden bei multiplikativen Störungen:**

(3.1):	Methoden bei inneren multiplikativen Störungen
(3.1.1):	Prinzip der Gegenkopplung
(3.1.2):	Prinzip der Frequenzgang-Korrektur
(3.2):	Methoden bei äußeren multiplikativen Störungen
(3.2.1):	Verfahren bei Dämpfungs-Schwankungen
(3.2.2):	Verfahren bei Phasen-Schwankungen

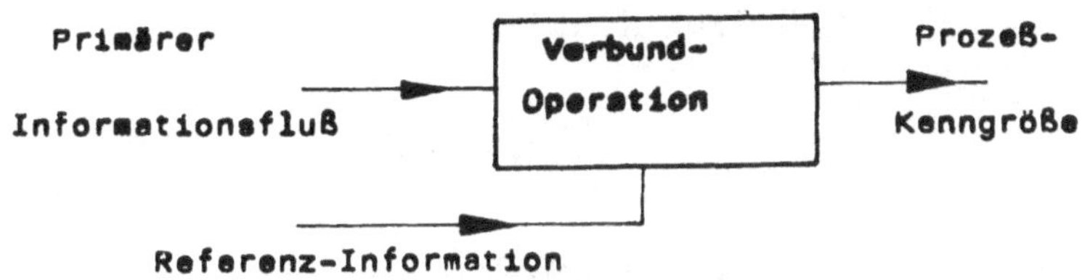

Bild 1: Verbund-Analyse zur Kenngrößenbildung

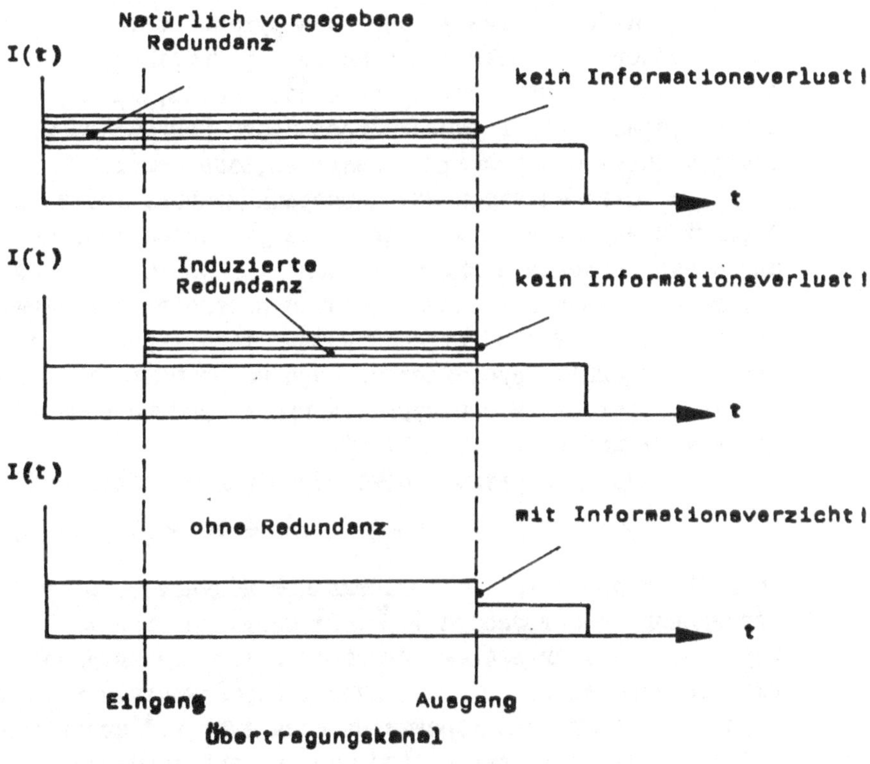

Bild 2: Formen der Informations-Wandlung
bei einem gestörten Übertragungskanal

МЕТОДОЛОГИЧЕСКИЕ АСПЕКТЫ ПРОБЛЕМЫ ПРЕОДОЛЕНИЯ АПРИОРНОЙ НЕОПРЕДЕЛЕННОСТИ ПРИ ПРИЕМЕ СИГНАЛОВ

Б.Р.ЛЕВИН [I/]

I. Структурно-логическая схема

С общепринятыми в настоящее время вероятностными моделями сигналов и помех связана концепция приема сигналов, как статистических задач проверки гипотез, оценивания, а также совместной проверки гипотез и оценивания.

Структурно-логическая схема извлечения полезной информации из наблюдаемого стохастического процесса представляет последовательность следующих этапов:

а/Постановка задачи: обнаружение сигнала, различение сигналов, оценивание параметров, фильтрация, совместное различение и оценивание, разрешение, классификация, идентификация, управление. В рамках отведенного регламента мы ограничимся задачей обнаружения сигнала на фоне помех.

б/Укомплектование априорных данных. Статистическая формализация задачи приема сигналов уже использует некоторые априорные сведения и включает элементы нашего понимания задачи, но ее нельзя еще считать полной постановкой задачи. Для такой постановки требуются априорные характеристики пространства наблюдений, вероятностной меры на этом пространстве, пространства решений и совокупности правил выбора решений, а также функции потерь.

При дискретной форме регистрации наблюдений

$$x = (x_1, \dots, x_n)\,,\quad x_i = x(t_i)\,,\quad i = 1,\dots,n$$

выборочное пространство представляет подмножество n -мерного эвклидового пространства X^n . Элементы выборки x_i могут подвергаться дополнительному преобразованию /амплитудное квантование, ранжирование, группирование/. Вероятностная мера на пространстве наблюдений характеризуется функцией правдоподобия выборки. Различают два класса функций правдоподобия: параметрический и непараметрический. Если параметры полагают случайными, то требуется также задать распределение параметров.

I/ СССР, Москва, Авиамоторная, 8 МЭИС

в/Принятие критерия качества. В зависимости от полноты априорных данных может использоваться тот или иной критерий качества /средний риск, апостериорный риск, апостериорная вероятность, максимальное правдоподобие, минимакс, критерий Неймана-Пирсона, коэффициент относительной эффективности/. Но для использования любого критерия необходимо знать функцию правдоподобия выборки $W(x)$. В этой связи возникают два класса задач: с параметрической априорной неопределенностью $W(x|\theta)$ и с непараметрической априорной неопределенностью $W_i(x)$, $i=0;1$.

г/Синтез. При наличии необходимой априорной информации синтез оптимального алгоритма принятия решения путем экстремизации критерия качества, возможно с учетом дополнительных требований к алгоритму /цифровой, последетекторный, последовательный/. Выделение достаточных статистик по виду статистики отношения правдоподобия. В иных случаях- эвристический подход к синтезу.

д/Анализ рабочих характеристик алгоритма.

е/Сравнение оптимального алгоритма с подоптимальным с учетом сложности реализации.

2. Классификация методов преодоления априорной неопределенности

Для преодоления априорной неопределенности в задачах приема сигналов в настоящее время используются следующие основные подходы:

а/Поиск несмещенных равномерно наиболее мощных /РНМ/ алгоритмов обнаружения сигналов в условиях параметрической априорной неопределенности.

б/Непараметрический подход /использование знаковых и ранговых алгоритмов/ и квазинепараметрический подход /робастные алгоритмы/.

в/Адаптивный подход с использованием обучающих выборок.

г/Синтез асимптотически оптимальных алгоритмов.

3. Несмещенные РНМ алгоритмы обнаружения сигналов

Если функция правдоподобия принадлежит экспоненциальному семейству вида

$$W(x|\vartheta,\theta) = C(\vartheta,\theta)\exp(\vartheta u + \theta' t) \qquad /1/$$

где $u(x)$ и $t(x)$ -достаточные статистики для сигнального параметра ϑ и помеховых /мешающих/ параметров θ соответственно, то несмещенный РНМ алгоритм обнаружения сигнала с заданной вероятностью α ложных тревог предписывает сравнение с порогом статистики

$$u(x) \gtrless c[t(x)] \qquad /2/$$

причем порог C определяется по заданной величине α.

Для преодоления трудности, часто возникающей при определении порога, приходится вводить более узкий класс алгоритмов, инвариантных относительно некоторой группы преобразований наблюдаемой выборки.

Наиболее полное изложение теории РНМ процедур принятия решений содержится в нестареющей монографии Е.Лемана [I].

4. Непараметрические алгоритмы обнаружения сигналов

При обнаружении сигнала на фоне стационарной помехи с независимыми значениями непараметрическим свойством- постоянством вероятности ложных тревог при изменении распределения помехи, обладают знаковые, ранговые и знаково-ранговые алгоритмы. Начальной операцией при этом является преобразование наблюдаемой выборки в вектор знаков $\operatorname{sgn} x$ или в вектор рангов R, $x_k = x^{(R_k)}, x^{(i)} \leq x^{(j)}, i<j$ или в вектор положительных рангов R^+, $x_k = |x|^{(R_k^+)} \operatorname{sgn} x_k$.

Непараметрические алгоритмы при конечных размерах выборок синтезируются на эвристической основе. Критерием качества таких алгоритмов служит коэффициент асимптотической относительной эффективности по отношению к какому-либо известному алгоритму, например, алгоритму, оптимальному для аддитивной нормальной помехи. Одним из лучших руководств по теории ранговых статистик служит монография Я.Гаека и З.Шидлака [2].

Если наблюдаемая выборка представляет случайную последовательность с сильным перемешиванием, то можно указать модификацию знаковых и ранговых алгоритмов, которые практически сохраняют свойство непараметричности и при зависимых выборках.

Стационарный случайный процесс $\xi(t)$ удовлетворяет условию сильного перемешивания, если при $\tau \to \infty$

$$\sup_{A \in M_{-\infty}^{t},\, B \in M_{t+\tau}^{\infty}} \left| P\{A \cap B\} - P\{A\} P\{B\} \right| = \alpha(\tau) \to 0, \qquad /3/$$

где M_{τ}^{s} -сигма алгебра событий, порожденных $\xi(t)$ при $\tau \leq t \leq s$. Коэффициент перемешивания $\alpha(\tau)$ является числовой мерой зависимости будущего процесса от его прошлого. Заметим, что условие сильного перемешивания более сильное, чем условие эргодичности случайного процесса.

Пусть $\alpha(\tau) < \varepsilon$ при $\tau \geq T$, где ε -малая положительная константа. Тогда существует конечная максимальная частота дискретизации наблюдаемого процесса $\tau_0 = 1/T$ такая, что для всех $\tau \leq \tau_0$ выборка $\xi(u)$ и $\xi(v)$ при $|u-v| \geq T$ можно считать практически независимыми. Обозначим через $y_1, \dots, y_{mN}$ зависимые выборки, полученные из наблюдаемого процесса при дискретизации со скоростью m/T . Сформируем из этих скалярных выборок $M = mN/(n+m-1)$ независимых /практически/ n -мерных векторных выборок

$$z_i = [\,y_{(n+m-1)(i-1)+1}, \dots, y_{(n+m-1)(i-1)+n}\,], \quad i = 1, \dots, M \qquad /4/$$

/предполагается, что $M = mN/(n+m-1)$ -целое число/.

Образуем скалярную величину

$$Y_i = \sum_{k=1}^{n} y_{(n+m-1)(i-1)+k}, \quad i = 1, \dots, M, \qquad /5/$$

т.е сумму компонент вектора z_i . Случайные величины $Y_1, \dots, Y_M$ практически независимы и могут быть использованы для синтеза непараметрических алгоритмов обнаружения сигнала на фоне стационарной коррелированной помехи. /См., напрмер, [3] /.

Следует отметить, что потеря свойства непараметричности из за корелированности наблюдений не обязательно приводит к уменьшению относительной эффективности алгоритма обнаружения. Так при отрицательных значениях коэффициента корреляции помехи знаковый алгоритм обнаружения постоянного сигнала на фоне помехи авторегрессионного вида с одномерным лапласовским распределением более эффективен, нежели тот же алгоритм при обнаружении сигнала на фоне лапласовской помехи с независимыми значениями.

5. Адаптивные алгоритмы обнаружения сигналов

Термин адаптация трактуется обычно весьма широко. Условимся понимать под адаптивным алгоритмом обнаружения сигнала такой алгоритм, при построении которого для преодоления априорной неопределенности используется предварительное обучение. Обучение может происходить с учителем, т.е по классифицированной обучающей выборке, либо без учителя, т.е по неклассифицированной обучающей выборке /в качестве которой могут быть использованы наблюдаемые выборки, по которым формируются статистики для принятия решения/. В зависимости от характера априорной неопределенности результатом обучения могут быть оценки неизвестных параметров /при параметрической априорной неопределенности/ или оценки функций правдоподобия /при непараметрической априорной неопределенности/.

Для синтеза адаптивного алгоритма обнаружения сигнала

используется достаточная статистика отношения правдоподобия, в которую подставляются полученные в результате обучения оценки неизвестных параметров или неизвестных функций правдоподобия. Критерием качества адаптивного алгоритма служит его сходимость при неограниченном увеличении размера обучающей выборки к алгоритму, соответствующему условиям полной априорной информации. Адаптивные алгоритмы, удовлетворяющие этому критерию, называют состоятельными. Критерий состоятельности не позволяет однозначно выбрать оценки. Оценки параметров и функций правдоподобия, обеспечивающие состоятельность адаптивного алгоритма, выбираются, как правило, не эвристической основе.

Адаптивному подходу к проблеме преодоления априорной неопределенности посвящена огромная литература /см., например, монографию [4] /.

6. Асимптотически оптимальные алгоритмы обнаружения сигналов

При синтезе рассмотренных выше алгоритмов обнаружения сигналов /РНМ, непараметрических, адаптивных/ используются выборки конечных размеров. Однако анализ характеристик этих алгоритмов удается провести часто только асимптотически, т.е при выборках неограниченного размера /как, например, при использовании КАОЭ непараметрических алгоритмов или критерия состоятельности адаптивных алгоритмов/. Но ведь можно использовать асимптотические принципы и на стадии синтеза алгоритма обнаружения синала, применяя затем полученный таким образом алгоритм в допредельной ситуации и сравнивая его характеристики с асимптотическими характеристиками других алгоритмов, синтезированных при конечных размерах выборок. Эта идея была положена в основу теории асимптотически оптимальных алгоритмов обнаружения сигналов разработанной автором совместно со своими аспирантами в Московском электротехническом институте связи /МЭИС/. Публикация первых результатов относится к 1968 году, ссылки на последующие публикации приведены в монографиях [5] , [6] .

Предположим, что одновременно амплитуда сигнала $\lambda \to 0$ и размер выборки $n \to \infty$. При некоторой связи между λ и n существует для заданной вероятности α ложных тревог нетривиальное значение вероятности $1-\beta$ правильного обнаружения сигнала, отличающееся от нуля и единицы. Для этого необходимо, чтобы

$$\lambda\sqrt{n} = \gamma, \quad 0 < \gamma < \infty . \qquad /6/$$

Условие /6/ допускает простое объяснение: так как величина $\lambda\sqrt{n}$

пропорциональна отношению мощности сигнала к мощности помехи, то /6/ означает ограниченность этой величины при предельном пере ходе.

Назовем последовательность алгоритмов обнаружения δ_n^o асимптотически оптимальной, если при фиксированной величине α вероятности ложных тревог для любой другой последовательности алгоритмов обнаружения δ_n

$$\lim_{n \to \infty} [\beta(\delta_n, \lambda_n) - \beta(\delta_n^o, \lambda_n)] \geqslant 0 \qquad /7/$$

причем $\lambda_n = \gamma / \sqrt{n}$ и существует предел

$$\lim_{n \to \infty} \beta(\delta_n^o, \gamma/\sqrt{n}) = \beta(\delta^o, \gamma) \qquad /8/$$

Синтез асимптотически оптимальных алгоритмов обнаружения сигналов базируется на исследовании асимптотических свойств логарифма отношения правдоподобия /достаточной статистики/ при $\lambda \to 0$ и $n \to \infty$ с соблюдением условия /6/. Если отношение правдоподобия факторизуется, что имеет место при независимой или при многосвязной марковской выборке, то логарифм отношения правдоподобия при практичеки допустимых ограничениях представляется асмптотически нормальной статистикой.

Следует подчеркнуть возможность сочетания принципа асимптотической оптимальности алгоритма обнаружения сигнала с дополнительными свойствами такими, как непараметричность и адаптация. Такое сочетание позволяет установить свойства асимптотической оптимальности известных непараметрических и адаптивных алгоритмов обнаружения сигналов, полученных чисто эвристически.

Асимптотически оптимальный /АО/ алгоритм обнаружения сигнала $\lambda s(t)$ на фоне помехи с независимыми значениями имеет вид

$$y_n(x) = \frac{1}{\sqrt{n}} \sum_{i=1}^{n} s_i f(x_i) \gtrless c, \quad s_i = s(t_i), \qquad /9/$$

где

$$f(x) = \frac{\partial}{\partial \lambda} \ln w(x|\lambda s) \Big|_{\lambda=0} \qquad /10/$$

и $w(x|\lambda s)$ -плотность вероятности выборочного значения.

Последовательность статистик y_n практически всегда удовлетворяет условиям центральной предельной теоремы, что позволяет сравнительно просто определить порог c и вероятность правильного обнаружения сигнала.

Из /9/ следует, что АО обнаружитель в рассматриваемом

случае состоит из входного нелинейного безинерционного преобразователя наблюдаемой выборки с характеристикой $f(x)$ и коррелометра. КАОЭ алгоритма /9/ по отношению к линейному алгоритму

$$\frac{1}{\sqrt{n}} \sum_{k=1}^{n} s_k x_k \gtrless C , \qquad /II/$$

оптимальному при аддитивной нормальной помехе, равен

$$\rho = \sigma^2 I_f \qquad /I2/$$

где σ^2 -дисперсия помехи и I_f -информация по Фишеру о помехе

$$I_f = \int_{-\infty}^{\infty} f^2(x)\, w(x|0)\, dx \qquad /I3/$$

Для нормальной помехи входной преобразователь- линейный и $\rho = 1$, а для лапласовской помехи входной преобразователь- идеальный ограничитель /знаковая функция/ и $\rho = 2$.

АО алгоритм обнаружения детерминированного сигнала на фоне k -связной марковской помехи имеет вид

$$y_n(x) = \frac{1}{\sqrt{n}} \sum_{i=1}^{n} \sum_{j=0}^{k} f_j(x_{i-k}^{i})\, s(t_{i-j}) \gtrless C \qquad /I4/$$

где

$$f_j(x_{i-k}^{i}) = \frac{\partial}{\partial s_{i-j}} \ln W(x_i | x_{i-k}^{i-1}, s_{i-k}^{i}\, \delta/\sqrt{n}) \Big|_{s_{i-k}^{i}=0} \qquad /I5/$$

$$x_{i-k}^{i} = (x_{i-k}, \ldots, x_i)\,,\quad s_{i-k}^{i} = (s_{i-k}, \ldots, s_i)\,. \qquad /I6/$$

Алгоритм /I4/ предписывает следующую последовательность операций:

а/ накопление в памяти k выборок x_{-k+1}^{0} и $k+1$ значений s_{-k+1}^{1} сигнальной функции,

б/ наблюдение в момент $t = t_1$ выборки $x_1 = x(t_1)$,

в/ вычисление компонент вектора $f(x_{-k+1}^{1})$,

г/ вычисление корреляционной суммы $f(x_{-k+1}^{1})\, s_{-k+1}^{1}$,

д/ наблюдение в момент $t = t_2$ выборки $x_2 = x(t_2)$,

е/повторение операций "в" и "г" при x_{-k+2}^{2}, s_{-k+2}^{2},

ж/повторение операций "в" и "г" после наблюдений $x_3, \ldots x_n$,

з/ суммирование n корреляционных сумм,

и/ сравнение результата "з" с порогом,

к/ принятие решения.

Последовательность статистик $y_n(x)$ сходится к нормальной случайной величине с параметрами $0, \operatorname{tr}[QI_f]$ при гиптезе H /сигнала нет/ и с параметрами $\gamma \operatorname{tr}[QI_f], \operatorname{tr}[QI_f]$ при альтернативе K /сигнал есть/, где Q и I_f матрицы с элементами

$$Q_{ij} = \lim_{T\to\infty} \frac{1}{2T} \int_{-T}^{T} s(t)\, s[t+(i-j)\tau]\, dt\,, \qquad /17/$$

$$I_{ij} = m_1\{ f_i f_j \mid H\} \qquad /18/$$

и τ -интервал дискретизации.

КАОЭ алгоритма /14/ по отношению к линейному алгоритму /11/ равен

$$\rho = \sigma^2\, tr\,[\,Q I_f\,] \qquad /19/$$

где

$$\sigma^{-2} = \lim_{T\to\infty} \frac{1}{2T} \int_{-T}^{T} V(t)\, s(t)\, dt \qquad /20/$$

и $V(t)$ -решение интегрального уравнения

$$\int_{-T}^{T} B(t,u)\, V(u)\, du = s(t)\,, \quad |t| \leq T \qquad /21/$$

где $B(t,u)$ -корреляционная функция помехи.

Пусть $F(x)$ -интегральная функция распределения помехи с независимыми значениями. Для независимой однородной выборки большого размера случайная величина $F(x_i)=F[x^{(R_i)}]$ по вероятности мало отличается от своего среднего, равного $R_i/(n+1)$. Отсюда следует асимптотическая эквивалентность случайных величин x_i и $F^{-1}[R_i/(n+1)]$. Используя эту эквивалентность, получаем из /9/ АО непараметрический ранговый алгоритм обнаружения детерминированного сигнала на фоне помехи с независимыми значениями

$$y_n(R) = \frac{1}{\sqrt{n}} \sum_{i=1}^{n} s_i f\left[F^{-1}(R_i/n+1)\right] \gtrless C \qquad /22/$$

Если вместо наблюдаемых выборок x_i ранжировать величины Y_i, определяемые согласно /5/, то подставляя в /22/ ранги величин Y_i, получим модифицированный АО ранговый алгоритм, сохраняющий практически непараметрическое свойство и при зависимых наблюдениях. Заметим также, что использование модифицированного АО рангового алгоритма приводит к уменьшению числа величин, которые необходимо ранжировать.

Приведем наконец цифровой вариант АО алгоритма обнаружения сигнала. Запишем закон амплитудного квантования наблюдаемого процесса на M уровней в виде

$$Q(x) = a_k\,, \quad x \in (z_{k-1}, z_k]\,. \qquad /23/$$

Закон квантования /23/ определяется двумя векторами: вектором уровней $a = (a_1, \dots, a_M)$ и граничными точками интервалов квантования $z = (-\infty = z_0, z_1, \dots, z_M = \infty)$.

Цифровой АО алгоритм обнаружения сигнала $\lambda S(t)$ на фоне аддитивной помехи с независимыми значениями имеет вид

$$y_n(x) = \frac{1}{\sqrt{n}} \sum_{i=1}^{n} s_i Q(x_i) \gtrless C, \qquad /24/$$

причем уровни квантования определяются плотностью вероятности $w(x)$ помехи из соотношения

$$a_k = [w(z_{k-1}) - w(z_k)] \Big/ \int_{z_{k-1}}^{z_k} w(x)dx \qquad /25/$$

Наилучшим по критерию КАОЭ цифровым алгоритмом будет тот, для которого вектор z определяется из системы уравнений /25/ и

$$f(z_k) = (a_k + a_{k+1})/2, \; k = 1, \dots, M-1 \qquad /26/$$

Если вместо наблюдаемых выборок квантовать по амплитуде величины Y_i, определяемые согласно /5/, то подставляя в /24/ величины $Q(Y_i)$, получим модифицированный цифровой АО оптимальный алгоритм обнаружения сигнала на фоне коррелированной помехи.

Хотя АО алгоритмы обнаружения сигналов обладают некоторой структурной устойчивостью, для их синтеза необходимо располагать априорной информацией о распределении помехи для того, чтобы определить характеристику входного нелинейного преобразователя. Если имеется обучающая выборка, то формируя по этой выборке оценку характеристики указанного нелинейного преобразователя, можно получить состоятельный адаптивный алгоритм обнаружения сигнала. Такой алгоритм сохраняет положительные качества АО алгоритмов обнаружения сигналов.

Отметим, что вследствие асимптотической эквивалентности вероятностных мер при сближающихся гипотезе H и альтернативе K, оценивание характеристики нелинейного преобразователя по неклассифицированной выборке столь же эффективно, как и при классифицированной выборке. Конечно, скорость сходимости адаптивного АО алгоритма при оценках, использующих классифицированную выборку, будет больше, чем при оценках по неклассифицированной выборке.

Резюмируя изложение данного раздела, отметим, что АО алгоритм обнаружения сигнала основан на нелинейном, вообще говоря инерционном преобразовании достаточной статистики, характеристика которого зависит от распределения помехи. Получаемая в результате преобразования статистика для широкого класса задач обнаружения сигналов асимптотически нормальная, что обеспечивает устойчивость последующих операций обработки в приемном устройстве. АО обнаружитель сигнала всегда состоит из двух устройств: первое- формирует асимптотически нормальную статистику, второе- осуществляет корреляционную обработку. Следует подчеркнуть возможность сочетания принципа асимптотической оптимальности с дополнительными свойствами непараметричности и адаптивности, а также с цифровой обработкой.

7. Сравнение алгоритмов

Из общих соображений следует, что алгоритм обнаружения в условиях априорной неопределенности должен удовлетворять следующим основным требованиям:

а/ модель наблюдаемого процесса должна отображать характерные особенности реального процесса,

б/ алгоритм должен быть оптимальным или асимптотически оптимальным по выбранному критерию качества,

в/ алгоритм должен быть оптимальным или асимптотически оптимальным при дополнительных ограничениях на класс алгоритмов,

г/ алгоритм должен быть усточивым к возможным изменениям распределения вероятностей наблюдаемого процесса,

д/ может быть проведен анализ рабочей характеристики алгоритма,

е/ сложность реализации должна быть приемлемой с точки зрения экономической рентабельности и существующих технических средств /БИС, ЭВМ, микропроцессоры/.

Удовлетворить всем перечисленным требованиям на практике бывает очень трудно. Наиболее перспективными в свете этих требований для преодоления априорной неопределенности представляются асимптотически оптимальные и адаптивные алгоритмы обнаружения сигналов.

8. Некоторые проблемы

Открытыми проблемами являются аналитическое исследование скорости сходимости адаптивных и АО оптимальных алгоритмов обнаружения, а также сложности реализации этих алгоритмов, включающее вопросы редукции данных, а также анализ и сравнение рабочих характеристик оптимальных и подоптимальных алгоритмов при конечном времени наблюдения.

Литература

[1] Леман Э. Проверка статистических гипотез. М., Наука, 1964.

[2] Гаек Я., Шидак З. Теория ранговых тестов. М., Наука, 1971.

[3] Kassam S.A., Thomas J.B. A Class of Nonparametric Detectors for Dependent Data, IEEE Trans., Inform.Theor IT-21, 1975, N4.

[4] Репин В.Г., Тартаковский Г.П. Статистический анализ при априорной неопределенности и адаптация информационных систем. М., Советское радио, 1977.

[5] Левин Б.Р. Теоретические основы статистической радиотехники. Книга третья. М., Советское радио, 1976.

[6] Статистическая теория связи и ее практические приложения. Под редакцией Б.Р.Левина. М., Связь, 1979.

АСИМПТОТИЧЕСКАЯ ТЕОРИЯ "БЛИЗКИХ" ГИПОТЕЗ В ЗАДАЧАХ ОБНАРУЖЕНИЯ СИГНАЛОВ ПО КОРРЕЛИРОВАННЫМ НАБЛЮДЕНИЯМ

Бл.Б.Шишков[1]

В ряде работ Ле Кама, Русаса, Гаека и других авторов доказано, что многие важные свойства статистических критериев вытекают из асимптотической нормальности логарифма отношения правдоподобия (ОП) для "близких" гипотез (для близких значений параметра) независимо от того,как связаны между сабой наблюдения, которые привели к данной функции правдоподобия.

Асимптотическая теория статистических решений, применительно к задачам обнаружения и оценивания сигналов на фоне шума, позволяет нам обходить трудность с интерпретацией статистик при конечных размерах выборки и создать более общие и более простые методы обработки информации.

С позиции этой теории рассматриваем задачу обнаружения сигналов по коррелированным наблюдениям.

1. Пусть $\{\mathcal{X}, \mathcal{U}\} = \{\prod_{k=0}^{n} R_k, \prod_{k=0}^{n} \beta_k\}$ - фазовое пространство (пространство наблюдений) марковской последовательности $X = X_0^n = (X_0, X_1, \ldots\ldots\ldots\ldots X_n)$, где пара $\{R_k, \beta_k\}$ обозначает действительную борелевскую прямую. Пусть далее вероятностные меры $P_{\theta_0}(.)$ и $P_{\theta_k|\theta_{k-1}}(.,.)$ $k=1,2,\ldots$ определяют меру P_θ^{n+1} на $\{\mathcal{X}, \mathcal{U}\}$, $\theta = \theta_0^n = (\theta_0, \theta_1, \ldots\ldots\ldots\ldots \theta_n)$. Вектор θ выбран от вида $\theta = n^{-\frac{1}{2}} h = n^{-\frac{1}{2}} \gamma s$, где $\gamma, \|h\|$ - ограниченные положительные величины, а s - нормированный сигнальный вектор. В силу этой нормировки при $n \to \infty$, θ покоординатно приближается неограниченно к нулю.

Проверяется гипотеза H , что наблюдаемая случайная последовательность $\{X_n\}, n \geqslant 0$, является шумом, против альтернативы A , что $\{X_n\}$ содержит и сигнал и шум. При некоторых дополнительных условиях вероятностные последовательности $\{P_\theta^{n+1}\}$ и $\{P_0^{n+1}\}$ - контигуальны [3].

Предположим, что для каждого n , P_θ^{n+1} и P_0^{n+1} взаимно абсолютно непрерывны, а марковская последовательность $\{X_n\}$ строго стационарна и метрически транзитивна.

Можно написать :

$$\frac{dP_\theta^{n+1}}{dP_0^{n+1}} = \ell(x_0^n; \theta_0^n, 0) = \ell(x_0; \theta_0, 0) \prod_{k=1}^{n} \varphi_k^2(\theta_{k-1}^k, 0) , \tag{1}$$

[1]ВМЭИ им."Ленина", Центр прикладной математики, София, Болгария

где $\varphi_k(\theta^k_{k-1},0)=[\ell(x_k|x_{k-1};\theta^k_{k-1},0)]^{\frac{1}{2}}=\left[\frac{f(x_k|x_{k-1};\theta_{k-1})}{f(x_k|x_{k-1};0)}\right]^{\frac{1}{2}}$.

Здесь ℓ – отношение правдоподобия, а $f(\cdot;\cdot)$ – вероятностная плотность по мере Лебега, которая для двух последовательных значений процесса $\{X_n\}$ обозначается $f(x|y;\theta^x_y)=f(z;\theta_z)$.

При предположениях, сделанных в [5], асимптотическое разложение в вероятностном смысле на $\Lambda=\ln\ell(x^n_0;\theta^n_0,0)$ можно представить в виде :

$$\Lambda(x^n_0;\theta^n_0,0)\longrightarrow\gamma y_n(0)-B(0), \quad (2)$$

как по вероятности P^{n+1}_0, так и по вероятности P^{n+1}_θ

Здесь :

$$y_n(0)=2n^{-\frac{1}{2}}\sum_{k=1}^{n}s^{k\,T}_{k-1}\dot{\varphi}_k(\theta^k_{k-1},0)=n^{-\frac{1}{2}}\sum_{k=1}^{n}\sum_{u=0}^{1}s_{k-1+u}\varphi_u(x^k_{k-1}), \quad (3)$$

где $\dot{\varphi}_k$ – вектор в R^2 с компонентами

$$\dot{\varphi}_u(\theta^k_{k-1},0)\Big|_{\theta^k_{k-1}=0}=\frac{1}{2}\frac{\partial}{\partial\theta_{k-u}}\ln f(x_k|x_{k-1};\theta^k_{k-1})\Big|_{\theta^k_{k-1}=0}=\frac{1}{2}\varphi_u(x^k_{k-1}),\ u=0,1 .$$

Для второго члена (2) можно записать :

$$B(0)\sim\frac{\gamma^2}{2}tr\,KQ,\ K=(K_{uv}),\ K_{uv}=E_0[\varphi_u\varphi_v],$$

$$u,v=0,1;\ Q=(Q_{uv}),\ Q_{uv}=\lim_{n\to\infty}\frac{1}{n}\sum_{k=1}^{n}s_{k-u}\,s_{k-v};\ tr\ –$$

след матрицы, а E_0 – математическое ожидание по распределению 2 последовательных значений процесса $\{X_n\}$ при гипотезе H ; Q и K – положительно определенные 2×2 матрицы. K играет роль фишеровской информационной матрицы.

Имея в виду рассмотрения [1], [3], следует, что $y_n(0)$ – асимптотически нормальная как при гипотезе H, так и при контигуальной альтернативе A :

$$\mathcal{L}[y_n(x^n_0)|H]\Rightarrow N(0,trKQ),\ \mathcal{L}[y_n(x^n_0)|A]\Rightarrow N(\gamma trKQ,trKQ). \quad (4)$$

Асимптотически оптимальный (АО) критерий имеет вид :

$$\Phi(x_0^n) = \begin{cases} 1 \text{ (сигнал есть), если } y_n(x_0^n) \geq C, \\ 0 \text{ (сигнала нет), если } y_n(x_0^n) < C. \end{cases} \quad (5)$$

Интерпретация алгоритма (5) несложная, см. [4] .

Говорят, что последовательность критериев $\{\Phi_n\}$ уровня $\alpha = E[\Phi_n|H]$ является асимптотически равномерно наимощной, если для любой другой последовательности $\{\Psi_n\}$ уровня α справедливо неравенство:

$$\lim \{E[\Psi_n|A] - E[\Phi_n|A]\} \leq 0 . \quad (6)$$

Применяя классическую процедуру Неймана-Пирсона, получаем рабочую характеристику асимптотически оптимального обнаружителя.

2. АО правила не определяются однозначно. Коэффициент асимптотической относительной эффективности (КАОЭ) введен Питменом и представляет собой количественную меру асимптотической оптимальности.

Предположим, что алгоритм (5) АО для шума с плотностью вероятностей $f(x_0^n|0)$ используется при условии, когда марковская плотность равна $u(x_0^n|0)$. Определен КАОЭ этого алгоритма, который использован в условиях "чужого" шума по отношению к асимптотически оптимальному алгоритму для шума с плотностью $u(x_0^n|0)$ [7] :

$$\rho = \frac{(tr K_{\varphi g} Q)^2}{tr K_\varphi Q \, tr K_g Q \left(1 + \dfrac{2\sum\limits_{v=2}^{n} tr K_\varphi^v Q^v}{tr K_\varphi Q}\right)} \quad (7)$$

Здесь $K_{\varphi g}, K_\varphi, K_g, K_\varphi^v$ и Q, Q^v - положительно определенные 2×2 матрицы, получены соответственно по выборке и по сигналу. K_φ, K_g и Q имеют такую же структуру, как в (4), $v = p-k \quad (p,k = 1,2,\ldots n; \ k<p)$. Эта методика распространена также, когда выбран квазидетерминированный сигнал общего вида.

3. В связи с широким использованием цифровой техники в современных информационных системах возникает задача распространения изложенной теории на случай, когда наблюдаемые коррелированные величины подвергаются предварительному квантованию по амплитуде.

Область $\mathcal{X}_k \in R$ возможных значений X_k разбивается на $m+1 \geq 2$ интервалов $E_i = (x_{qi}, x_{q(i+1)})$, $i = 0,1,2,\ldots m$, таких, что $\bigcup\limits_{i=0}^{m} E_i = \mathcal{X}_k$ и $E_i \cap E_j = \Phi$ для всех $i \neq j$, $i,j = 0,1,2,\ldots m$. Квантование определяется вектором $x_q = (x_{q1}, x_{q2}, \ldots x_{qm})$, $x_{q0} = -\infty, x_{q(m+1)} = \infty$, а квантованную выборку обозначим $[x_q]_0^n = [(x_0)_q, (x_1)_q, \ldots (x_n)_q]$. Квантование области $\mathcal{X}_{k-1} \in R$ выбираем так же само, а интервалы –

$E_j = (x_{qj}, x_{q(j+1)}), j = 0, 1, 2, \ldots m.$

Элемент x_k при квантованной выборке принимает $m+1$ значений соответственно с вероятностями :

$$p_{ij}(x_q | y_q; 0) = \int_{x_{qi}}^{x_{q(i+1)}} f(x | y_q; 0)\, dx \,; \quad p_{ij}(x_q | y_q; \theta_z) = \int_{x_{qi}}^{x_{q(i+1)}} f(x | y_q; \theta_z)\, dx \,. \tag{8}$$

На переходную вероятность наложены некоторые условия ругулярности [2]. Асимптотически нормальная статистика для квантованной выборки равна:

$$y_{qn}(x_0^n) = n^{-\frac{1}{2}} \sum_{k=1}^{n} \sum_{i=0}^{m} \sum_{j=0}^{m} \varkappa_i(x_k)\, \varkappa_j(x_{k-1})\, s_{k-1}^{k\,T} \varphi_{ij} \quad , \tag{9}$$

где $\varkappa_i(x_k) = \begin{cases} 1, & x_k \in E_i \\ 0, & x_k \bar{\in} E_i \end{cases}$, $\varkappa_j(x_{k-1}) = \begin{cases} 1, & x_{k-1} \in E_j \\ 0, & x_{k-1} \bar{\in} E_j \end{cases}$,

а $\varphi_{ij} = \frac{\partial}{\partial \theta_z} \ln p_{ij}(x_q | y_q; \theta_z) \Big|_{\theta_z = 0}$ – двумерный вектор.

Матрица K при квантованной выборке модифицировалась :

$$K_q = \sum_{j=0}^{m} \left[\sum_{i=0}^{m} \varphi_{ij} \varphi_{ij}^T p_{ij}(x_q | y_q; 0) \right] p_j(y_q, 0) \,, \tag{10}$$

а сигнальная матрица Q не изменилась.

4. Теперь рассмотрим случай, когда к рассматриваемой модели добавляется шум с независимыми значениями.

Пусть имеем дискретную выборку :

$$x(t_k) = x_k = \begin{cases} s_k + y_k + z_k & (A) \\ \phantom{s_k +{}} y_k + z_k & (H) \end{cases} \quad , \quad k = 1, 2, \ldots , \tag{11}$$

где векторы-столбцы $s = s_1^n$, $y = y_1^n$, $z = z_1^n$ представляют собой соответственно детерминированный сигнал, коррелированную помеху с плотностью $f_\eta(y_1), f_\eta(y_k|y_{k-1})$ и шум с независимыми значениями с плотностью $f_\xi(z_k)$. Векторы y и z являются независимыми.

Далее предполагается, что на $s+y$ можно смотреть как на параметрический вектор θ из 1., а s_N и y_N соответствующим образом нормированны.

В этом случае, следуя ортодоксальному пути, не удается получить асимптотическое разложение логарифма отношения правдоподобия.

Несколько эвристическим путем использованы рекуррентные алгоритмы обнаружения и оценивания сигналов в асимптотической теории "близких" гипотез.

Запишем ОП в виде (время t_1^k опустим):

$$\ell_k = \frac{f(x_1^k|A)}{f(x_1^k|H)} = \frac{f(x_1^k|A)}{f_\xi(x_1^k)}\left(\frac{f(x_1^k|H)}{f_\xi(x_1^k)}\right)^{-1} = \frac{\ell_{Ak}}{\ell_{Hk}} . \tag{12}$$

Пользуясь формулой Бейса, получаем следующую рекуррентную формулу:

$$\ell_k = \ell_{k-1}\, \frac{1+\sum_i \left(\widehat{s_k+y_k}\right)^i_{A(k-1)}\, \varphi_i(x_k)}{1+\sum_i \hat{y}^i_{Hk(k-1)}\, \varphi_i(x_k)} , \tag{13}$$

где: $\varphi_i(x_k) = \dfrac{(-1)^i}{i!\,f_\xi(x_k)}\, \dfrac{\partial^i f_\xi(x_k)}{\partial x_k^i}$,

$$\iint\limits_{-\infty}^{\infty} (s_k+y_k)^i f_A(y_k, y_{k-1}|x_1^{k-1})\, dy_{k-1}\, dy_k = \left(\widehat{s_k+y_k}\right)^i_{A(k-1)}$$

$$\iint\limits_{-\infty}^{\infty} (y_k)^i f_H(y_k, y_{k-1}|x_1^{k-1})\, dy_{k-1}\, dy_k = \hat{y}^i_{Hk(k-1)}$$

— экстраполяционные оценки, а $f_H(\cdot,|)$ и $f_A(\cdot,|)$ соответственно апостериорные плотности текущей помехи при гипотезе и альтернативе, вычисляемые также рекуррентным способом.

Рассматривая случай малого отношения (сигнал+помеха)/шум, беря логарифм от (13) с последующим разложением логарифма, получаем с некоторым приближением:

$$\Lambda_n = \gamma n^{-\frac{1}{2}} \sum_{k=1}^{n} \left(s_k + \hat{y}_{Ak(k-1)} - \hat{y}_{Hk(k-1)}\right)_N \varphi_1(x_k) , \tag{14}$$

а затем следует доказать асимптотическую нормальность.

Интересно, что в алгоритме (14) помехи при альтернативе и гипотезе частично компенсируются, и поэтому он называется корреляционно-компенсационным.

5. Алгоритм (5) можно обобщить в двух направлениях:
1) Шум представляет собой многосвязный (m -связный) марковский случайный процесс, и в алгоритме принципиальных усложнений не возникает [4], [2]. Эта модель включает в себя, конечно, как частный, но важный случай модели независимых одинаково распределенных величин.
2) Пусть полезный сигнал-квазидетерминированный общего вида. В этом случае $\overline{y_n(X_o^n)}$ будет представлять собой r - мерную векторную статистику и после усреднении по случайному параметру сигнала статистический критерий не является вообще асимптотически нормальным.

Далее можно идти на усложнение этой модели, вводя стохастический сигнал нормального случайного процесса с нулевым средним и заданной корреляционной функцией, при этом число каналов обнаружителя устремляется к бесконечности, и, не претендуя на заметную общность несколько теряется простота АО алгоритмов.

Можно утверждать, что АО алгоритмы при $n \to \infty$ обладают той же эффективностью, что и оптимальный (по критерию Неймана-Пирсона) алгоритм обнаружения. Нет, однако, хорошо разработанных критериев о скорости сходимости АО алгоритмов к оптимальным.

Все рассмотренные случаи, когда $\|n^{\frac{1}{2}} \theta\| \to M$ при $n \to \infty$, где M - ограниченная положительная величина, можно отнести к невырожденным критериям или локально асимптотически оптимальным [5].

Статистика такого же вида, как (3), получена и в [6] другим методом, связанным с другим подходом к проблеме асимптотической оптимальности.

Рассмотренные модели особено подходящи при обнаружении слабых сигналов на фоне коррелированного шума, а подставляя в (3) оценку $\hat{\varphi}_k$, полученную по обучающей выборке шума, их можно использовать в условиях априорной неопределенности.

Весьма перспективными являются рекуррентные алгоритмы. Они обладают существенным преимуществом по сравнению с нерекуррентными в смысле вычисления и моделирования. Переходя к непрерывному времени, можно воспользоваться стохастическими дифференциальными уравнениями и изучать более глубоко и нагляднее обнаруженческие и фильтрационные аспекты передачи сигналов.

ЛИТЕРАТУРА

[1] Ибрагимов И.А., Центральная предельная теорема для одного класса зависимых величин, Теория вероятностей и ее применения, 8, 1963.

[2] Кушнир А., Пинский А.Й., Асимптотические оптимальные критерии для проверки гипотез при зависимой выборке наблюдений, Теория вероятностей и ее применения, № 2, 1970.

[3] Le Cam L. Théorie asymptotique de la décision statistique, Montréal,Université de Montréal, 1972.

[4] Левин Б.Р., Теоретические основы статистической радиотехники, т.3, изд. "Сов. радио", Москва, 1976.

[5] Roussas G.G.,Contiguity of Probability Measures,Cambridge University Press, 1972.

[6] Сосулин Ю.Г., Теория обнаружения и оценивания стохастических сигналов, изд. "Сов. радио", Москва, 1978.

[7] Shishkov Bl.,Asymptotic relative efficiency on detection of signals according to m-connected Markov observations, 12th EMS, 1979.

ОПТИМАЛЬНОЕ ПОСЛЕДОВАТЕЛЬНОЕ ОБНАРУЖЕНИЕ СИГНАЛА В КОРРЕЛИРОВАННОМ ШУМЕ

Ю. Цохлар [1]

В докладе обсуждается проблема последовательного обнаружения присутствия одного из возможных полезных сигналов, число которых конечно, в коррелированном шуме. Обнаружение проводится на базе обработки значений смеси сигнала и шума в дискретные моменты времени. Решение этой проблемы имеет большое значение для техники (напр., для радиолокации, связи и т.д.) и других научных дисциплин.

0. Введение

Последовательное обнаружение сигналов в шуме возможно описать следующим образом.

Статистик наблюдает последовательность значений сигнала $x_1, x_2, \ldots$. Статистику известно, что эта последовательность состоит из шума и одного из M возможных сигналов. Будем говорить, что присутствие i-того ($i \in \{1,2,\ldots,M\}$) полезного сигнала соответствует действительности гипотезы H_i . Это можно писать как :

$$H_i \iff x_m = n_m + {}^i s_m, \quad m = 1,2,\ldots \; ; \; i = 1,2,\ldots,M, \tag{1}$$

где n_m: m-тое значение шума,

${}^i s_m$: m-тое значение i-того полезного сигнала.

Пусть для каждого $m = 1,2,\ldots$ дана плотность вероятности шума $N_m = (n_1,\ldots,n_m)$:

$$p(N_m) = p_m(n_1,\ldots,n_m). \tag{2}$$

Плотность вероятности наблюдаемых сигналов $X_m = (x_1,\ldots,x_m)$ при условии, что действует гипотеза H_i, обозначим через :

$${}^i w_m(X_m) = {}^i w_m(x_1,\ldots,x_m) \ . \tag{3}$$

Возможны два случая. Если полезные сигналы детерминированны, то :

$${}^i w_m(X_m) = p_m(X_m - {}^i S_m) = p_m(x_1 - {}^i s_1,\ldots,x_m - {}^i s_m) \ . \tag{4}$$

Если полезные сигналы случайны, статистически независимы от шума и i-тый сигнал имеет плотность вероятности ${}^i q_m(S_m)$, то :

$${}^i w_m(X_m) = \int p_m(X_m - S_m)\cdot {}^i q_m(S_m)\, dS_m \ . \tag{5}$$

Статистик должен наблюдать последовательно значения $x_1, x_2, \ldots$ и на основании ему известных значений $X_m = (x_1,\ldots,x_m)$, или наблюдать новое значение x_{m+1} , или прекратить наблюдения и вынести окончательное решение в пользу одной из гипотез H_i . Значит, статистик действует в согласии с правилом остановки τ и правилом окончательного решения d . Правило остановки τ - это положительная целочисленная случайная переменная, для которой явление $\{\tau = m\}$ зависит только от значений $X_m = (x_1,\ldots,x_m)$.

[1] Политехнический институт, электротехнический факультет, Прага, ЧССР

Правило окончательного решения d -это последовательность функций $\{d_m\}_1^\infty$, где значение : $d_m(X_m) \in \{1,2,\ldots,M\}$.

Последовательный обнаружитель - это устройство обработки информации, которое действует в соответствии со следующей схемой :

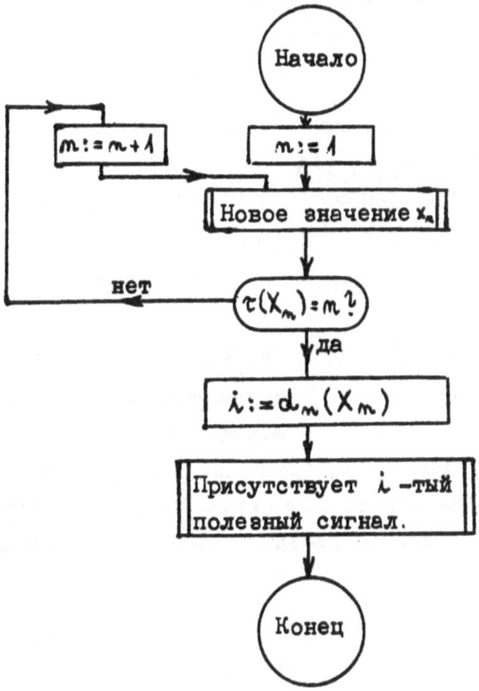

Рисунок 1.

Ясно, что последовательный обнаружитель определен заданием пары (τ, d), где τ - правило остановки и d - правило окончательного решения.

1. Последовательный обнаружитель, оптимальный по Байесу

Для этих обнаружителей должно существовать и быть известным априорное распределение вероятностей :

$$\pi = ({}^1\pi, \ldots, {}^M\pi) \tag{6}$$

на множестве всех гипотез $\{H_1, \ldots, H_M\}$. После n наблюдений возможно известным образом определить апостериорное распределение вероятностей, которое является М-мерным вектором :

$$\pi_m(X_m) = ({}^1\pi_m(X_m), \ldots, {}^M\pi_m(X_m)). \tag{7}$$

Пусть даны матрица потерь $L = \|L_{ij}\|;\ i,j \in \{1,2,\ldots,M\}$ и цена за n-тое наблюдение c_m. Известным образом возможно для такого случая определить средний риск $r(\pi, \tau, d)$ последовательного обнаружителя с парой правил (τ, d). Обнаружитель, оптимальный по Байесу - это обнаружитель с парой правил (τ^*, d^*), для которого :

$$r(\pi, \tau^*, d^*) = \rho(\pi) = \inf_{(\tau,d)} r(\pi, \tau, d) \, . \tag{8}$$

Было показано, что при довольно общих предположениях такой обнаружитель существует и его правило остановки определяется уравнением :

$$\tau^* = \inf_{m \geq 0} \{ m : r_m(X_m) = h(\pi_m(X_m)) \}, \tag{9}$$

где

$$h(t) = h({}^1t, \dots, {}^Mt) = \min_{1 \leq j \leq M} \{ \sum_{i=1}^{M} L_{ij} \cdot {}^it \} \, . \tag{10}$$

Функции $r_m(X_m)$ удовлетворяют так называемые уравнения Беллмана :

$$r_m(X_m) = \min \{ h(\pi_m(X_m)); M_{X_m}(r_{m+1}(X_{m+1})) + c_{m+1} \}, \tag{11}$$

где M_{X_m} – условное математическое ожидание при данном X_m, т.е. :

$$M_{X_m}(f_{m+1}(X_{m+1})) = \int f_{m+1}(X_{m+1}) \cdot \sum_{i=1}^{M} {}^i\pi_m(X_m) \cdot {}^iw_m(x_{m+1}|X_m) \, dx_{m+1} \, . \tag{12}$$

Правило окончательного решения определяется известным классическим уравнением :

$$d_m^*(X_m) = \min_{1 \leq j \leq M} \{ j : \sum_{i=1}^{M} L_{ij} \cdot {}^i\pi_m(X_m) \leq \sum_{i=1}^{M} L_{ik} \cdot {}^i\pi_m(X_m) \quad 1 \leq k \leq M \} \, . \tag{13}$$

Основной трудностью синтеза оптимальных обнаружителей является изыскание явной формы решения уравнений Беллмана. Это решение известно для случаев независимых наблюдений и для зависимых наблюдений с нормальным распределением шума и детерминированным сигналом. Для общего случая возможно применять приближенные методы решения уравнений Беллмана, которые основаны на следующих идеях.

Определим :

$$ {}^{ij}\rho_m = \int \sqrt{{}^iw_m(X_m) \cdot {}^jw_m(X_m)} \, dX_m \, . \tag{14}$$

Будем говорить, что проблема обнаружения стабильна, если :

$$\lim_{m \to \infty} {}^{ij}\rho_m = 0 \qquad \text{для всех} \quad i,j \in \{1,2,\dots,M\}, \ i \neq j \, . \tag{15}$$

Возможно показать, что для стабильной проблемы обнаружения всегда существует единственное (с точностью до явлений с вероятностью нуль), не отрицательное решение уравнений Беллмана.

Пусть : $\quad {}^0g_m(X_m) \equiv 0, \quad {}^0f_m(X_m) = h(\pi_m(X_m))$ (16)

и : $\quad {}^{k+1}g_m(X_m) = \min \{ h(\pi_m(X_m)); M_{X_m}({}^kg_{m+1}(X_{m+1})) + c_{m+1} \},$ (17)

$$ {}^{k+1}f_m(X_m) = \min \{ h(\pi_m(X_m)); M_{X_m}({}^kf_{m+1}(X_{m+1})) + c_{m+1} \} \, . \tag{18}$$

Тогда :

$$ {}^kg_m(X_m) \leq {}^{k+1}g_m(X_m) \leq r_m(X_m) \leq {}^{k+1}f_m(X_m) \leq {}^kf_m(X_m) \tag{19}$$

и для стабильной проблемы обнаружения :

$$\lim_{k \to \infty} {}^kg_m(X_m) = \lim_{k \to \infty} {}^kf_m(X_m) = r_m(X_m) \, . \tag{20}$$

2. В среднем наискорейшие обнаружители

Обозначим $\alpha_i(\tau, d)$ вероятность явления, что при условии правильности i -той гипотезы H_i обнаружитель с парой правил (τ, d) решает в пользу любой другой гипотезы H_j, $j \neq i$. Пусть дано M значений $0 < \bar{\alpha}_i < 1$, $i = 1, 2, \dots, M$

Обозначим $\Delta(\bar{\alpha}_1, \dots, \bar{\alpha}_M)$ множество всех последовательных обнаружителей, для которых :

$$\alpha_i(\tau, d) \leq \bar{\alpha}_i \qquad \text{для всех} \quad i = 1, 2, \dots, M . \tag{21}$$

Если существует обнаружитель $(\tau^*, d^*) \in \Delta(\bar{\alpha}_1, \dots, \bar{\alpha}_M)$, для которго верно :

$$^iM(\tau^*) \leq {}^iM(\tau) \qquad \text{для всех} \quad i = 1, 2, \dots, M \tag{22}$$

и для любого обнаружителя $(\tau, d) \in \Delta(\bar{\alpha}_1, \dots, \bar{\alpha}_M)$, то такой обнаружитель будем называть наискорейшим в среднем. ^iM означает математическое ожидание при условии правильности гипотезы H_i .

К сожалению, доказательство существования и синтез наискорейшего в среднем обнаружителя известны лишь для случая независимых, одинаково распределенных наблюдений. Дальнейшие развитие теории этих обнаружителей является по существу самой важной проблемой теории последовательных обнаружителей.

3. Последовательные обнаружители, наискорейшие почти наверное

Понятие наискорейшего обнаружителя возможно определить и другим образом. Пусть $\Delta(\bar{\alpha}_1, \dots, \bar{\alpha}_M)$ имеет то же значение, как в предыдущих рассуждениях. Обнаружитель (τ^*, d^*) будем называть наискорейшим почти наверное, если для любого обнаружителя $(\tau, d) \in \Delta(\bar{\alpha}_1, \dots, \bar{\alpha}_M)$ верно неравенство :

$$^iP(\tau^* \leq \tau) = 1 \qquad \text{для всех} \quad i = 1, 2, \dots, M, \tag{23}$$

где ^iP - вероятностная мера, соответствущая гипотезе H_i

Можно показать, что это определение слишком жестко. Если проблема обнаружения стабильна, то не существует почти наверное наискорейший обнаружитель. Но возможно построить примеры нестабильных проблем обнаружения, для которых такие обнаружители существуют.

ON A PERFORMANCE ANALYSIS OF THE OPTIMUM SEQUENTIAL DETECTORS

Ivan V r a n a)[1]

Abstract

Sequential probability ratio test (SPRT) is well known as a Bayes' optimum sequential test [7], [1] which can serve as an optimum detector of signals in a noise environment. Properties of this detector could be expressed through four performance parameters: probabilities of errors and average test lengths. The contribution will sketch a direct method of evaluation of those performance parameters.

Introduction

We shall investigate the following decision problem; let us have two opposite hypotheses H_i, i=0, 1 which are defined through some conditional joint probability density functions $W_i(X_n)$ of observations X_n, n=1,2,... Let $X_n=(x_1,\dots,x_n)$ be a vector of n independent and identically distributed random variables. We shall consider a sequential probability ratio test (SPRT) of those two opposite hypotheses. According to e.g. Chow and Robbins [3] , we shall define SPRT by a pair of two quantities: a stopping rule t and a decision rule d, in the following manner

$$\text{SPRT: } (t,d): \quad t = \inf_{n>0} \{ n: \lambda_n(X_n) \notin (A,B) \}$$
$$d = \begin{matrix} H_0 \\ H_1 \end{matrix} \quad \text{for} \quad \lambda_n(X_n) \begin{matrix} \leq A \\ \geq B \end{matrix} \tag{1}$$

where

$$\lambda_n(X_n) = W_1(X_n)/W_0(X_n) \tag{2}$$

is the likelihood ratio and A,B are thresholds of SPRT. According to (1) we can see that the likelihood ratio is calculated and compared to thresholds in each step of the test. Observations are stopped if $\lambda_n(X_n)$ lies outside the interval (A,B) for the first time. Then the decision d is accepted.

Let us denote by a and b losses due to the wrong rejecting of H_0 and H_1, respectively. The cost of making one observation we shall

---

)[1] Ivan Vrana is with the Czech Technical University , Praha assume unity - for a simplicity. Then the risk r of any sequential test with these losses a,b is

$$r(p) = p(a\alpha_0+E_0) + (1-p)(b\alpha_1+E_1) \tag{3}$$

where $p=Pr(H_0)$ is a priori probability of H_0, $\alpha_k=Pr(H_{1-k} \mid k)$ is a conditional probability of a wrong rejecting of H_k and E_k is a conditional average length of the test when H_k holds; k=0, 1. Probabilities of errors and average test lengths create a set of four performance parameters which express a behaviour of the test.

According to Wald and Wolfowitz [7] , SPRT is the Bayes optimum sequential test, i.e. it minimizes the risk. Formulas (1) and (2) show us a structure of the optimum sequential test, i.e. we know that we must calculate the likelihood ratio and compare it to the thresholds A,B after making each observation. But we don't know how to evaluate performance parameters for the given values of thresholds and vice versa, we don't know how to determine values of thresholds to get required performance parameters.

Wald estimates for probabilities of errors and estimates for average test lengths are based on neglecting of an excess over boundaries. Due to this fact, we can obtain very inaccurate results, particularly when the average test lengths tend to be small.

The Monte-Carlo simulation methods, e.g. Vrana and Hefnawi [4] , give us a possibility to determine performance parameters with a statistically controled accuracy. The general disadvantage of these methods is an immense amount of calculations when probabilities of errors are small or if we require a higher accurracy.

We shall show a direct method of calculation of performance parameters in the following sections. The method is based on the recursive calculation of the risk function of a sequential a posteriori probability test (SAPT).

Preliminaries

As well known, SPRT is equivalent to the sequential a posteriori probability test (SAPT) which has the following form

$$\text{SAPT:} \quad (t,d): \quad t = \inf_{n>0} \{n: P_n(X_n) \notin (L,U)\}$$

$$d = \begin{cases} H_0 & \text{for } P_n(X_n) \geqslant U \\ H_1 & \text{for } P_n(X_n) \leqslant L \end{cases} \tag{4}$$

where L,U are thresholds of SAPT, $P_n(X_n)$ is a posteriori probability of H_o

$$P_n(X_n) = pW_o(X_n)/(pW_o(X_n) + (1-p)W_1(X_n)) \tag{5}$$

which depends also on p. Thresholds of SPRT are related to thresholds of SAPT

$$A = \frac{p(1-U)}{(1-p)U}\ ; \qquad B = \frac{p(1-L)}{(1-p)L} \tag{6}$$

We want to determine the risk r(p) and thresholds L,U belonging to the given distributions $W_k(X_n)$; k=0,1 and given losses a,b. Denote

$$h(p) = \min(ap;\ b(1-p)); \qquad p \in \langle 0,1 \rangle \tag{7}$$

According to Chow and Robbins [3] or De Groot [2], risk can be expressed also as

$$r(p) = \min(h(p);\ E(r(P_1(X_1)))+1) \tag{8}$$

where E is an averaging operator

$$E(r(P_1(X_1)))= \int_{-\infty}^{\infty} r(P_1(X_1))(pW_o(X_1)+(1-p)W_1(X_1))dX_1 = G(p) \tag{9}$$

G(p) is a concave function of p and it holds G(0)=G(1)=0. Risk r(p) is the unique nonnegative function which satisfies the Bellman equation (8) for a stable decision problem. The optimum decision rule t is equivalent also to

$$t = \inf_{n>0} \{n:\ r(P_n(X_n)) = h(P_n(X_n))\} \tag{10}$$

then, according to (4), (7) and (8), thresholds L and U are determined by intersections of the function h(p) with G(p)+1. This situation is graphically illustrated by Fig.1. .

We can't find the risk r(p) by a direct solution of the integral equation of Bellman (8). According to De Groot [2], for the stable decision problem, a sequence of functions $\{R_n\}_0^\infty$ exists and it is given by the recursive relation

$$R_{n+1}(p) = \min(h(p);\ E(R_n(P_1(X_1)))+1); \quad n=0,1,\ldots \tag{11}$$

with properties $0 \leqslant R_n(p) \leqslant h(p)$ and

$$\lim_{n\to\infty} R_n(p) = r(p) \tag{12}$$

Convergence to r(p) is monotone.

Selecting two functions

$$R_0'(p) = 0 \; ; \qquad R_0''(p) = h(p) \tag{13}$$

we get two sequences $\{R_n'(p)\}_0^\infty$; $\{R_n''(p)\}_0^\infty$ which converge to r(p) monotone from below and from above. The risk r(p) and also thresholds L,U can be determined with a controled accurracy by this way. See Vrana and Schalkwijk [5] for the more detailed description of the algorithm for a calculation of the risk r(p) and thresholds L,U.

Calculation of performance parameters

Let the distributions $W_k(X_n)$ and losses a,b are given. Consider some SAPT and denote it by T^*. We shall indicate by an asterisk also the risk and thresholds of the test T^*. Risk $r^*(p)$ and thresholds L^*, U^* are already determined by the given losses a,b and we can calculate them by the above described recursive method.

For every value of a priori probability $p \in (L^*,U^*)$ the test T^* is equivalent to one SPRT, we shall denote it by $\bar{T}$. Its risk, thresholds and also performance parameters will be indicated by a bar, i.e. $\bar{r}$, $\bar{A}$, $\bar{B}$, $\bar{\alpha}_0$, $\bar{\alpha}_1$, $\bar{E}_0$, $\bar{E}_1$. Selecting $p = p_1$, where p_1 is some fixed value of a priori probability, thresholds $\bar{A}$, $\bar{B}$ are

$$\bar{A} = \frac{p_1(1-U^*)}{(1-p_1)U^*} \; ; \qquad \bar{B} = \frac{p_1(1-L^*)}{(1-p_1)L^*} \tag{14}$$

according to (6). But these values of thresholds $\bar{A}$, $\bar{B}$ already determine performance parameters of the test $\bar{T}$.

Risk of any sequential test obeys the straght-line-rule (3). Performance parameters of SPRT don't depend on a priori probability, thus it holds for risk $\bar{r}(p)$ of the test $\bar{T}$

$$\bar{r}(p) = p(a\bar{\alpha}_0+\bar{E}_0) + (1-p)(b\bar{\alpha}_1+\bar{E}_1); \qquad p\in \langle 0,1\rangle \tag{15}$$

Since the tests T^* and $\bar{T}$ are equivalent for a priori probability p_1, it must hold

$$\bar{r}(p_1) = r^*(p_1) \tag{16}$$

Because T^* is a Bayes optimum sequential test with losses a,b, it should evidently hold for every $p \neq p_1$; $p\in \langle 0,1\rangle$

$$\bar{r}(p) \geqslant r^*(p) \tag{17}$$

Risk $r^*(p)$ is a concave function. If it has a continuous first derivative in the point p_1, then the straight line (15) creates its tangency in the point p_1. We get from (15)

$$\bar{r}(0) = b\bar{\alpha}_1 + \bar{E}_1$$
$$\bar{r}(1) = a\bar{\alpha}_0 + \bar{E}_0 \qquad (18)$$

Repeating this approach for another SAPT which is also equivalent to our SPRT - $\bar{T}$ for some other value of a priori probability $p = p_2 \neq p_1$ we obtain four linear equations to determine required performance parameters $\bar{\alpha}_0$, $\bar{\alpha}_1$, $\bar{E}_0$, $\bar{E}_1$.

Now, we shall show how to find two SAPTs which are equivalent to the same SPRT. Let us have another SAPT denoted by T^{**} which assigns the loss b to the hypothesis H_0 and the loss a to the hypothesis H_1. We can see that the tests T^* and T^{**} have reversal losses. It could be shown that if

$$W_0(x) = W_0(-x) \qquad (19)$$

$$W_1(x) = W_0(x-m) \qquad (20)$$

then

$$r^*(p) = r^{**}(1-p); \qquad p \in \langle 0,1 \rangle \qquad (21)$$

and

$$L^{**} = 1 - U^* \; ; \qquad U^{**} = 1 - L^* \qquad (22)$$

All SPRTs which are equivalent to SAPT T^* have the constant ratio of thresholds

$$B/A = \frac{(1-L^*)U^*}{(1-U^*)L^*} = \text{const} \qquad (23)$$

It is easy to check that all SPRTs which are equivalent to SAPT T^{**} have the same ratio of thresholds. Now, we shall determine a priori probability p_2 for which T^{**} is equivalent to $\bar{T}$. According to (14)

$$\bar{B} = \frac{(1-L^{**})p_2}{(1-p_2)L^{**}} = \frac{(1-L^*)p_1}{(1-p_1)L^*} \qquad (24)$$

Using (22) and after an arrangement we get

$$p_2 = N/(1+N) \qquad (25)$$

where

$$N = \frac{(1-L^*)(1-U^*)p_1}{(1-p_1)L^*U^*} \tag{26}$$

It is easy to check that $p_2 \in \langle L^{**}, U^{**} \rangle$ for $p_1 \in \langle L^*, U^* \rangle$.

Constructing a tangency to the risk $r^{**}(p)$ in the point p_2 we obtain the straight line

$$\bar{\bar{r}}(p) = p(b\bar{\alpha}_0+\bar{E}_0) + (1-p)(a\bar{\alpha}_1+\bar{E}_1) \ ; \quad p \in \langle 0,1 \rangle \tag{27}$$

and from there

$$\begin{aligned} \bar{\bar{r}}(0) &= a\bar{\alpha}_1 + \bar{E}_1 \\ \bar{\bar{r}}(1) &= b\bar{\alpha}_0 + \bar{E}_0 \end{aligned} \tag{28}$$

(18) and (28) create four linear equations for the performance parameters. After an easy arrangement we obtain

$$\begin{aligned} \bar{\alpha}_0 &= \frac{\bar{\bar{r}}(1) - \bar{r}(1)}{b - a} \\ \bar{\alpha}_1 &= \frac{\bar{r}(0) - \bar{\bar{r}}(0)}{b - a} \\ \bar{E}_0 &= \bar{r}(1) - a\bar{\alpha}_0 \\ \bar{E}_1 &= \bar{r}(0) - b\bar{\alpha}_1 \end{aligned} \tag{29}$$

A practical execution of the method is illustrated by Fig.1.

Conclusion

We can see that, if conditions (19), (20) are satisfied, it is sufficient to calculate only one risk function $r^*(p)$ and we have the risk function $r^{**}(p)$ directly as its mirror image. In addition to it, once having this pair of functions $r^*(p)$ and $r^{**}(p)$, we can evaluate performance parameters of all SPRTs with the same ratio of thresholds B/A just varying a priori probability within the interval $\langle L^*, U^* \rangle$.
A detailed map of all performance parameters as functions of thresholds A,B can be easily constructed by this method. Such a map can then serve to both: analysis and synthesis of SPRT for the given distributions of observations, using a proper interpolation method. In the other

words, we can determine performance parameters for the given values of thresholds A,B and we can also find values of thresholds yielding the required values of the two selected performance parameters.

Conditions (19), (20) are satisfied by a wide class of distributions, e.g. by additive signals in the Gaussian noise. When those conditions don't hold, the equivalent test T^{**} can be determined by an iterative method, described by Vrana and Schalkwijk [5], at the expense of an increased amount of numerical calculations.

The proposed method makes us possible to evaluate performance parameters of the SPRT and also determine thresholds with a much better accurracy then Wald estimates give. The method can be further extended to the generalized SPRT, since no principal assumptions, requiring independent and identically distributed observations, were used in its development.

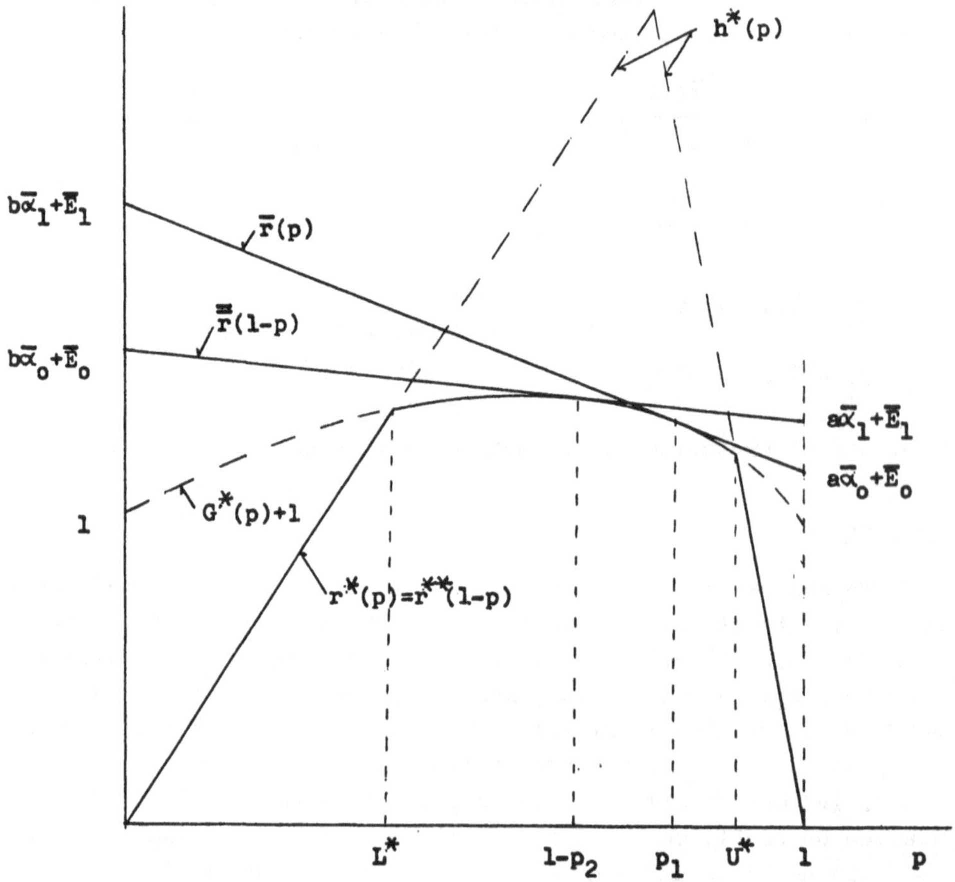

Fig.1. Determining of performance parameters from the risk function

References

[1] J.Cochlar and I.Vrana: On the Optimum Sequential Test of Two Hypotheses for Statistically Dependent Observations. Kybernetika 14 (1978), 1, pp. 57 - 69.

[2] M.H.DeGroot: Optimal Statistical Decisions. McGraw-Hill, New York, 1970.

[3] Y.S.Chow and H.Robbins: On Optimal Stopping Rules. Zeitsch. für Wahrscheinlichkeitstheorie u. verw. Geb. 2 (1963/64), 1, 33 - 49.

[4] I.Vrana and M.M.El-Hefnawi: On the Evaluation of Properties of the Sequential Probability Ratio Test for Statistically Dependent Observations. Kybernetika 14 (1978), 3, 189 - 205.

[5] I.Vrana and J.P.M.Schalkwijk: On the Method for Evaluation of Parameters of the Optimum Sequential Tests. THE, Eindhoven, Res. rep., 1979.

[6] A.Wald: Sequential Analysis. Wiley, New York, 1947.

[7] A.Wald and J.Wolfowitz: Optimum Character of the Sequential Probability Ratio Test. Ann.Math.Stat., 19 (1948), 326 - 339.

Совместно оптимальные статистические решения и перспективы их применения в теории и технике связи

Ю.С.Шинаков[1)]

I. Введение. В соответствии с классификацией задач статистической теории связи, данной в [I5], одной из центральных проблем этой теории является синтез оптимальных алгоритмов функционирования приемных устройств систем связи на основе вероятностных моделей сигналов, помех и каналов связи. При математической формулировке эта проблема обычно сводится к задаче синтеза алгоритма решающего устройства при заданных вероятностных моделях сигналов и помех на входе этого устройства и критерии оптимальности. Современная формулировка этой проблемы применительно к задачам связи и эффективный способ её решения впервые были предложены В.А.Котельниковым и изложены в [6]. За прошедшие 25 лет было опубликовано много работ в виде докладов, статей, научных монографий и учебных изданий, в которых рассматривались различные вопросы приема сигналов на фоне помех. Значительное число таких работ, выполненных большей частью в последнее время, включено в библиографию книги [I5].

Большинство рассмотренных в этих работах задач синтеза оптимальных алгоритмов приема сигналов на фоне помех без труда можно отнести к одному из следующих классов: I) различение сигналов; 2) оценивание параметров сигналов. К классу I относятся также и задачи обнаружения сигналов; к классу 2 - задачи оценивания меняющихся во времени параметров сигналов (задачи фильтрации). Практически во всех имеющихся к настоящему времени монографиях, учебниках и пособиях по статистической теории связи и её приложениям задачи из разных классов рассматриваются как задачи разного типа, а устройства, реализующие соответствующие алгоритмы, - как различные по структуре и назначению. В силу этого и методы синтеза таких алгоритмов традиционно излагаются в различных книгах или частях этих книг.

Сложившаяся традиция раздельного рассмотрения задач различения сигналов и задач оценивания их параметров обусловлена, по-видимому, методическими соображениями и стремлением получить более глубокие результаты. Её пересмотр с целью обобщения не имел бы особого практического значения, если бы устройства, реализующие алгоритмы различения и оценивания, функционировали в различных системах связи раздельно, без взнимного влияния друг на друга. Однако можно привести много примеров из техники связи, когда устройства различения и оценивания взаимосвязаны. Существо-

---

I) СССР, Москва, Авиамоторная ул., 8, МЭИС

вание значительного числа таких примеров свидетельствует о целесообразности разработки применительно к задачам связи методологии формулировки и решения задач синтеза нескольких алгоритмов, совместно оптимальных по единому критерию качества. Математическим фундаментом методов решения таких задач может служить теория статистических решений.

Ниже приводится пример постановки задачи синтеза двух совместно оптимальных алгоритмов и рассматривается один способ её решения, представляющий интерес для теории и техники связи, обсуждаются вопросы реализации подобных алгоритмов на базе современных достижений микроэлектроники и вычислительной техники, кратко характеризуются наиболее важные в этой области направления дальнейших исследований.

2. Общая формулировка и метод решения задачи синтеза совместно оптимальных алгоритмов. Опишем здесь кратко общую методологию постановки задачи синтеза нескольких совместно оптимальных алгоритмов на примере синтеза двух алгоритмов - различения сигналов и оценивания их параметров.

Пусть для процесса на входе решающего устройства приемника системы связи справедлива одна из следующих несовместных гипотез, составляющих полную группу событий,

$$H_\kappa:\quad X(t) = s_\kappa(t,\theta_\kappa) + n(t),\quad t_0 < t \le t_0 + T, \tag{I}$$

где $s_\kappa(\cdot)$ -сигнал, заданный с точностью до параметра $\theta_\kappa, \theta_\kappa \in \Theta_\kappa$, $n(t)$-помеха, Θ_κ -континуальное множество возможных значений параметра θ_κ, $\kappa = 0, I$. По реализации процесса $X(t)$ на интервале (t_0, t_0+T) решающее устройство должно принять одну из этих гипотез и сформировать оценку параметра θ соответствующего сигнала.

Любой алгоритм, выполняющий совместно указанные операции, будем описывать с помощью двух решающих функций $\delta_p[\cdot]$ и $\delta_0[\cdot]$,где δ_p будем называть правилом различения сигналов, а δ_0 - правилом оценивания параметров этих сигналов. Тогда можно говорить также, что алгоритм решающего устройства в данной задаче описывается векторным правилом выбора решения $\delta[\cdot]$, компонентами которого являются функции δ_p и δ_0 .

Пусть $\mathcal{V} = \{v_\kappa, \kappa = 0,1\}$- дискретное множество возможных значений правила δ_p ; пусть далее Θ_κ - множество возможных значений правила δ_0 при условии, что $\delta_p[\cdot] = v_\kappa$, $\kappa = 0, I$. В соответствии с (I) решения о типе сигнала и о значении его параметров должны формироваться на основе наблюдений над процессом $X(t)$, $t_0 < t \le t_0+T$. Это означает, что областью определения правил δ_p и δ_0 является выборочное пространство $\mathfrak{X}_T$ процесса $X(t)$, которое будем считать одним и тем же при разных гипотезах. Будем также предполагать, что вероятностные меры P_I и P_0 на $\mathfrak{X}_T$, соответствующие гипотезам H_I и H_0, абсолютно непрерывны относительно меры P_n помехи $n(t)$ при любых значениях параметров θ_1 и θ_0 . Таким образом, векторное правило

$$\delta^T[x(t)] = [\delta_p[x(t)], \delta_o[x(t)]] \qquad (2)$$

в качестве области определения имеет множество и принимает значения из множества $\Gamma = \bigcup_k \{\vartheta_k \otimes \Theta_k\}$ возможных векторных решений[1]. Общая структурная схема решающего устройства, реализующего правило 2 , представлена на рис.I.

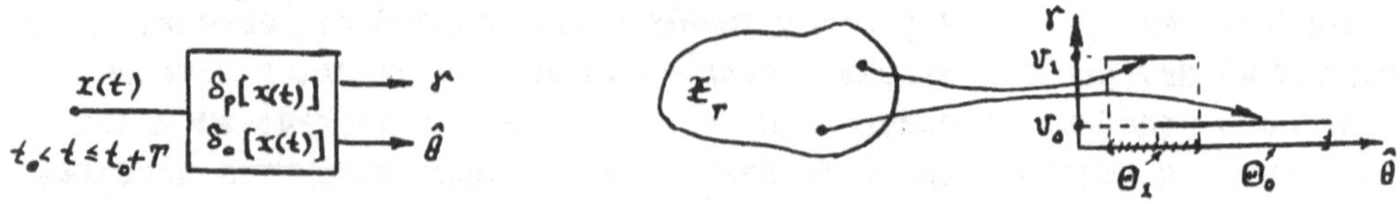

а) обобщенная структурная схема б) множество входных сигналов в) множество выходных сигналов Г

Рис.I. Двухфункциональное решающее устройство

Подчеркнем здесь два следующих момента. Во-первых, выбор способа описания двухфункционального алгоритма с помощью двух решающих функций не означает введения каких либо ограничений на правило δ . В частности не предполагается при этом какой либо порядок следования операций различения и оценивания, не вводится никаких предположений о типе связи между этими операциями и т.д. Во вторых, множество Г возможных значений правила δ выбрано дискретно-континуальным, что является типичным для задач синтеза совместно оптимальных алгоритмов различения сигналов и оценивания их параметров. Именно в этом фактически проявляется отличие и своеобразие этих задач синтеза от классических задач оценивания параметров и проверки гипотез.

Из приведенных рассуждений теперь очевидно, что задача синтеза векторного правила (2) может быть решена с привлечением методов теории статистических решений, если только указать функцию потерь $\Pi(\vartheta_k, \theta_k; \gamma, \hat{\theta})$, определяющую потери при правильных и ошибочных решениях как при различении, так и при оценивании. Вопросы выбора функции П обсуждаются в [9], где можно найти ссылки на первые работы, в которых рассматривался этот вопрос и были предложены различные типы функций потерь.

В [9] также отмечается, что широкий класс задач синтеза алгоритмов совместного различения сигналов и оценивания их параметров можно свести к классической задаче оценивания составного параметра $u^T = (\vartheta, \theta)$. Компонента ϑ этого вектора называется параметром состояния, является дискретной величиной и описывает возможные гипотезы H_k относительно структуры наблюдаемого процесса $X(t)$; другая компонента θ при $\vartheta = \vartheta_k$ принимает значения из Θ_k и может интерпретироваться как параметр θ_k , связанный с гипотезой H_k, к= 0, I. Множество всех возможных значений

I) $\otimes$ - символ прямого произведения множеств

параметра u очевидно совпадает с множеством $\bigcup_{\kappa}\{v_\kappa \oplus \Theta_\kappa\}$. Параметр u является параметром вероятностной меры процесса $X(t)$ на множестве $\mathcal{X}_T$. В указанных выше условиях можно определить функцию правдоподобия $\ell_T[x(t); u]$, являющуюся фундаментальной статистикой в задачах оценивания параметров случайных процессов по их реализациям. Далее, в зависимости от имеющейся априорной информации о параметре u для отыскания оптимального алгоритма вида (2) можно воспользоваться, например, одним из следующих методов: байесовский подход, принцип максимума апостериорной вероятности, метод максимального правдоподобия.

3. Пример решения задачи синтеза. Проиллюстрируем методологию решения задачи синтеза многофункционального алгоритма на следующем примере. Пусть

$$H_\kappa:\ X(t) = s_\kappa(t) + n(t),\quad (j-1)T + \theta < t \leq jT + \theta, \tag{3}$$

где jT, $j = \ldots, -1, 0, 1, \ldots,$ – тактовые моменты времени, формируемые в приемнике, θ – неизвестное время задержки временных меток приемника относительно тактовых моментов передатчика; этот параметр может принимать значения из интервала $(-T/2, T/2]$, $\kappa = 0, 1$. С целью получения наиболее общего результата используем байесовский подход. Параметр θ при этом рассматривается как случайная величина с известной априорной плотностью вероятности $w(\theta)$, $-T/2 < \theta \leq T/2$. Предполагаются также заданными априорные вероятности p_1 и p_0 гипотез H_1 и H_0 соответственно и функция потерь Π, которую удобно записать в виде матрицы

$$\Pi(u;\hat{u}) = \left(\Pi_{vr}(\theta,\hat{\theta})\right) = \begin{bmatrix} \Pi_{00}(\theta,\hat{\theta}_0) & \Pi_{01}(\theta,\hat{\theta}_1) \\ \Pi_{10}(\theta,\hat{\theta}_0) & \Pi_{11}(\theta,\hat{\theta}_1) \end{bmatrix} \tag{4}$$

Синтез оптимальной оценки $\hat{u}$ для составного параметра $u^T = (v, \theta)$ при байесовском подходе теперь сводится к выписыванию явного выражения для апостериорного риска при функции потерь (4) и отысканию такого значения $\hat{u}_Б$, при котором этот риск оказывается наименьшим. Все необходимые для этого общие выражения можно найти в [8]. В [16] приведены явные выражения оптимальных правил оценивания и различения для рассматриваемого здесь примера при следующей "аддитивной" функции потерь:

$$\Pi = \begin{bmatrix} \Pi_{00} + a_{00}(\hat{\theta}_0 - \theta)^2 & \Pi_{01} + a_{01}(\hat{\theta}_1 - \theta)^2 \\ \Pi_{10} + a_{10}(\hat{\theta}_0 - \theta)^2 & \Pi_{11} + a_{11}(\hat{\theta}_1 - \theta)^2 \end{bmatrix}. \tag{5}$$

Соответствующие совместно оптимальные правило δ_p^* различения сигналов и правило δ_o^* оценивания параметра θ при наблюдениях на одном интервале определяются соотношениями:

$$\delta_p^*[x(t)] = \begin{cases} v_1, & \text{если } \Lambda[x(t)] \geq c_Б[x(t)], \\ v_0, & \text{в противном случае}, \end{cases}$$
$$\delta_o^*[x(t)] = \begin{cases} \hat{\theta}_1^*, & \text{если } \delta_p^*[x(t)] = v_1, \\ \hat{\theta}_0^*, & \text{если } \delta_p^*[x(t)] = v_0, \end{cases} \tag{6}$$

где функционал отношения правдоподобия

$$\Lambda[x(t)] = \int_{-T/2}^{T/2} \ell_T[x(t); v_1, \theta] w(\theta) d\theta \cdot \left[\int_{-T/2}^{T/2} \ell_T[x(t); v_0, \theta] w(\theta) d\theta \right]^{-1},$$

$$c_B[x(t)] = \frac{p_0 \left[\Pi_{10} - \left\{ \Pi_{00} - \int_{-T/2}^{T/2} [a_{10}(\theta - \hat{\theta}_1^*)^2 - a_{00}(\theta - \hat{\theta}_0^*)^2] w(\theta | x(t), v_0) d\theta \right\} \right]}{p_1 \left[\Pi_{01} - \left\{ \Pi_{11} - \int_{-T/2}^{T/2} [a_{01}(\theta - \hat{\theta}_0^*)^2 - a_{11}(\theta - \hat{\theta}_1^*)^2] w(\theta | x(t), v_1) d\theta \right\} \right]}, \quad (7)$$

$$\hat{\theta}_0^*[x(t)] = \left\{ 1 + \frac{p_1 \Pi_{11}}{p_0 \Pi_{10}} \Lambda[x(t)] \right\}^{-1} \hat{\theta}_{B0}[x(t)] + \left\{ 1 + \frac{p_0 \Pi_{10}}{p_1 \Pi_{11} \Lambda[x(t)]} \right\}^{-1} \hat{\theta}_{B1}[x(t)], \quad (8)$$

$$\hat{\theta}_1^*[x(t)] = \left\{ 1 + \frac{p_1 \Pi_{01}}{p_0 \Pi_{00}} \Lambda[x(t)] \right\}^{-1} \hat{\theta}_{B0}[x(t)] + \left\{ 1 + \frac{p_0 \Pi_{00}}{p_1 \Pi_{01} \Lambda[x(t)]} \right\}^{-1} \hat{\theta}_{B1}[x(t)], \quad (9)$$

$$\hat{\theta}_{Bk}[x(t)] = \int_{-T/2}^{T/2} \theta w(\theta | x(t), v_k) d\theta, \quad k = 0, 1. \quad (10)$$

Оценка $\hat{\theta}_{Bk}$ является обычной байесовской оценкой параметра θ, вычисляемой в предположении справедливости гипотезы H_k, $k = 0, 1$. Из этих оценок путем линейного взвешивания формируются оценки $\hat{\theta}_k^*$, $k = 0, 1$, связываемые с рассматриваемыми гипотезами. На выход выдается оценка, соответствующая принимаемой гипотезе. Структурная схема решающего устройства, реализующего совместно оптимальные алгоритмы (6), представлена на рис.2. Как видно из этого рисунка, связь между устройствами 2 и 3,

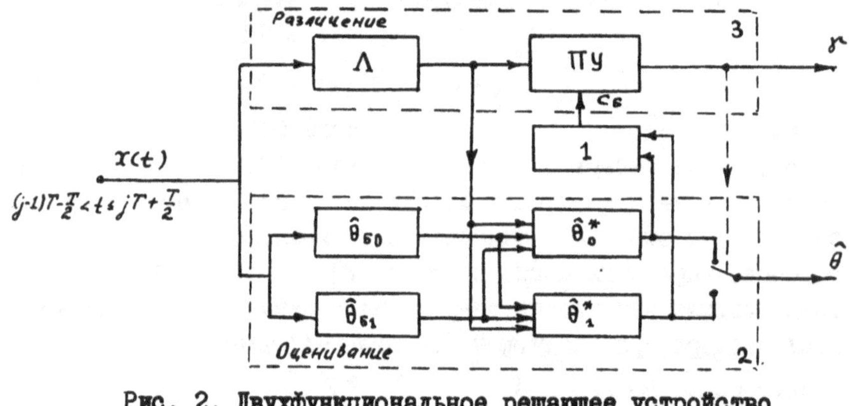

Рис. 2. Двухфункциональное решающее устройство
I – блок вычисления апостериорных дисперсий

реализующими алгоритмы оценивания и различения, довольно сложная (обозначена стрелками между 2 и 3).

Полученные соотношения позволяют рассмотреть некоторые частные случаи, приводящие к несвязанным алгоритмам различения и оценивания.

3.1. <u>Различение сигналов</u>. Для получения соответствующего оптимального правила достаточно в (5), соответственно в (7), принять, что $a_{k\ell} = 0$, $k, \ell = 0, 1$. При этом правило различения δ_p^* переходит в обычное байесовское правило различения двух сигналов со случайным параметром.

3.2. Оценивание параметра θ. Оптимальный алгоритм оценивания, не зависящий от результатов различения, получается из (6) при $\Pi_{I0} \to \Pi_{II}$, $\Pi_{0I} \to \Pi_{00}$ и $a_{k\ell} = a$, к, $\ell = 0$, I. Оценки (8) и (9) при этом оказываются одинаковыми и являются наилучшими оценками параметра θ при наличии двух взаимноисключающих гипотез относитеьно процесса $X(t)$ [I9].

4. Важнейшие направления исследований. Охарактеризуем здесь кратко направления дальнейших исследований, представляющиеся перспективными и наиболее важными с точки зрения практической реализации тех преимуществ, которые могут обеспечить совместно оптимальные статистические решения при их внедрении в теорию и практику техники связи.

4.I. Синтез многофункциональных алгоритмов. Теория статистических решений предоставляет конструктивный метод синтеза нескольких правил выбора решения, оптимальных по единому критерию качества. К настоящему времени этим методом получено значительное количество совместно оптимальных алгоритмов; большая часть работ, в которых опубликованы такие алгоритмы, содержится в обзорах [2, 9]. К этому списку можно добавить также работы [3,I8], в которых рассматриваются задачи, близкие к задачам связи, а также [I2,I3,2I]. Однако, повидимому, следует признать, что рассмотрение новых задач с позиций синтеза таких алгоритмов на осве байесовского подхода по-прежнему является важным направлением исследований. Особенно это относится к задачам теории и техники связи. Важнейшими при этом являются вопросы обоснованного выбора или назначения функций потерь и вопросы исследования их влияния на структуру и свойства получаемых алгоритмов.

4.2. Анализ качества многофункциональных алгоритмов. Представляется очевидным, что отказ от построения многофункциональных алгоритмов путем объединения необходимых алгоритмов, синтезированных независимо друг от друга, и переход к синтезу более сложных совместно оптимальных алгоритмов целесообразен только в том случае, если совместная оптимизация обеспечивает заметный выигрыш в качестве функционирования. Поэтому вопрос о рекомендациях практического использования совместных алгоритмов в конкретных условиях может быть удовлетворительно решен лишь на этапе анализа качества таких алгоритмов. Следовательно, анализ качества совместных алгоритмов необходимо рассматривать как обязательную составную часть разработки методологии применения совместно оптимальных алгоритмов в задачах теории и техники связи. Более того, поскольку при байесовском подходе методы синтеза совместных алгоритмов могут основываться на хорошо развитых и широко применяемых методах теории статистических решений, то анализ качества таких алгоритмов играет важнейшую роль в деле их внедрения в практические разработки средств связи.

К настоящему времени имеются результаты анализа эффективности совместно оптимальных алгоритмов лишь применительно к локационным условиям обнаружения некоторых частных моделей сигналов и измерения их параметров [I,I3,I4]. Полезные результаты приведены также в [II,I7]. На основе этих данных можно сделать два наиболее важных вывода: I) имеются реальные условия работы радиотехнических систем, в которых совместно оптимальные алгоритмы позволяют значительно увеличить эффективность систем; 2) ввиду сложности совместных алгоритмов анализ их качества провести аналитически как правило не удается, в силу чего он должен в значительной мере опираться на численные методы.

4.3. Чувствительность совместно оптимальных алгоритмов. При формулировке и решении задачи синтеза совместно оптимальных алгоритмов приходится вводить вероятностные модели для сигналов, помех или каналов связи, в которых рассматриваются эти сигналы. В результате структура полученных алгоритмов будет зависеть от введенных моделей. Как правило выбор таких моделей всегда представляет собой компромисс между простотой модели, необходимой для получения замкнутого решения задачи синтеза, и степенью адекватности этой модели реальным процессам, которые предполагается обрабатывать с помощью синтезируемых алгоритмов. Поэтому практически всегда возникает проблема исследования изменения значения показателя качества функционирования многофункциональных алгоритмов при отклонениях вероятностных моделей сигналов и помех от предполагаемых. Примеры формулировки соответствующих задач анализа чувствительности алгоритмов к изменениям моделей и способ их решения можно найти в [20] применительно к совместным алгоритмам оценивания и управления.

Еще одна причина, приводящая к снижению эффективности совместно оптимальных алгоритмов, состоит в следующем. Практическая реализация математических преобразований результатов наблюдений, которые предписываются алгоритмами, часто сопровождается "аппаратурными" погрешностями. Здесь следует иметь в виду как неточность реализации необходимых преобразований с помощью реальных физических устройств, так и изменения характеристик этих устройств в процессе эксплуатации. Конечно было бы желательным развитие таких методов синтеза алгоритмов, которые позволили бы учитывать подобные факторы уже на этапе проектирования.

4.4. Априорная неопределенность. В данной работе решение проблемы синтеза многофункциональных оптимальных алгоритмов было ограничено байесовским подходом. Такой подход предполагает, что все рассматриваемые величины являются случайными и их вероятностные распределения известны. Предполагается также заданной функция стоимости, определяющая потери при правильных и ошибочных решениях. Лишь незначительное число важных для теории и техники связи задач может быть решено с применением байесовского подхода. Большей частью это объясняется тем, что в практических задачах оказываются неизвестными необходимые вероятностные распределения; кроме того иногда возникает неуверенность в допустимости описания некоторых величин и параметров с помощью вероятностных моделей. Это приводит к необходимости развития других методов синтеза совместно оптимальных правил выбора решений.

Систематическое изложение небайесовских методов синтеза правил выбора решения применительно к классическим задачам обнаружения сигналов и к задачам оценивания параметров сигналов содержится в [7,I2] . Примеры применения некоторых их таких подходов при решении задач синтеза совместно оптимальных правил обнаружения сигналов и оценивания их параметров можно найти в [4,I0].

4.5. Адаптивные алгоритмы. Адаптивные алгоритмы выделения сигналов на фоне помех представляют собой мощное средство преодоления априорной неопределенности относительно вероятностных моделей сигналов и помех в реальных задачах. Имеющиеся к настоящему времени подходы к синтезу адаптивных алгоритмов и примеры их применения в информационных системах можно найти в [7,I2].

Многие адаптивные алгоритмы предусматривают обучение с "учителем" или "без учителя", по "классифицированным" или "неклассифицированным" наблюдениям и, следовательно, являются многофункциональными. Поэтому распространение методологии синтеза совместно оптимальных алгоритмов на задачи синтеза адаптивных алгоритмов представляется важным направлением исследований в статистической теории и технике связи. Пример постановки такой задачи и способа её решения можно найти в [5].

4.6. Вопросы практической реализации. Выше был рассмотрен байесовский подход к задаче синтеза нескольких совместно оптимальных алгоритмов. Полученные в примере раздела 3 соотношения, характеризующие совместно оптимальные алгоритмы различения сигналов и оценивания их параметров включают в себя соответствующие раздельные байесовские алгоритмы различения и оценивания. Но кроме этого они предусматривают выполнение и других преобразований наблюдаемых реализаций смеси сигналов и помехи. Так в соответствии с (7) порог правила различения зависит от апостериорных среднеквадратических ошибок оценивания параметра θ и является, таким образом, в общем случае нелинейным функционалом от реализации наблюдаемого процесса. Оценки (8) и (9) даже при гауссовских наблюдаемых процессах, когда классические оценки (10) могут быть линейными, также требуют выполнения нелинейных преобразований наблюдаемых данных.

Таким образом, совместно оптимальные алгоритмы как правило оказываются более сложными, чем соответствующие алгоритмы, синтезированные независимо. Это означает, что практическая реализация таких алгоритмов может быть сопряжена с бо́льшими трудностями, чем это имеет место для несвязанных алгоритмов. Тем не менее совместно оптимальные алгоритмы функционирования нескольких устройств представляются перспективными с точки зрения их практического использования в технике связи. Это обусловлено главным образом следующими двумя факторами.

Во-первых, по-видимому, можно найти примеры условий работы систем передачи информации, в которых совместная оптимизация сразу нескольких устройств на основе единого критерия качества может обеспечить заметное повышение качества функционирования всей системы в целом. При этом вполне может оказаться, что увеличение эффективности окупает рост затрат, обусловленный увеличением сложности алгоритмов. Кроме того, следует иметь в виду, что иногда возникает необходимость получения предельно достижимого качества функционирования информационных систем невзирая на затраты, связанные с его обеспечением.

Во-вторых, уже в настоящее время в технике связи активно внедряются средства вычислительной техники. И эта тенденция в будущем, согласно прогнозам, будет усиливаться. Причем фронт внедрения вычислительной техники в технику связи очень широк и охватывает как универсальные вычислительные машины общего назначения, так и специализированные малые машины, мини- и микро-ЭВМ и микровычислители. Особенно перспективным с точки зрения практической реализации совместно оптимальных алгоритмов представляется применение цифровых устройств с жесткой логикой и микропроцессоров. Такие устройства могут входить в синтезируемые устройства связи как их составные части, значительно повышая их надежность и устойчивость к отклонениям условий работы при длительном периоде эксплуатации, обеспечивая необходимую точность вычислений и широкие возможности изменения структуры алгоритмов при практическом построении адаптивных устройств.

5. Заключение.

5.1. Многие важные для практических приложений задачи синтеза в статистической теории связи должны формулироваться как задачи построения многофункциональных алгоритмов, оптимальных по единому критерию качества. Методологической основой регулярных методов синтеза таких алгоритмов может служить теория статистических решений.

5.2. В общем случае структура совместно оптимальных алгоритмов оказывается более сложной и отличной от структуры классических алгоритмов, выполняющих те же функции, но синтезированных независимо друг от друга по индивидуальным критериям оптимальности.

5.3. К настоящему времени имеется положительный опыт применения многофункциональных алгоритмов к задачам локации, где найдены условия, при которых эффективность таких алгоритмов значительно выше, чем эффективность их классических несвязанных аналогов. Аналогичные условия и результаты, по-видимому, могут быть найдены при решении задач синтеза в теории и технике связи.

5.4. Современные возможности технологии изготовления больших интегральных схем и тенденции её развития позволяют ожидать быстрое внедрение специализированных вычислительных устройств в технику связи. Такие Устройства в принципе могут обеспечить практическую реализацию совместно оптимальных алгоритмов с любой наперед заданной точностью.

5.5. Применение совместно оптимальных алгоритмов в теории и технике связи открывает новые возможности при проектировании устройств связи, может послужить основой заметного повышения качества функционирования систем связи при приемлемом усложнении аппаратуры.

Литература

[1] Гостюхина, М.А.: Определение эффективности оценочно-корреляционного обнаружения сигналов с неизвестной задержкой методом статистического моделирования. Радиотехника и электроника, 24 (1979), № 1, стр.184-185

[2] Гришин, Ю.П., Катиков, В.М.: Совместное обнаружение и оценивание случайных сигналов (обзор). Зарубежная радиоэлектроника, № 6 (1977), стр.3-25

[3] Дорман, М.И., Зинчук, В.М., Дорман, А.М.: Синтез последовательных алгоритмов совместного обнаружения и измерения параметров сигналов. Техника средств связи. Серия "Техника радиосвязи", вып.4 (1976), стр.25-36

[4] Зинчук, В.М.: Синтез алгоритмов одновременного многоальтернативного обнаружения и оценки параметров сигналов в условиях априорной неопределенности. Техника средств связи. Серия "Техника радиосвязи", вып.7 (1976), стр.11-21

[5] Зинчук, В.М., Малышев, И.И., Шестопалов, В.И.: Адаптивное обнаружение в системах передачи информации при неизвестных параметрах сигнала и помех. Техника средств связи. Серия "Техника радиосвязи", вып.4 (1976), стр.17-24

[6] Котельников, В.А.: Теория потенциальной помехоустойчивости. ГЭИ, М., 1956

[7] Левин, Б.Р.: Теоретические основы статистической радиотехники. Книги 2,3. Советское радио, М., 1975, 1976

[8] Левин, Б.Р., Шинаков, Ю.С.: Байесовская система одновременного различения нескольких сигналов и оценивания их параметров. Радиотехника, 26,(1971), № 4, стр.16-21

[9] Левин, Б.Р., Шинаков, Ю.С.: Совместно оптимальные алгоритмы обнаружения сигналов и оценивания их параметров (обзор). Радиотехника и электроника, 22 (1977), № 11, стр.2239-2256

[10] Маршаков, В.К., Трифонов, А.П.: Совместное различение и оценка при приеме сигналов с неизвестными временными положениями. Сб. "Радиопередающие устройства", ВПИ, Воронеж, 1978

[11] Радченко, Т.А.: Характеристики байесовской оценки при неуверенности в присутствии сигнала. Изв.АН СССР. Техническая кибернетика, 1977, № 6, стр. 159-163

[12] Репин, В.Н., Тартаковский, Г.П.: Статистический синтез при априорной неопределенности и адаптация информационных систем. Советское радио, М., 1977

[13] Сосулин, Ю.Г.: Теория обнаружения и оценивания стохастических сигналов. Советское радио, М., 1978

[14] Сосулин, Ю.Г., Шахурин, А.П.: Эффективность систем одновременного обнаружения-оценивания стохастических сигналов. Межвузовский сб. "Аналоговые и цифровые методы обработки радиосигналов в современных радиосистемах". ЛЭТИ им.В.И.Ульянова(Ленина),Л.,вып.110,1977,с.11-18

[I5] Статистическая теория связи и её практические приложения. Под ред. Б.Р.Левина. Связь, М., 1979

[I6] Торшин, В.Н., Шинаков, Ю.С.: Совместный синтез устройства синхронизации и выделения информации в цифровой системе связи. Тезисы докладов Всесоюзной научно-технической конференции "Дальнейшее развитие и внедрение новой техники радиоприемных устройств", Горький, I4-I6 сентября 1977

[I7] Трифонов, А.П.: Байесовские оценки при неуверенности в присутствии сигнала. Изв. АН СССР. Техническая кибернетика. 1973, № 3, стр.I47-I50

[I8] Чердынцев, В.А.: Проектирование радиотехнических систем со сложными сигналами. Вышэйшая школа, Минск, 1979

[I9] Шинаков, Ю.С.: Байесовские оценки параметров сигнала, маскируемого помехой, при наличии нескольких взаимноисключающих гипотез о наблюдаемом процессе. Радиотехника, 26 (1974), № 4, стр.I2-I6

[20] Sage,A.P.,White,C.C. Optimum Systems Control. Prentice-Holl, Inc., 1977

[21] Wang, L. Simultaneous Detection and Intensity Estimation of an Optical Image. IEEE Trans. on AES, 15 (1979), 2,p.253-259

STATISTICAL INFERENCE CONCERNING CHANNEL BASED ON ARQ STATISTICS

Igor Vajda*

1. Probabilistic preliminaries

Let us place ourselves within a standard mathematical framework of discrete data transmission between two knots of a network. In other words, let us consider a discrete memoryless channel with additive noise and with an input and output alphabet $A = \{0,1,\dots,a-1\}$, transmitting input N-tuples $x \in C_N \in A^N$ into output N-tuples $x+x^* \pmod{a} \in A^N$, where C^N is a linear (N,L)-code and $x^* \in A^N$ represents a random noise sequence. The noise is supposed to be well-described by a probability $P_N(.|s)$ on A^N depending on a channel-state parameter $s=(s_1,\dots,s_r)$ $\in S \subset E_r$ in a conjunction with the hypothesis that the channel state remains unaltered during whole transmission and that each two consecutive noise N-sequences are statistically independent (this assumption may be fulfilled even by channels with bursting errors provided that transmission of each two codewords is physically interrupted by an acknowledgement backward signal). In addition to the assumptions stated above we shall consider automatic repeat request (ARQ) decoding of each word $x+x^* \pmod{a}$ received at the output which consists in a verification of the relation $x+x^* \pmod{a} \in C_N$. If this relation is not satisfied (if a formal error is detected), a negative acknowledgement backward signal starts a repeated transmission of the same codeword x (with a noise N-tuple $x'' \in A^N$ added) while a positive acknowledgement signal shifts the input into transmission of a next codeword. Thus transmission of each codeword $x \in C^N$ can be understood as a series of experiments $E_1(x)$, $E_2(x)$, $\dots,E_{1+T}(x)$ where each experiment $E_i(x)$ consists in a realization

---

* Czechoslovak Academy of Sciences, Institute of Information Theory and Automation, Pod vodárenskou věží 4, 182 08 Prague 8, Czechoslovakia

of random noise N-tuple $x^{(i)}$ by a probability space $(A^N, P_N(.|s))$ and in checking the relation $x+x^{(i)} (mod\ a) \in C_N$. Duration $1+T$ of the series is a random variable determined by the first appearance of the positive acknowledgement signal (i. e. by the first $x^{(i)} = x^{(1+T)}$ such that the above stated relation is satisfied). The random variable T itself defines for each fixed codeword $x \in C_N$ the number of request for retransmission of x. It takes on values $t=0,1,2,...$ It is easy to verify that the probability distribution of T does not depend on the underlying codeword x and that (cf. Vajda (1980a))

$$Pr(T=t) = P(s)(1-P(s))^t \quad t=0,1,..., \tag{1}$$

where

$$P(s) = P_N(C_N|s) \quad for\ each\ s \in S. \tag{2}$$

If we now consider an arbitrary n-tuple of consecutive codewords from C_N, we can join with it the corresponding n-tuple $(T_1, T_2, ..., T_n)$ of random variables denoting numbers of repeated requests for retransmissions of the respective codewords. We shall call the n-tuple $(T_1, T_2, ..., T_n)$ an ARQ statistic. Obviously the ARQ statistic is again statistically independent of the underlying codewords and, as shown by Vajda (1980a),

$$Pr(T_1=t_1, ..., T_n=t_n) = P(s)^n (1-P(s))^{\Sigma t_i} \tag{3}$$

$$Pr(T_1+...+T_n=t) = \binom{n\ t-1}{t} P(s)^n (1-P(s))^t \tag{4}$$

In other words, the individual components $T_1, T_2, ..., T_n$ of an ARQ statistics are independent identically distributed random variables for each fixed state $s \in S$ of the channel and the common family of distributions of these components is geometrical (1) with the unknown parameter $1-P(s)$. Moreover, the probability distribution $p^*(t|s)$ of the ARQ count statistics (ARQC statistic)

$$T_n^* = T_1 + ... + T_n$$

is negative-binomial (4) with parameters n and $1-P(s)$.

2. ARQ statistics - based statistical inference

If the channel state $s \in S$ is known, the exact channel probabilities $P_N(x|s)$, $x \in A^N$, can be used to select a best suited code i. e. a code C_N with optimum numerical characteristics of the resulting information transmission. For example, the code information rate can be maximized or the code error rate can be minimized in a given class of linear codes (cf. Vajda (1980b)). One possibility applicable in the case when the channel state s is constant during one transmission but fluctuating from one to other transmission has been developed by Vajda (1980b), where the codes have been matched not to a particular state $s \in S$, but to a fixed prior probability distribution over the state space S. However a considerable gain can be attained when the rough information about the channel state represented by a vague prior distribution can be replaced by a sharp estimate of the state or a highly significant statistical testing result. In this paper we deal with a possibility to carry out statistical inference about the channel state $s \in S$ without interrupting the information transmission by any special statistical experimentation with the channel. This alternative approach is based on the fact that the ARQ statistic, which can easily be stored at each channel output, always provides certain evidence concerning the current channel state.

The components $T_1, T_2, \ldots, T_n$ of an ARQ statistics $(T_1, T_2, \ldots, T_n)$ can be interpreted as independent statistical samples from the family

$$\{p(t|s) = P(s)(1-P(s))^t : s \in S\} \qquad (5)$$

of distributions. Another important fact following directly from the factorization theorem and from what has been said in the end of the preceeding section is that the ARQC statistic T_n^* is always sufficient for the family (5). These two observations can be used to specify necessary and sufficient conditions for asymptotic (with $n\to\infty$) identificability of the channel state $s\in S$ as well as to research effective methods of statistical inference concerning the unknown channel state.

Statistical methods of estimation of the channel state based on the ARQ statistics have first been studied by Vajda (1980a). Here we will summarize basic results attained in this direction and apply them in the concrete case of a quite frequent channel and code. The last section of this paper we will devote to establishing powerful statistical tests for a class of composite hypotheses concerning the channel state.

3. ARQ statistics-based estimation

In the above-cited paper we have investigated maximum likelihood ARQ statistics - based estimator of the state $s\in S$. We restricted to this estimator taking into account its suitable asymptotic properties (efficiency, normality) as well as its universality (due to the theorem of Zehna (1966), the maximum likelihood estimator of s determines at the same time maximum likelihood estimators of all communication parameters reasonably functionally related to s). For obvious sufficiency reasons, the maximum likelihood estimator $\hat{s}_n$ is a function of the value $t_n^*\in\{0,1,\dots\}$ of the ARQC statistic T_n^*. The following theorem has been established:

THEOREM 1. The maximum likelihood estimator $\hat{s}_n=\hat{s}_n(t_n^*)$ is a solution of the equation.

$$P(s) = \frac{n}{t_n^*+n} . \qquad (6)$$

If S is open subset of a compact set in E_n and if $P:S\to(0,1)$ is one-to-one continuous mapping, then $\hat{s}_n(t_n^*)$ is consistent.

The one-to-one property is necessary and sufficient for the unsistency provided S is finite.

Moreover, in the paper cited above, an asymptotic formula for $p^*(\hat{s}_n(t_n^*) \neq s|s)$ has been established and a construction of the $\hat{s}_n(t_n^*)$ in the case S is discrete (and no solution to (6) may exist) has been described.

Apply now these results to a memoryless binary symmetric channel with $A = \{0,1\}$,

$$P_N(x|s) = s^{\Sigma x}(1-s)^{N-\Sigma x}, \quad s \in S = (0,10^{-4}),$$

and to the American Standard Code for Information Interchance (ASCII-code) $C_N \in A^N$, where $N=8M$, $M=1,2,\ldots,1000$ arbitrary. The codewords x of this code can be arranged into the form

$$x_{11}, x_{12}, x_{13}, x_{14}, x_{15}, x_{16}, x_{17}, x_{18}$$

$$x_{21}, x_{22}, x_{23}, x_{24}, x_{25}, x_{26}, x_{27}, x_{28}$$

- - - - - - - -

$$x_{M1}, x_{M2}, x_{M3}, x_{M4}, x_{M5}, x_{M6}, x_{M7}, x_{M8}$$

where x_{i8} are row parity-check bits and x_{Mj} column parity-check bits. Remaining x_{ij} are arbitrary information bits. As has been said in the above cited papers, for this code one can write $P(s) = 1-8Ms$. Thus in this case (6) and Theorem 1 yield that

$$\hat{s}_n(t_n^*) = \frac{t_n^*}{8M(t_n^*+n)}$$

is consistent maximum likelihood estimator of $s \in S$. If $S = \{s_1,s_2,\ldots,s_k\} \subset (0,10^{-4})$, then the consistent $\hat{s}_n(t)$ is defined by the condition $\hat{s}_n(t_n^*) = s_i$ iff

$$\frac{n \log \dfrac{1-8Ms_{i+1}}{1-8Ms_i}}{\log \dfrac{s_i}{s_{i+1}}} \leq t_n^* < \frac{n \log \dfrac{1-8Ms_i}{1-8s_{i-1}}}{\log \dfrac{s_{i-b}}{s_i}}$$

provided $s_1 < s_2 < \ldots < s_k$.

4. ARQ statistics - based testing

Suppose that $r=1$ and that $S=(s',s'') \subset E_1$ is an open interval. Let $s'<s^*<s''$ and let

$$P(s) \text{ be } \begin{cases} \text{decreasing} \\ \text{increasing} \end{cases} \text{ on } S.$$

Let us consider the composite hypothesis H: $s'<s\leq s^*$ and the alternative $\bar{H}$: $s^*<s<s''$. One can see from the binary example above, where $s'=0$, $s''=10^{-4}$, and where $P(s)$ was decreasing, that the hypothesis H is quite important in any attempt to match the parameter M of the ASCII-code.

Let us now consider an arbitrary test size $\alpha \in (0,1/2)$ and define oritical values $k_\alpha \subset \{0,1,\ldots\}$ of the ARQC statistic T_n^* as follows

$$\alpha = \begin{cases} \sum\limits_{t>k_\alpha} p^*(t|s) \\ \sum\limits_{t<k_\alpha} p^*(t|s) \end{cases}$$

depending on whether $P(s)$ is decreasing or increasing on S, respectively.

Thus we consider critical regions

$$K_\alpha = \begin{cases} \{t\in\{0,1,\ldots\} : t>k_\alpha\} \\ \{t\in\{0,1,\ldots\} : t<k_\alpha\} , \end{cases} \qquad (7)$$

respectively. Now we can apply the theorem on monotone likelihood ratio tests (Mood, Grayhill, Boes (1974), Sec. 3.2) to prove the following

THEOREM 2. If the conditions above are satisfied, then the critical region (7) defines a uniformly most powerful size $-\alpha$ test of the hypothesis $H : \delta\leq\delta^*$ against $\bar{H} : \delta>\delta^*$.

5. References

I. Vajda (1980a) : Output based estimation of communication channels. Kybernetika Vol. 16, No. 4.

I. Vajda (1980b) : Iterated codes matched to ensembles of BSC´s. Third Czechoslovak-Soviet-Hungarian Seminar on Inf. Theory. Publ. by Inst. of Inf. Theory and Automation, Prague

P. W. Zehna (1966) : Invariance of maximum likelihood estimation. Ann. Math. Statist., Vol. 37, p. 755.

A. M. Mood, F. A. Grayhill, D. C. Boes (1974): Introduction to the Theory of Statistics. McGraw-Hill, New York.

APPROXIMATIONSMETHODEN ZUR BESCHREIBUNG STOCHASTISCHER SIGNALE IN INFORMATIONS- UND AUTOMATISIERUNGSTECHNIK

Ralf Friedrich [1]

1. Einleitung
2. Modelle für die Wahrscheinlichkeitsdichte bei Impulsrauschprozessen
3. Experimentelle Bestimmung der WDF und ihrer Momente
4. Anwendung bei der Signalerkennung und Parameterschätzung

1. Einleitung

Bei der Untersuchung stochastisch gestörter Systeme wird im allgemeinem davon ausgegangen, daß die Wahrscheinlichkeitsdichte (WDF) der Amplituden durch eine Gauß- bzw. Normalverteilung beschrieben wird. Es zeigt sich aber in zunehmenden Maße, daß nicht-Gaußsche Prozesse, die man der Gruppe der stochastischen Impulsstörungen zuordnen kann und die sich durch das Auftreten sehr großer Realisierungen, bezogen auf die Streuung, auszeichnen, an Bedeutung gewinnen. Beispiele aus der Nachrichtentechnik bei der Signalerkennung /5,6/ und bei der Prozeßidentifikation in der Automatisierungstechnik /1,7,9/ weisen darauf hin. Es sind deshalb Modelle für die WDF zu finden, die die genannte Eigenschaft erfassen und die Normalverteilung als Sonderfall mit enthalten.

Dazu ist es notwendig, das Häufigkeitspolygon des Prozesses mit genügender Genauigkeit oder/und geeignete Kenngrößen (Momente höherer Ordnung) experimentell zu bestimmen.

2. Modelle für die Wahrscheinlichkeitsdichte bei Impulsrauschprozessen

Ein speziell für stochastische Impulsstörungen entwickeltes Modell liefert als (0,1)-Verteilung /2,8/

$$p(x) = \exp(-\gamma)\left\{\sum_{i=0}^{\infty}\frac{\gamma^n}{n!}(2\pi\cdot\sigma_z^2(1+n\cdot v))^{-1/2}\exp(-x^2/2\sigma_z^2(1+n\cdot v))\right\} \qquad \sigma_z^2=(1+\gamma v)^{-1} \qquad v=(\sigma_a/\sigma_g)^2 \tag{1}$$

Es wird dabei davon ausgegangen, daß der resultierende Prozeß aus einer additiven Überlagerung eines gaußverteilten Rauschens mit dem Mittelwert Null und der Varianz σ_g^2 sowie einer zufälligen Folge sich

[1] Sektion Technische Elektronik der Wilhelm-Pieck-Universität Rostock DDR-25 Rostock, Albert-Einstein-Str.

überlagernder Rechteckimpulse der mittleren Dauer $\overline{\tau}$ und einer normalverteilten Amplitude mit $\overline{a}$ und σ_a^2 entsteht.
Die Anzahl der auftretenden Rechteckimpulse in einem Zeitintervall vorgegebener Länge werde durch eine Poisson-Verteilung mit der mittleren Impulszahl n_o beschrieben.

$$p(n) = n_o \cdot \overline{\tau} \quad \exp(-n_o \cdot \overline{\tau})/n! \tag{2}$$

$\gamma = n_o \cdot \overline{\tau}$ wird als Impulsdichte eingeführt und v ist ein Maß für das Impulsivitätsverhältnis. Diese beiden Parameter können aus den gemessenen Momenten höherer Ordnung

$$m_4 = 3 \left[1+v^2/\gamma \quad \cdot(v+1/\gamma)^2 \right] \tag{3}$$

$$m_6 = 15 \left[1+3v^2/\gamma \quad \cdot(v+1/\gamma)^2 + v^3/\gamma^2 \cdot (v+1/\gamma)^3 \right] \tag{4}$$

bestimmt werden.
Wenn γ genügend groß ist ($\gamma > 10$), kann man von einem gaußähnlichen Prozeß sprechen, für $\gamma \rightarrow \infty$ erhält man die Normalverteilung. Für den Fall des reinen Impulsrauschens wird $\sigma_g^2 = 0$ und $v \rightarrow \infty$.
Für kleine γ kann (1) durch

$$p(x) = (2\pi)^{-1/2} \left[\frac{p}{\sigma_1^2} \exp(-x^2/2\,\sigma_1^2) + \frac{1-p}{\sigma_2^2} \exp(-x^2/2\sigma_2^2) \right]$$

$$p = \exp(-\gamma) \qquad \sigma_1^2 = (1+v\gamma)^{-1} \tag{5}$$

$$\sigma_2^2 = \left[1+v\gamma\,(1-\exp(-\gamma))^{-1} \right] \cdot (1+v\gamma)^{-1}$$

approximiert werden. σ_1^2 und σ_2^2 sind Leistungen zweier normalverteilter Rauschquellen, zwischen denen stochastisch umgeschaltet wird. Gemäß diesem Prinzip wurde ein Impulsrauschgenerator für experimentelle Untersuchungen aufgebaut.
Für einen mittleren Bereich von γ, wo der Prozeß noch nicht als gaußähnlich anzusehen ist und andererseits die Näherung nach (5) nicht mehr verwendet werden kann ($0{,}5 \leqq \gamma \leqq 10$) wird als Ansatz für eine Approximation vorgeschlagen, den durch eine Gauß-Verteilung angenäherten Summenausdruck in eine Gram-Charlier-Reihe

$$p(x) = (2\pi)^{-1/2} \left\{ \frac{p}{\sigma_1^2} \exp(-x^2/2\sigma_1^2) + \frac{1-p}{\sigma_2^2} \exp(-x^2/2\,\sigma_2^2) \times \right.$$

$$\left. \times \left[\sum_{i=0}^{\infty} c_i \, H_i \,(x/\sigma_2) \right] \right\} \tag{6}$$

mit den Hermite-Polynomen $H_i(\cdot)$ zu entwickeln. Unter Berücksichtigung der Normierungsbedingung für eine (0,1)-Verteilung folgt

$$\sum_{i=0}^{\infty} c_i H_i(x/\sigma_2) = 1+(3!(1-\exp(-\gamma)))^{-1} \cdot m_3 H_3(x/\sigma_2)/\sigma_2^3 +$$
$$+(4!(1-\exp(-\gamma)))^{-1}\left[m_4/\sigma_2^4 - 3/\sigma_2^2 +\right.$$
$$\left.+3\exp(-\gamma)(1-\exp(-\gamma))^{-1} \cdot \sigma_1^2(1-\sigma_1^2)/\sigma_2^2\right] H_4(x/\sigma_2)+$$
$$+ \ldots\ldots. \qquad (7)$$

Für genügend große γ wird $\sigma_1 \approx 0$, $\exp(-\gamma) \approx 0$ und $\sigma_2 \approx 1$, man erhät die Gram-Charlier-Reihe in ihrer bekannten Form. Für kleine γ wird (7) Eins und die Näherung nach (6) geht in (5) über.

Eine ganz andere Darstellung der WDF von Impulsstörungen besteht darin, verallgemeinerte Gauß-, Cauchy- oder Betaverteilungen zu verwenden, bei denen die Normalverteilung als Spezialfall ebenfalls enthalten ist /5/.

Für die verallgemeinerte Gauß-Verteilung erhält man (0,1)-normiert

$$p(x) = c\cdot(2\Gamma(1/c))^{-1}(\Gamma(3/c)/\Gamma(1/c))^{1/2} \cdot \exp\left\{-\left[\Gamma(3/c)/\Gamma(1/c)\right]^{c/2}|x|^c\right\}$$

mit

$$m_4 = \Gamma(1/c)\cdot\Gamma(5/c)/\Gamma^2(3/c) \qquad (8)$$

$$m_6 = \Gamma^2(1/c)\cdot\Gamma(7/c)\,\Gamma^3(3/c).$$

$\Gamma(\cdot)$ ist die Gammafunktion, c ist der Parameter, mit dem der exponentielle Abfall der WDF verändert werden kann. Für $c = 2$ folgt die Normalverteilung mit $m_4 = 3$, $m_6 = 15$ und $p(x) = (2\pi)^{-1/2}\exp(-x^2/2)$.

Der Parameter c kann über das gemessene vierte bzw. sechste Moment bestimmt werden.

Durch spezielle Lösungen der Pearsonschen Differentialgleichung

$$dp(x)/dx = (a_0+x)(b_0+b_1x+b_2x^2)^{-1} \qquad (9)$$

erhält man eine weitere Möglichkeit für die Darstellung der WDF. Die Koeffizienten a_0, b_0, b_1, b_2 sind durch die ersten vier Momente eindeutig bestimmt /4/.

3. Experimentelle Bestimmung der WDF und ihre Momente

Zur Messung der WDF wurde ein Meßplatz aufgebaut, dessen Kernstück ein 256-Kanal-Speicher ist. Das kontinuierliche Signal wird in Zeitabständen von 10 μs abgetastet. Der jeweilige Momentanwert wird einem der Kanäle zugeordnet, wobei jeder Kanal 10^5 Werte speichern kann. Nach Beendigung der Messung können die absoluten Häufigkeiten pro Kanal abgefragt und über Lochstreifen ausgegeben werden. Mit einem Kleinrechner werden die Momente bis zur sechsten Ordnung bestimmt und eine Umrechnung in eine (0,1)-Verteilung vorgenommen.

4. Anwendung bei der Signalerkennung und Parameterschätzung

Die statistische Synthese von Nachrichtensystemen umfaßt die verschiedendsten Aufgaben. Eine davon ist die Erkennung von Nutzsignalen aus dem Rauschen des Nachrichtenkanals. In der klassischen Theorie werden gewöhnlich additive Gaußstörungen vorausgesetzt. Asymptotische Methoden der Signalerkennung führen zu dem Ergebnis /6/, daß den gewöhnlichen, für normalverteilte Störungen optimalen Korrelationseinrichtungen eine verzögerungsfreie Nichtlinearität

$$f(x) = p'(x)/p(x) \qquad (10)$$

vorgeschaltet wird. Für den normalverteilten Fall erhält man erwartungsgemäß eine lineare Kennlinie, für eine Laplace-Störung mit $p(x) = a/2 \exp(-a\,|x|)$ ergibt sich die Begrenzerfunktion $f(x)=a \cdot \mathrm{sgn}\, x$. Hat das System einen adaptiven Teil, so kann unter den Bedingungen der a priori-Unbestimmtheit gearbeitet werden. Im Falle nichtparametrischer (robuster) Verfahren wird die Güte über den asymptotischen relativen Wirkungsgrad (ARE) bestimmt. Man erhält für einen nichtlinearen Detektor im Vergleich zum linearen

$$E_{n,l} = \sigma^2 \left[\int_{-\infty}^{\infty} f(x)p'(x)dx \right]^2 \cdot \left[\int_{-\infty}^{\infty} f^2(x)p(x)dx \right]^{-1}. \qquad (11)$$

Bei Verwendung der optimalen Nichtlinearität folgt

$$\varphi = \max E_{n,l} = \sigma^2 \int_{-\infty}^{\infty} (p'(x)/p(x))^2 p(x)dx \qquad (12)$$

mit σ^2 als Leistung der Störung. Für das angegebene Modell nach (5) wird

$$\varphi = (1-\gamma)(1+\gamma v) = 2\pi\ (1-\gamma)p^2(0). \qquad (13)$$

Für den ARE, bezogen auf den linearen Empfänger, erhält man beim Signums- bzw. Polaritätskorrelator

$$E_{s,1} = 4\ \sigma^2 p^2(0). \tag{14}$$

Immer wenn $p(0) > 1/2\sigma$ gilt, ist der Polaritätskorrelator besser als die lineare Signalverarbeitung.
Das Integral

$$\begin{aligned} I(p) &= E \left\{ \left[\frac{\partial}{\partial \Delta} \ln p(x-\Delta) \right]^2 \right\} \Bigg|_{\Delta = 0} \\ &= \int_{-\infty}^{\infty} (p'(x)/p(x))^2 \cdot p(x)dx \end{aligned} \tag{15}$$

wird als Fisher-Information bezeichnet und gibt eine Grenze für die erreichbare Genauigkeit einer Schätzung an. Man erhält so das maximale, auf die Signalleistung bezogene Signal-Rausch-Verhältnis und nach der Ungleichung von Rao-Cramer liefert der Kehrwert der Fisher-Information die untere Grenze für die Varianz einer Parameterschätzung, die nur von den Eigenschaften der Störung abhängt.
Bei der experimentellen Prozeßidentifikation dynamischer Systeme der Automatisierungstechnik besteht die Aufgabe darin, aus gemessene Ausgangssignalen, die stochastisch gestört sind, und bekanntem (gemessenem) Eingangssignal quantitative Aussagen über die das dynamische Verhalten beschreibenden Systemparameter zu machen. Für das Ausgangssignal des Systems zum Zeitpunkt k gilt

$$y(k) = \underline{\Psi}^T(k)\ \underline{p}\ , \tag{16}$$

wobei $\underline{p}^T = (a_1\ a_2\ \ldots\ a_m\ b_1 \ldots . b_m)$ der gesuchte Parametervektor und $\underline{\Psi}^T(k) = (\ -y(k-1)\ -y(k-2)\ \ldots -y(k-m)\ u(k-1)\ u(k-2) \ldots u(k-m))$ der Meßvektor mit den zurückliegenden Meßwerten des Ein- und Ausgangssignals ist. Verwendet man nun so viel Meßwerte, daß ein überbestimmtes Gleichungssystem entsteht, so wird über die Methode der kleinsten Fehlerquadrate eine Ausgleichsrechnung möglich. Die in der Praxis zur Zeit verwendeten Verfahren lassen sich insgesamt auf diese Methode zurückführen, die aber nur dann optimal bezüglich der Störungen ist, wenn diese normalverteilt sind.
Die rekursive Methode der kleinsten Fehlerquadrate liefert /1/

$$\underline{p}(k+1) = \underline{p}(k) + \underline{\Gamma}(k+1)\ \underline{\Psi}(k+1) \left[y(k+1) - \underline{\Psi}^T(k+1)\ \underline{p}(k) \right] \tag{17}$$

mit

$$\underline{\Gamma}(k+1) = \underline{\Gamma}(k) - (\underline{\Gamma}(k)\underline{\Psi}(k+1)\underline{\Psi}^T(k+1)\underline{\Gamma}(k))(1+\underline{\Psi}^T(k+1)\underline{\Gamma}(k)\underline{\Psi}(k+1))^{-1}. \quad (18)$$

Verallgemeinernd unter Verwendung der Glaubwürdigkeitsfunktion

$$F(x) = -\ln p(x) \quad (19)$$

erhält man für (17) /1,7,9/

$$\underline{p}(k+1) = \underline{p}(k) + \Gamma(k+1)\,\underline{\Psi}(k+1)\,F'(\varepsilon) \quad (20)$$

$$\varepsilon = y(k+1) - \underline{\Psi}^T(k+1)\underline{p}(k) \quad (21)$$

und (18)

$$\underline{\Gamma}(k+1) = \underline{\Gamma}(k) - (\underline{\Gamma}(k)\underline{\Psi}(k+1)\Psi^T(k+1)\,\Gamma(k)) \times \times (F''(\varepsilon)^{-1} + \underline{\Psi}^T(k+1)\,\Gamma(k)\,\Psi(k+1))^{-1}. \quad (22)$$

Auf dem Gebiet der Parameterschätzung bei nichtnormalverteilten Störungen gibt es noch eine Vielzahl ungeklärter Probleme, die in jüngster Zeit großes Interesse finden. Modelle für die Wahrscheinlichkeitsdichte der Störungen werden für die Entwicklung geeigneter Algorithmen benötigt. Bei der Entwicklung robuster (verteilungsfreier) Parameterschätzverfahren können Abschätzungen über mögliche Effektivitätsverluste getroffen werden, wenn der Verteilungstyp bekannt ist.

Literatur

/1/ ERSHOV, A.A.: Stabile Methoden der Parameterschätzung, Avtomatika i Telemechanika Moskau 1978, H.8, S. 66-100 (russ.)

/2/ FRIEDRICH, R.: Beitrag zur Beschreibung stochastischer Impulsstörungen, Z. elektr. Inform.- und Energietechnik 5 (1975) S. 338-347

/3/ FRIEDRICH, R., HAASE, J.: Approximation der Wahrscheinlichkeitsdichtefunktion für stochastische Impulsstörungen durch Reihenentwicklung, Wiss. Zeitschrift der WPU Rostock 27(1978) Nat.-Wiss. Reihe Heft 9, S. 979-983

/4/ FRIEDRICH, R.: Vergleich einiger Approximationsverfahren für die Wahrscheinlichkeitsdichtefunktion nicht-Gaußscher Prozesse, Z. elektr. Inform.- und Energietechnik 6 (1976), S. 533-541

/5/ MILLER, J.H.: Detectors for Discrete-Time Signals in Non-Gaussian Noise, IEEE Trans. Infor, Th. IT-18 (1972) S. 241-250

/6/ PAPANTONI-KAZAKOS, P., PAPANTONI, D.: Nonparametric Methods in Communication, Dekker, New York 1977

/7/ POLJAK, B.T., ZYPKIN, J.S.: Verteilungsunabhängige Identifikation IFAC-Symposium Identifikation und Parameterschätzung Tbilissi 1976 (russ.)

/8/ SPAULDING, A.D., MIDDLETON, D.: Optimum Reception in an Impulsive Interference Enviroment Part I/II, IEEE Trans. Comm. COM-25 (1977) S. 910-934

/9/ ZYPKIN, J.S.: Adaptive Algorithmen der Optimierung bei a priori-Unbestimmtheit, Avtomatika i Telemechanika, Moskau 1979, H. 6 S. 94 - 104 (russ.)

Autorenregister

Ahlbehrendt,N. 19
Badach,A. 57
Cochlar,J. 178
Csibi,S. 105
Dallos,G. 79
Friedrich,R. 208
Gordos,G. 37
Kempe,V. 19
Kozlowski,A. 89
Kreß,D. 45
Lange,F.H. 151
Lewin,B.R. 160
Marinow,J.P. 136
Pawlikowski,K. 96
Perez,A. 9
Pieprzyk,J. 68
Pötschke,D. 141
Prouza,L. 112
Rangelowa,E.S. 136
Rutkowski,P. 68
Schachgildjan,W.W. 30
Schinakow,J.S. 190
Schischkow,B. 171
Szabo,C. 79
Szokolay,M. 118
Vajda,I. 93
Vajda,I. 201
Varakin,L.E. 125
Vrana,I. 182
Wozniak,J. 89

Inhaltsverzeichnis

Kapitel 1 : ANALYSE STOCHASTISCHER SYSTEME

A.Perez :

Approximation of a stochastic system by a set of weekly mutually dependent subsystems 9

N.Ahlbehrendt, V.Kempe:

Анализ стохастических систем с помощью функциональных рядов 19

В.В.Шахгильдян :

Статистические свойства систем синхронизации 30

G.Gordos :

Assessment of the quality of channels involving non-linearities by measurements based on the theory of random processes 37

D.Kreß :

Zur Signalerkennung bei digitaler Lichtleiterübertragung 45

Kapitel 2 : NACHRICHTEN- UND RECHNERNETZWERKE

A.Badach :

Основные проблемы проектирования узлов вычислительных сетей 57

J.Pieprzyk, D.Rutkowski :

Методы защиты информации в системах ЭВМ 68

G.Dallos, C.Szabo :

О некоторых эффективных методах обеспечения многостационного доступа с использованием радиоканала со случайным доступом 79

A.Kozlowski, J.Wozniak :

Определение качества приема сигналов и условий выступления порогового эффекта их правильного приема в канале системы 89

I.Vajda :

О широкополосных асинхронных систем связи 93

K.Pawlikowski :

Сборочно-распределительные петлевые сети связи с коммутацией пакетов 96

Kapitel 3 : KODIERUNG - SIGNALSYNTHESE

S.Csibi :

Wellenformkodierung von Analogsignalen 105

L.Prouza :

Kodieren und Dekodieren von Radarimpulsen 112

M.Szokolay :

Vergleichen der in Radiokanälen verwendbaren Kodeverfahren 118

Л.Е.Варакин :

Статистическая теория фазоманополированных сигналов 125

Ю.П.Маринов, Е.С.Рангелова :

Кодирование информационных сигналов для идентификации ситуаций 136

D.Pötschke :

Zur Entwicklung des Entropiebegriffes in der Informationstheorie 141

Kapitel 4 : SYNTHESE STOCHASTISCHER SYSTEME
Signalempfang und - verarbeitung

F.H.Lange :

Informations- Redundanz und Informations- Reduktion als Grundprinzipien der Informationstechnik 151

Б.Р.Левин :

Методологические аспекты проблемы преодоления априорной неопределённости при приёме сигналов 160

Б.Б.Шишков :

Асимптотическая теория "близких" гипотез в задачах обнаружения сигналов по коррелированным наблюдениям 171

J.Cochlar :

Оптимальное последовательное обнаружение сигнала в коррелированном шуме 178

I.Vrana :

On a performance analysis of the optimum sequential detectors 182

Ю.С.Шинаков :

Совместно оптимальные статистичкские решения и перспективы их применения в теории и технике связи 190

I.Vajda :

Statistical inference concerning channel based on ARQ statistics 201

R.Friedrich :

Approximationsmethoden zur Beschreibung stochastischer Signale in Informations- und Automatisierungstechnik 208

Autorenregister 215

FSC
www.fsc.org
MIX
Papier | Fördert gute Waldnutzung
FSC® C083411

Zeitfracht Medien GmbH
Ferdinand-Jühlke-Straße 7
99095 Erfurt, Deutschland
produktsicherheit@kolibri360.de